普通高等教育土建学科专业“十一五”规划教材
全国高职高专教育土建类专业教学指导委员会规划推荐教材

市政工程测量

（市政工程技术专业适用）

本教材编审委员会组织编写
王云江　主编
李爱华　主审

中国建筑工业出版社

图书在版编目（CIP）数据

市政工程测量/王云江主编．—北京：中国建筑工业出版社，2007
普通高等教育土建学科专业“十一五”规划教材
全国高职高专教育土建类专业教学指导委员会规划推荐教材
ISBN 978-7-112-09118-8

Ⅰ．市… Ⅱ．王… Ⅲ．市政工程-建筑测量-高等学校：技术学校-教材 Ⅳ．TU990.01

中国版本图书馆 CIP 数据核字（2007）第 024647 号

普通高等教育土建学科专业“十一五”规划教材
全国高职高专教育土建类专业教学指导委员会规划推荐教材
市政工程测量
（市政工程技术专业适用）
本教材编审委员会组织编写
王云江 主编
李爱华 主审
*
中国建筑工业出版社出版、发行（北京西郊百万庄）
各地新华书店、建筑书店经销
北京嘉泰利德公司制版
北京市书林印刷有限公司印刷
*
开本：787×1092 毫米 1/16 印张：15 字数：360 千字
2007 年 4 月第一版 2012 年 1 月第六次印刷
定价：21.00 元
ISBN 978-7-112-09118-8
（15782）

本书根据高职高专市政工程测量课程的教学大纲编写。全书由十二章组成，内容包括：概论，水准测量，角度测量，距离测量与直线定向，测量误差的基本知识，小地区控制测量，地形图测绘与应用，施工测量基本工作，道路工程测量，管道工程测量，桥梁工程测量，全站仪使用。每章附有思考题与习题。本书深入浅出，注重测量的基本技能及其在市政工程中实用性，并反映当代测量学科的新技术。

本书适用于市政工程、给水排水工程以及道路与桥梁工程等专业的高职高专院校和成人教育教学使用，也可供从事以上专业的技术人员参考。

* * *

责任编辑：朱首明　王美玲
责任设计：董建平
责任校对：陈晶晶　刘　钰

教材编审委员会名单

序　　言

近年来，随着国家经济建设的迅速发展，市政工程建设已进入专业化的时代，而且市政工程建设发展规模不断扩大，建设速度不断加快，复杂性增加，因此，需要大批市政工程建设管理和技术人才。针对这一现状，近年来，不少高职高专院校开办市政工程技术专业，但适用的专业教材的匮乏，制约了市政工程技术专业的发展。

高职高专市政工程技术专业是以培养适应社会主义现代化建设需要，德、智、体、美全面发展，掌握本专业必备的基础理论知识，具备市政工程施工、管理、服务等岗位能力要求的高等技术应用性人才为目标，构建学生的知识、能力、素质结构和专业核心课程体系。全国高职高专教育土建类专业教学指导委员会是建设部受教育部委托聘任和管理的专家机构，该机构下设建筑类、土建施工类、建筑设备类、工程管理类等五个专业指导分委员会，旨在为高等职业教育的各门学科的建设发展、专业人才的培养模式提供智力支持，因此，市政工程技术专业人才培养目标的定位、培养方案的确定、课程体系的设置、教学大纲的制订均是在市政工程类专业指导分委员会的各成员单位及相关院校的专家经广州会议、贵州会议、成都会议反复研究制定的，具有科学性、权威性、针对性。为了满足该专业教学需要，市政工程类专业指导分委员会在全国范围内组织有关专业院校骨干教师编写了该专业与教学大纲配套的10门核心课程教材，包括：《市政工程识图与构造》、《市政工程材料》、《土力学与地基基础》、《市政工程力学与结构》、《市政工程测量》、《市政桥梁工程》、《市政道路工程》、《市政管道工程施工》、《市政工程计量与计价》、《市政工程施工项目管理》。这套教材体系相互衔接，整体性强；教材内容突出理论知识的应用和实践能力的培养，具有先进性、针对性、实用性。

本次推出的市政工程技术专业10门核心课程教材，必将对市政工程技术专业的教学建设、改革与发展产生深远的影响。但是加强内涵建设、提高教学质量是一个永恒主题，教学改革是一个与时俱进的过程，教材建设也是一个吐故纳新的过程，所以希望各用书学校及时反馈教材使用信息，并对教材建设提出宝贵意见；也希望全体编写人员及时总结各院校教学建设和改革的新经验，不断积累和吸收市政工程建设的新技术、新材料、新工艺、新方法，为本套教材的长远建设、修订完善做好充分准备。

全国高职高专教育土建类专业教学指导委员会

市政工程类专业指导分委员会

2007年2月

前　言

本教材是根据高等职业技术院校市政工程专业教育标准、培养目标及市政工程测量课程的教学大纲编写的。本教材主要目的是为了满足高职高专市政工程技术专业的教学需要，也能适应其他相关专业教学及岗位培训的需要。

本书在编写中根据高等职业技术学院的特点，从培养高技能应用型人才这一根本目标出发，在论述基础理论和方法的同时，重视基本技能的训练与实践性教学环节，力求叙述简明、通俗易懂、注重实用、图文并茂。突出了课程的基础性、实用性、技能性。教材摒弃了一些在建设工程中较少使用的陈旧数学内容，吸纳了先进的测量技术与方法，各项测量观测、数据的记录与计算均有具体的实例和相应的表格。

全书内容包含三个部分，共十二章。第一部分为一—五章，主要介绍测量的基本知识，高程、角度和距离测量的基本原理和方法，测量仪器的构造、使用、检校；第二部分为六—七章讲述了控制测量、地形图的测绘及应用；第三部分为八—十二章，介绍了道路、管道、桥梁的施工测量方法、全站仪及其使用。

本书由王云江主编，李向民任副主编，广州大学市政技术学院李爱华主审。具体分工为：浙江建设职业技术学院王云江编写第一、五、八、十、十一、十二章，广西建设职业技术学院李向民编写第二、三、四章，宁波工程学院袁坚敏编写第六、七章，四川建设职业技术学院杜文举编写第九章。

在本书编写过程中得到了中国建筑工业出版社和编写者所在单位的大力支持，在此一并致谢。

限于编者的水平，书中难免有欠妥之处，恳请广大读者批评指正。

目　录

第一章　绪　　论

第一节　市政工程测量的任务与作用

工程测量学是一门研究在工程建设和自然资源开发各个阶段中所进行的控制测量、地形测绘、施工放样、变形监测及建立相应信息系统的理论和技术的学科。工程测量是直接为各项工程建设服务的。任何土建工程，无论是工业与民用建筑，还是城镇建设、道路、桥梁、给水排水管线等，从勘测、规划、设计到施工阶段，甚至在使用管理阶段，都需要进行测量工作。

按照工程建设的具体对象来分，有建筑测量、城镇规划测量、道路桥梁测量、给排水工程测量等。

一、市政工程测量的任务

市政工程测量属于工程测量学的范畴，是工程测量学在市政工程建设领域中的具体表现。市政工程的主要任务包括测定、测设两方面。

1. 测定

又称测图，是指使用测量仪器和工具，通过测量和计算，并按照一定的测量程序和方法将地面上局部区域的各种固定性物体（地物）和地面的形状、大小、高低起伏（地貌）的位置按一定的比例尺和特定的符号缩绘成地形图，以供工程建设的规划、设计、施工和管理使用。

2. 测设

又称放样，是指使用测量仪器和工具，按照设计要求，采用一定的方法将设计图纸上设计好的建筑物、构筑物的位置测设到实地，作为工程施工的依据。

此外，施工中各工程工序的交接和检查、校核、验收工程质量的施工测量，工程竣工后的竣工测量，监视重要建筑物或构筑物在施工、运营阶段的沉降、位移和倾斜所进行的变形观测等，也是工程测量的主要任务。

二、市政工程测量的作用

市政测量是市政工程施工中一项非常重要的工作，在市政工程建设中有着广泛的应用，它服务于市政工程建设的每一个阶段，贯穿于市政工程的始终。在工程勘测阶段，测绘地形图为规划设计提供各种比例尺的地形图和测绘资料；在工程设计阶段，应用地形图进行总体规划和设计；在工程施工阶段，要将图纸上设计好的建筑物、构筑物的平面位置和高程按设计要求测设于实地，以此作为施工的依据；在施工过程中的土方开挖、基础和主体工程的施工测量；在施工中还要经常对施工和安装工作进行检验、校核，以保证所建工程符合设计要求；施工竣工后，还要进行竣工测量，施测竣工图，供日后扩建和维修之用；在工程管理阶段，对建筑和构筑物进行变形观测，以保证工程的安全使用。由此可见，在工程建设的各个阶段都需要进行测量工作，而且测量的精度和速度直接影响到整个工程的质量和进度。因此，工程技术人员必须掌握工程测量的基本理论、基本知识和基本技能，掌握常用的测量仪器和工具的使用方法，初步掌握小地区大比例尺地形图的测绘方法，正确掌握地形图应用的方法，以及具有一般土建工程施工测量的能力。

第二节　地面点位的确定

测量工作的基本任务（即实质）是确定地面点的位置。地面点的空间位置由点的平面位置 x、y 和点的高程位置 H 来确定。

一、地面点平面位置的确定

在普通测量工作中，当测量区域较小（一般半径不大于 10km 的面积内），可将这个区域的地球表面当作水平面，用平面直角坐标来确定地面点的平面位置，如图 1-1 所示。

测量平面直角坐标规定纵坐标为 x，向北为正，向南为负；横坐标为 y，向东为正，向西为负；地面上某点 m 的位置可用 x_m 和 y_m 来表示。平面直角坐标系的原点 O 一般选在测区的西南角，使测区内所有点的坐标均为正值。象限以北东开始按顺时针方向为Ⅰ、Ⅱ、Ⅲ、Ⅳ排列。与数学坐标的区别在于坐标轴互换，象限顺序相反，其目的是便于将数学中的公式直接应用到测量计算中而不需作任何变更。

在大地测量和地图制图中要用到大地坐标。用大地经度 L 和大地纬度 B 表示地面点在旋转椭球面上的位置，称为大地地理坐标，简称大地坐标。如图 1-2 所示，地面上任意点 P 的大地经度 L 是该点的子午面与首子午面所夹的两面角；P 点的大地纬度 B 是过该点的法线（与旋转椭球面垂直的线）与赤道面的夹角。

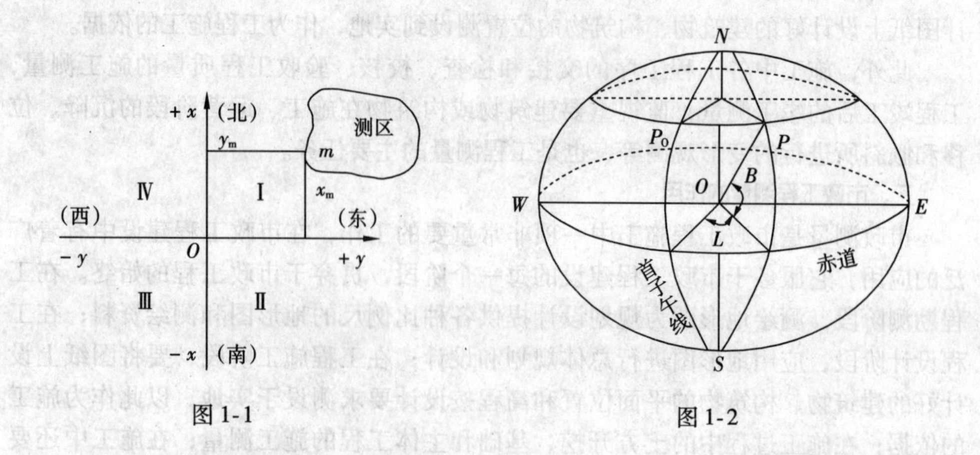

图 1-1　　图 1-2

大地经纬度是根据大地测量所得的数据推算而得出的。我国现采用陕西省泾阳县境内的国家大地原点为起算点，由此建立新的统一坐标系，称为“1980 年国家大地坐标系”。

二、地面点高程位置的确定

地球自然表面很不规则，有高山、丘陵、平原和海洋。海洋面积约占地表的71%，而陆地约占29%，其中最高的珠穆朗玛峰高出海水面8844.43m，最低的马里亚纳海沟低于海水面11022m。但是，这样的高低起伏，相对于地球半经6371km来说还是很小的。

地球上自由静止的海水面称为水准面，它是个处处与重力方向垂直的连续曲面。与水准面相切的平面称为水平面。由于水面高低不一，因此水准面有无限多个，其中与平均海水面相吻合并向大陆、岛屿延伸而形成的闭合曲面，称为大地水准面，如图1-3所示。

我国以在青岛观象山验潮站1952—1979年验潮资料确定的黄海平均海水面作为起算高程的基准面，称为“1985国家高程基准”。以该大地水准面为起算面，其高程为零。为了便于观测和使用，在青岛建立了我国的水准原点（国家高程控制网的起算点），其高程为72.260m，全国各地的高程都以它为基准进行测算。

地面点到大地水准面的铅垂距离，称为该点的绝对高程，亦称海拔或标高。如图1-3所示，H_A、H_B即为地面点A、B的绝对高程。

当在局部地区引用绝对高程有困难时，可采用假定高程系统，即假定任意水准面为起算高程的基准面。地面点到假定水准面的铅垂距离，称为相对高程。如图1-3所示，H'_A、H'_B即为地面点A、B的相对高程。例如房屋工程中常选定底层室内地坪面为该工程地面点高程起算的基准面，记为（±0.000）。建筑物某部位的标高，系指某部位的相对高程，即某部位距室内地坪（±0.000）的垂直间距。

两个地面点之间的高程差称为高差，用h表示。$h_{AB}=H_B-H_A=H'_B-H'_A$。

三、用水平面代替水准面的限度

在测量中，当测区范围很小时才允许以水平面代替水准面。那么，究竟测区范围多大时，可用水平面代替水准面呢？

1. 水平面代替水准面对距离的影响

如图1-4所示，A、B两点在水准面上的距离为D，在水平面上的距离为D'，则ΔD（$\Delta D=D'-D$）是用水平面代替水准面后对距离的影响值。它们与地球半径R的关系为

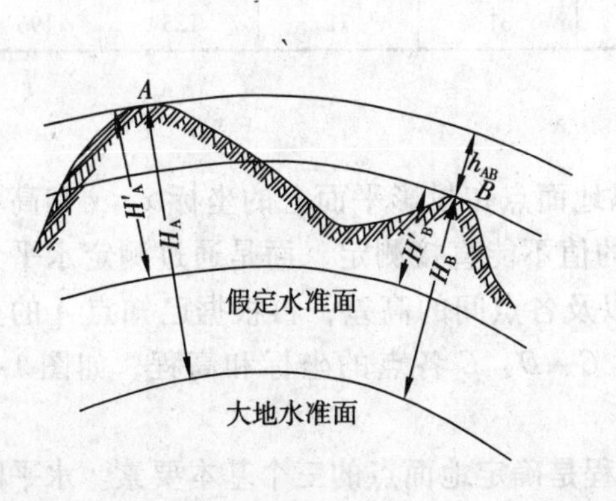

图1-3

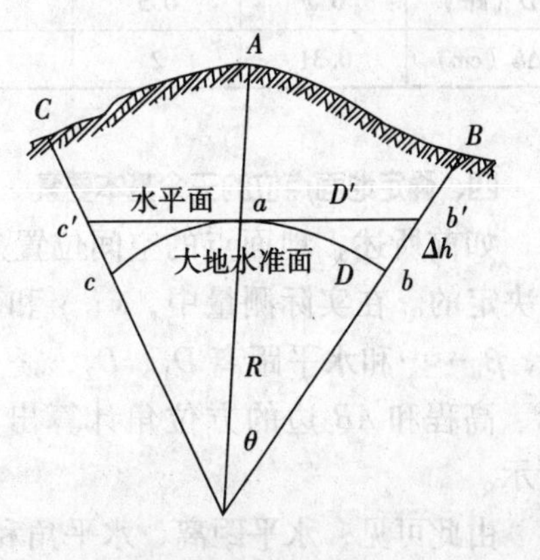

图1-4

$$\Delta D=\frac{D^3}{3R^2} \text{ 或 } \frac{\Delta D}{D}=\frac{D^2}{3R^2} \tag{1-1}$$

根据地球半径 $R=6371\text{km}$ 及不同的距离 D 值，代入式（1-1），得到表 1-1 所列的结果。

由表 1-1 可见，当 $D=10\text{km}$，所产生的相对误差为 1/1250000。目前最精密的距离丈量时的相对误差为 1/1000000。因此，可以得出结论：在半径为 10km 的圆面积内进行距离测量，可以用水平面代替水准面，不考虑地球曲率对距离的影响。

用水平面代替水准面对距离的影响 **表 1-1**

D（km）	ΔD（cm）	$\Delta D/D$
10	0.8	1:1250000
20	6.6	1:300000
50	102	1:49000

2. 水平面代替水准面对高程的影响

如图 1-4 所示，$\Delta h=bB-b'B$，这是用水平面代替水准面后对高程的测量影响值。其值为

$$\Delta h=\frac{D^2}{2R} \tag{1-2}$$

用不同的距离代入式（1-2）中，得到表 1-2 所列结果。

从表 1-2 可以看出，用水平面代替水准面，在距离 1km 内就有 8cm 的高程误差。由此可见，地球曲率对高程的影响很大。在高程测量中，即使距离很短，也要考虑地球曲率对高程的影响。实际测量中，应该考虑通过加以改正计算或采用正确的观测方法，消除地球曲率对高程测量的影响。

用水平面代替水准面对高程的影响 **表 1-2**

D（km）	0.2	0.5	1	2	3	4	5
Δh（cm）	0.31	2	8	31	71	125	196

四、确定地面点位的三个基本要素

如前所述，地面点的空间位置是以地面点在投影平面上的坐标 x、y 和高程 H 决定的。在实际测量中，x、y 和 H 的值不能直接测定，而是通过测定水平角 β_a，β_b……和水平距离 D_1、D_2，……以及各点间的高差，再根据已知点 A 的坐标、高程和 AB 边的方位角计算出 B、C、D、E 各点的坐标和高程，如图 1-5 所示。

由此可见，水平距离、水平角和高程是确定地面点的三个基本要素。水平距离测量、水平角测量和高程测量是测量的三项基本工作。

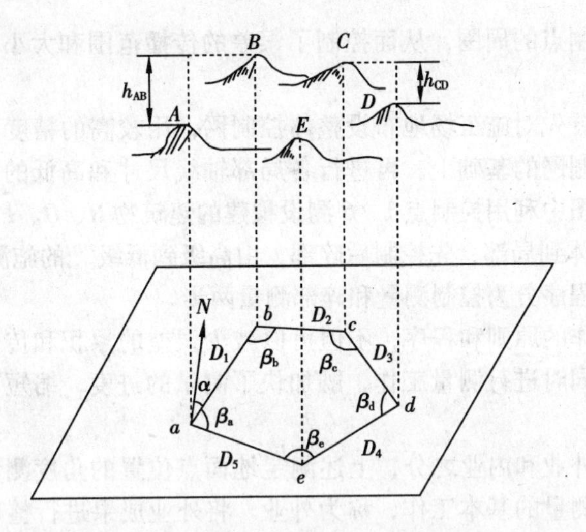

图 1-5 确定地面点位的三个基本要素

第三节 测量工作的原则和程序

无论是测绘地形图或是施工放样，都不可避免地会产生误差，甚至还会产生错误，为了限制误差的传递，保证测区内一系列点位之间具有必要的精度，测量工作都必须遵循“从整体到局部、先控制后碎部、由高级到低级”的原则进行，如图 1-6 所示，首先在整个测区内，选择若干个起着整体控制作用的点 1、2、3……作为控制点，用较精密的仪器和方法，精确地测定各控制点的平面位置和高程位置的工作称为控制测量。这些控制点测量精度高，均匀分布整个测区。因此，控制测量是高精度的测量，也是带全局性的测量。然后以控制点为依据，用低一级精度测定其周围局部范围的地物和地貌特征点，称为碎部测量。例如：图上在控制点 1 测定周围碎部点 *L*、*M*、*N*、*O*……。碎部测量是较控制测量低一级的测量，是局部的测量，碎部测量由于是在控制测量的基础上进行的，因此碎部测量的

图 1-6 测量工作的原则和程序

误差就局限在控制点的周围，从而控制了误差的传播范围和大小，保证了整个测区的测量精度。

施工测量是首先对施工场地布设整体控制网，用较高的精度测设控制网点的位置，然后在控制网的基础上，再进行各局部轴线尺寸和高低的定位测设，其精度较低。例如：图中利用控制点1、6测设拟建的建筑物*R*、*Q*、*P*。因此，施工测量也遵循“从整体到局部、先控制后碎部、由高级到低级”的施测原则。

测量工作的程序分为控制测量和碎部测量两步。

遵循测量工作的原则和程序，不但可以减少误差的累积和传递，而且还可以在几个控制点上同时进行测量工作，既加快了测量的进度，缩短了工期，又节约了开支。

测量工作有外业和内业之分，上述测定地面点位置的角度测量，水平距离测量，高差测量是测量的基本工作，称为外业。将外业成果进行整理、计算（坐标计算、高程计算）、绘制成图，称为内业。

为了防止出现错误，无论外业工作还是内业工作，还必须遵循另一个基本原则“边工作边校核”。用检核的数据说明测量成果的合格和可靠。测量工作实质是通过实践操作仪器获得观测数据，确定点位关系。因此是实践操作与数字密切相关的一门技术，无论是实践操作有误，还是观测数据有误，或者是计算有误，都体现在点位的确定上产生错误。因而在实践操作与计算中都必须步步有校核，检核已进行的工作有无错误。一旦发现错误或达不到精度要求的成果，必须找出原因或返工重测，必须保证各个环节的可靠。

市政施工测量应遵循“先外业、后内业”或“先内业、后外业”的这种双向工作程序。规划设计阶段所采用的地形图，是首先取得实地野外观测资料、数据，然后再进行室内计算、整理、绘制成图，即“先外业、后内业”。测设阶段是按照施工图上所定的数据、资料，首先在室内计算出测设所需要的放样数据，然后再到施工场地按测设数据把具体点位放样到施工作业面上，并做出标记，作为施工的依据。因而测设阶段是“先内业、后外业”的工作程序。

思考题与习题

1. 市政工程测量的任务是什么？其内容包括哪些？
2. 测量工作的实质是什么？
3. 何谓大地水准面、1985年国家高程基准、绝对高程、相对高程和高差？
4. 测量上的平面直角坐标系与数学上的平面直角坐标系有什么区别？
5. 确定地面点位置的三个基本要素是什么？测量的三项基本工作是什么？
6. 测量工作的原则和程序是什么？
7. 已知地面某点相对高程为21.580m，其对应的假定水准面的绝对高程为168.880m，则该点的绝对高程为多少？绘出示意图。

第二章　水准测量

测量地面上各点高程的工作，称为高程测量。高程测量的方法有水准测量法、三角高程测量法和气压高程测量法等，其中水准测量法是最基本的的一种方法，具有操作简便、精度高和成果可靠的特点，在大地测量、普通测量和工程测量中被广泛采用。本章主要介绍水准测量。

第一节　水准测量的原理

水准测量是利用水准仪提供的水平视线，对地面上两点的水准尺分别读数，求取两点之间的高差，然后由其中已知点的高程求出未知点的高程。

如图 2-1 所示，A 为已知点，其高程为 H_A；B 为未知点，其高程 H_B 待求。可在 A、B 两点上竖立水准尺，在两点之间安置水准仪，利用水准仪提供的水平视线先后在 A、B 点的水准尺上读取读数 a、b，则 A、B 点之间的高差 h_{AB} 为：

$$h_{AB} = a - b \tag{2-1}$$

B 点的高程为：

$$H_B = H_A + h_{AB} \tag{2-2}$$

如果测量是由 A 点向 B 点前进，我们称 A 点为后视点，B 点为前视点，a、b 分别为后视读数和前视读数。地面上两点间的高差等于后视读数减前视读数。

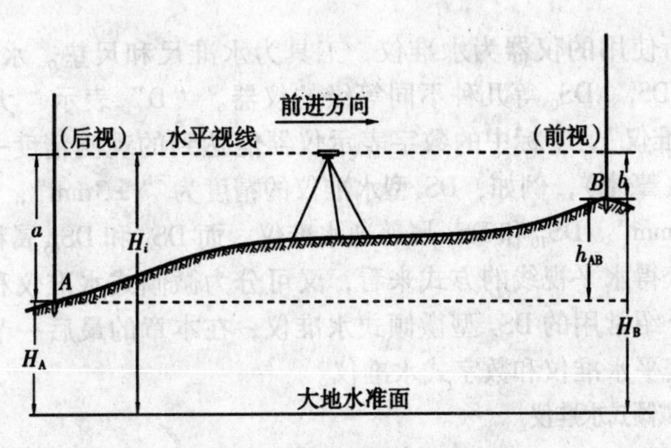

图 2-1　水准测量原理

例如：设 A 点的高程为 60.716m，若后视 A 点读数为 1.124m，前视 B 点读数为 1.428m，则 A、B 两点的高差是：

$$h_{AB} = a - b = 1.124 - 1.428 = -0.304\text{m}$$

B 点高程是：

$$H_B = H_A + h_{AB} = 60.716 + (-0.304) = 60.412\text{m}$$

当要在一个测站上同时观测多个地面点的高程时，先观测后视读数，然后依次在待测点竖立水准尺，分别用水准仪读出其读数，再用上式计算各点高程。为简化计算，可把上式变换成

$$H_B = (H_A + a) - b \tag{2-3}$$

式中 $H_A + a$ 实际上是水平视线的高程，称为仪器高，用上式计算高程的方法称为仪器高法，在实际测量工作中应用很广泛。

例如：设 A 为后视点，高程为 60.716m，后视 A 读数为 1.124m，在 5 个待定高程点的前视读数分别为 1.428m、2.096m、0.748m、3.416m、0.947m，采用视线高法求各待定点高程比较简便。水准仪视线高程等于测站高程加后视读数：

$$H_A + a = 60.716 + 1.124 = 61.840\text{m}$$

各待定点高程等于视线高程减其前视读数：

$$H_1 = 61.840 - 1.428 = 60.412\text{m}$$

$$H_2 = 61.840 - 2.096 = 59.744\text{m}$$

$$H_3 = 61.840 - 0.748 = 61.092\text{m}$$

$$H_4 = 61.840 - 3.416 = 58.424\text{m}$$

$$H_5 = 61.840 - 0.947 = 60.893\text{m}$$

当 A、B 两点距离较远或高差较大时，不能安置一次仪器便测得两点间的高差，此时必须逐站安置仪器，沿某条路线进行连续的水准测量，依次测出各站的高差，各站高差之和就是 A、B 两点间的高差，最后根据此高差和 A 点的已知高程求 B 点高程。其中各站临时选定的作为传递高程的立尺点，称为“转点”。

第二节　水准测量的仪器及工具

水准测量所使用的仪器为水准仪，工具为水准尺和尺垫。水准仪按精度分，有 DS_{10}、DS_3、DS_1、DS_{05} 等几种不同等级的仪器。“D”表示“大地测量仪器”，“S”表示“水准仪”，下标中的数字表示仪器能达到的观测精度——每千米往返测高差中误差（毫米），例如，DS_3 型水准仪的精度为“±3mm”，DS_{05} 型水准仪的精度为“±0.5mm”。DS_{10} 和 DS_3 属普通水准仪，而 DS_1 和 DS_{05} 属精密水准仪。另外，从水准仪获得水平视线的方式来看，又可分为微倾式水准仪和自动安平水准仪。本章主要介绍常用的 DS_3 型微倾式水准仪，在本章的最后一节简单介绍精密水准仪、自动安平水准仪和数字式水准仪。

一、DS_3 型微倾式水准仪

根据水准测量的原理，水准仪的主要功能是提供一条水平视线，并能照准水准尺进行读数。因此，水准仪主要由望远镜、水准器及基座三部分构成。图 2-2 所示为常见的 DS_3 微倾式水准仪。

1. 望远镜

望远镜是瞄准目标并在水准尺上进行读数的部件，主要由物镜、目镜、调焦透镜和十字丝分划板组成。图 2-3 是 DS_3 型水准仪内对光望远镜构造图。

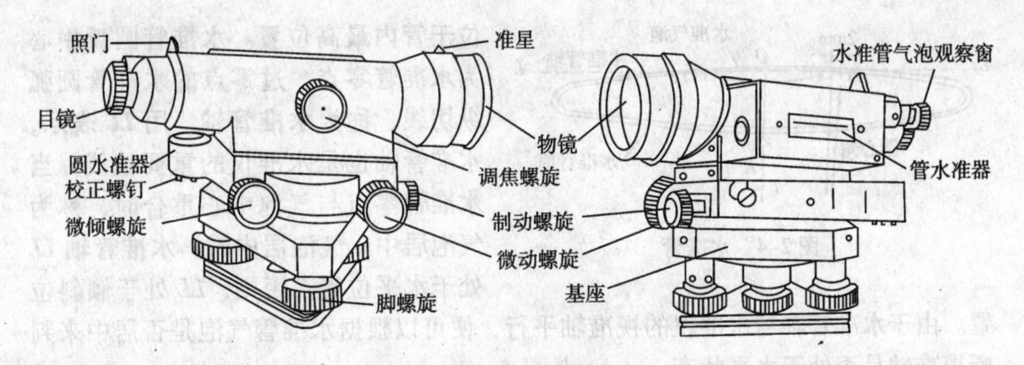

图 2-2 DS_3 型微倾式水准仪

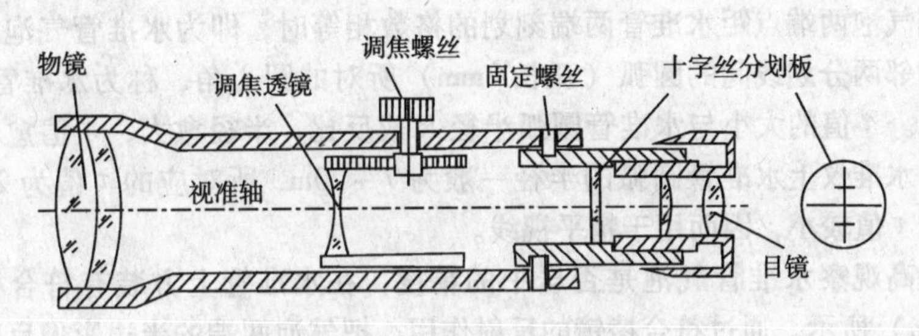

图 2-3 水准仪望远镜构造

物镜是由几个光学透镜组成的复合透镜组，其作用是将远处的目标在十字丝分划板附近形成缩小而明亮的实像。

目镜也由复合透镜组组成，其作用是将物镜所成的实像与十字丝一起进行放大，它所成的像是虚像。

十字丝分划板是一块圆形的刻有分划线的平板玻璃片，安装在金属环内。十字丝分划板上互相垂直的两条长丝，称为十字丝，是瞄准目标和读数的重要部件。其中纵丝亦称竖丝，横丝亦称中丝。另有上、下两条对称的短丝称为视距丝，用于在需要时以较低的精度测量距离。

调焦透镜是安装在物镜与十字丝分划板之间的凹透镜。当旋转调焦螺旋，前后移动凹透镜时，可以改变由物镜与调焦透镜组成的复合透镜的等效焦距，从而使目标的影像正好落在十字丝分划板平面上，再通过目镜的放大作用，就可以清晰地看到放大了的目标影像以及十字丝。

物镜的光心与十字丝交点的连线称为视准轴，用 CC 表示，是水准仪上重要的轴线之一，延长视准轴并使其水平，即得水准测量中所需的水平视线。

2. 水准器

水准器是水准仪的重要部件，借助于水准器才能使视准轴处于水平位置。水准器分为管水准器和圆水准器，管水准器又称为水准管。

(1) 水准管

如图 2-4 所示，水准管的构造是将玻璃管纵向内壁磨成圆弧，管内装酒精和乙醇的混合液加热熔封而成，冷却后在管内形成一个气泡，在重力作用下，气泡

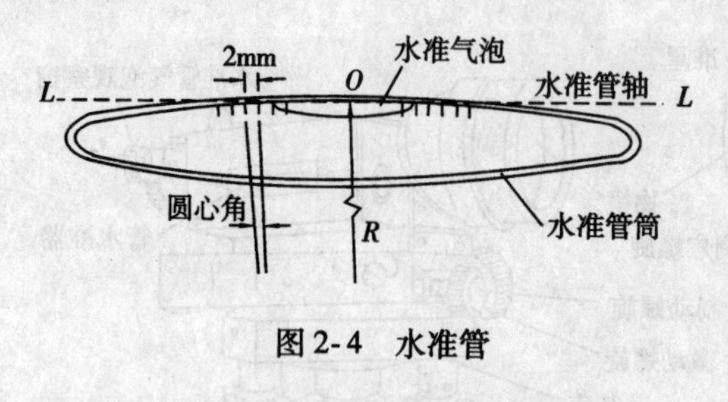

图 2-4　水准管

位于管内最高位置。水准管圆弧中心为水准管零点，过零点的水准管圆弧纵切线，称为水准管轴，用 LL 表示，水准管轴也是水准仪的重要轴线。当水准管零点与气泡中心重合时，称为气泡居中。气泡居中时，水准管轴 LL 处于水平位置，否则，LL 处于倾斜位置。由于水准管轴与水准仪的视准轴平行，便可以根据水准管气泡是否居中来判断视准轴是否处于水平状态。

为便于确定气泡居中，在水准管上刻有间距为 2mm 的分划线，分划线对称于零点，当气泡两端点距水准管两端刻划的格数相等时，即为水准管气泡居中。水准管上相邻两分划线间的圆弧（弧长 2mm）所对的圆心角，称为水准管分划值，用 τ 表示。τ 值的大小与水准管圆弧半径 R 成反比，半径愈大，τ 值愈小，灵敏度愈高。水准仪上水准管圆弧的半径一般为 7 ~ 20m，所对应的 τ 值为 20″ ~ 60″。水准管的 τ 值较小，因而用于精平视线。

为提高观察水准管气泡是否居中的精度，在水准管上方装有符合棱镜，如图 2-5（*a*）所示。通过符合棱镜的反射作用，把气泡两端的半边影像反映到望远镜旁的观察窗内。当两端半边气泡影像符合在一起，构成“U”形时，则气泡居中，如图 2-5（*b*）所示。若成错开状态，则气泡不居中，如图 2-5（*c*）所示。这种设有符合棱镜的水准管，称为符合水准器。

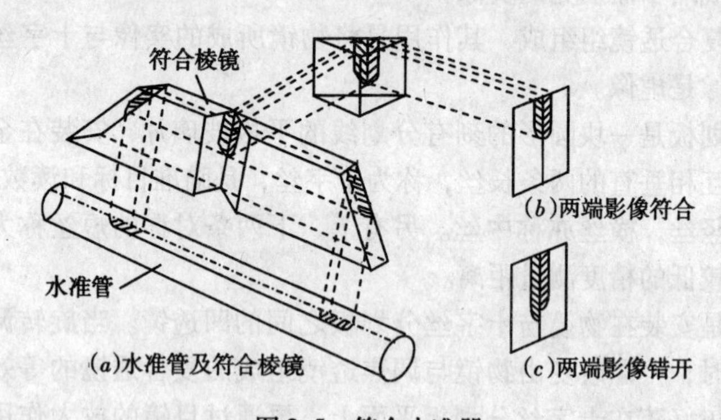

图 2-5　符合水准器

（2）圆水准器

圆水准器顶面内壁是球面，正中刻有一圆圈，圆圈中心为圆水准器零点，过零点的球面法线称为圆水准器轴，如图 2-6 所示。当气泡居中时，圆水准器轴处于竖直位置。不居中时，气泡中心偏离零点 2mm 所对应的圆水准器轴倾斜角值称为圆水准器分划值，DS_3 水准仪一般为 8′ ~ 10′。由于它的精度较低，故只用于仪器的粗略整平。

3. 基座

基座由轴座、脚螺旋和底板等构成，其作用是支承仪器的上部并与三脚架相连。轴座用于仪器的竖轴在其内旋转，脚螺旋用于调整圆水准器气泡居中，底板用于整个仪器与下部三脚架连接。

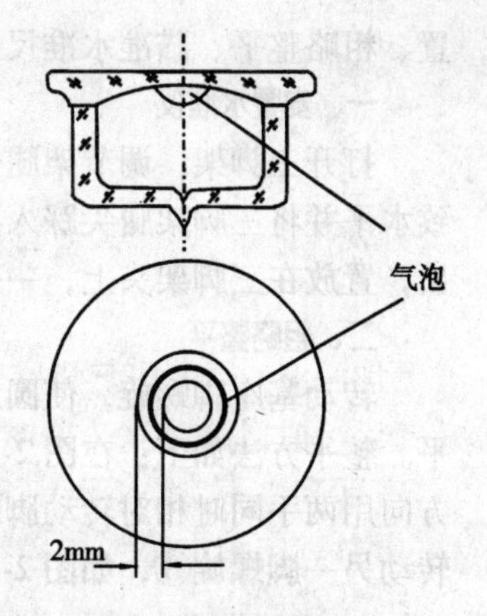

图 2-6　圆水准器

二、水准尺

水准尺是水准测量时使用的标尺。水准尺采用经过干燥处理且伸缩性较小的优质木材制成，现在也有用玻璃钢或铝合金制成的水准尺。从外形看，常见的有直尺和塔尺两种，如图 2-7 所示。

1. 直尺

常用直尺为木质双面尺，尺长 3m，两根为一对，如图 2-7（*a*）所示。直尺的两面分别绘有黑白和红白相间的分格，以厘米分划，黑白相间的一面称为黑面尺，亦称为主尺；红白相间的一面称为红面尺，亦称为辅尺。在每一分米处均有两个数字组成的注记，第一个表示米，第二个表示分米，例如“23”表示 2.3 米。黑面尺底端起点为零，红面尺底端起点一根为 4.687，另一根为 4.787。设置两面起点不同的目的，是为了防止两面出现同样的读数错误。这种直尺适用于精度较高的水准测量中。

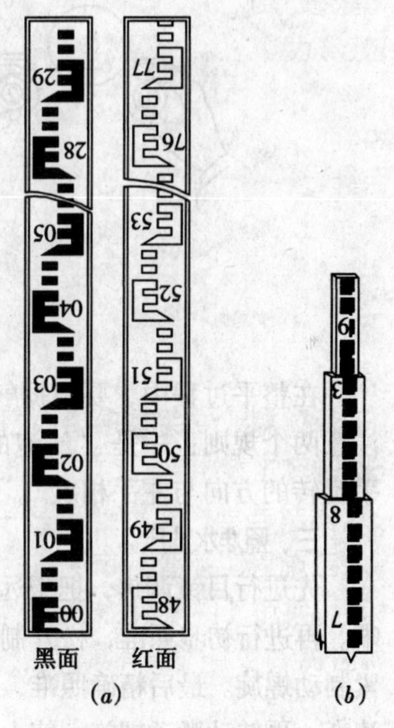

图 2-7　水准尺

2. 塔尺

塔尺由两节或三节套接在一起，其长度有 3m、4m 和 5m 不等，如图 2-7（*b*）所示。塔尺最小分划为 1cm 或 0.5cm，一般为黑白相间或红白相间，底端起点均为零。每分米处有由点和数字组成的注记，点数表示米，数字表示分米，例如“∴5”表示 3.5 米。塔尺由于存在接头，故精度低于直尺，但使用、携带方便，适用于地形图测绘和施工测量等。

三、尺垫

尺垫由生铁铸成，如图 2-8 所示。其下部有三个支脚，上部中央有一凸起的半球体。尺垫用于进行多测站连续水准测量时，在转点上作为临时立尺点，以防止水准尺下沉和立尺点移动。使用时应将尺垫的支脚牢固地踩入地下，然后将水准尺立于其半球顶上。

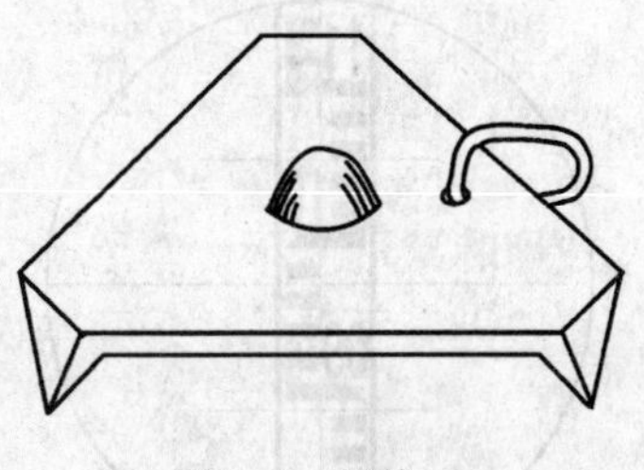
图 2-8　尺垫

第三节　水准仪的使用

在每个测站上，水准仪的使用包括水准仪的安置、粗略整平、瞄准水准尺、精确整平和读数等基本操作步骤。

一、安置水准仪

打开三脚架，调节架腿长度，使其与观测者高度相适应，用目估法使架头大致水平并将三脚架腿尖踩入土中或使其与地面稳固接触，然后将水准仪从箱中取出，置放在三脚架头上，一手握住仪器，一手用连接螺旋将仪器固连在三脚架上。

二、粗略整平

转动基座脚螺旋，使圆水准器气泡居中，此时仪器竖轴铅垂，视准轴粗略水平。整平方法如下：在图 2-9（*a*）中，设气泡未居中并位于 *a* 处，可按图中所示方向用两手同时相对转动脚螺旋①和②，使气泡从 *a* 处移至 *b* 处；然后用一只手转动另一脚螺旋③，如图 2-9（*b*）所示，使气泡居中。

图 2-9　水准仪粗略整平

在整平过程中，要根据气泡偏移的位置判断应该旋转哪个脚螺旋，同时还要注意两个规则：一是“气泡的移动方向与左手大拇指移动方向一致”，二是“右手旋转的方向与左手相反”。

三、照准水准尺

先进行目镜调焦，把望远镜对着明亮的背景，转动目镜调焦螺旋，使十字丝清晰。再进行初步照准，松开制动螺旋，旋转望远镜，用准星和照门瞄准水准尺，拧紧制动螺旋。最后精确照准，从望远镜中观察，转动物镜调焦螺旋，使水准尺分划清晰，再转动微动螺旋，使十字丝竖丝靠近水准尺边缘或内部，如图 2-10 所示。

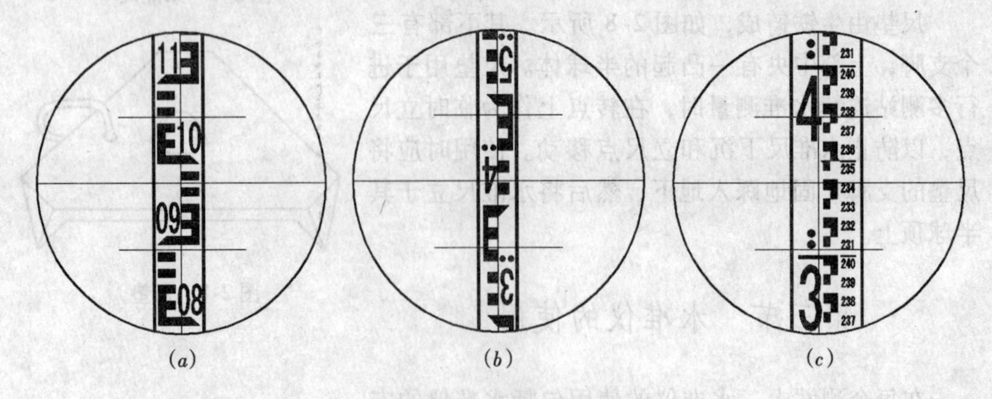

图 2-10　照准水准尺

水准仪的十字丝横丝有三根，中间的长横丝叫中丝，用于读取水准尺读数；上下两根短横丝是用来粗略测量水准仪到水准尺距离的，叫上、下视距线，简称上丝和下丝。上丝和下丝的读数也可用来检核中丝读数，即中丝读数应等于上、下丝读数的平均值。

照准目标后，眼睛在目镜端上下作少量移动，若发现目标影像和十字丝有相对运动，这种现象称为视差。产生视差的原因是目标的影像与十字丝分划板不重合。视差对读数的精度有较大影响，应认真对目镜和物镜进行调焦，直至消除视差。

四、精确整平

如图 2-11 所示，转动微倾螺旋，使符合水准器气泡两端影像对齐，成“U”形，此时，水准管轴水平，从而使得视准轴水平。在精确整平时，转动微倾螺旋的方向与符合水准器气泡左边影像移动的方向一致。

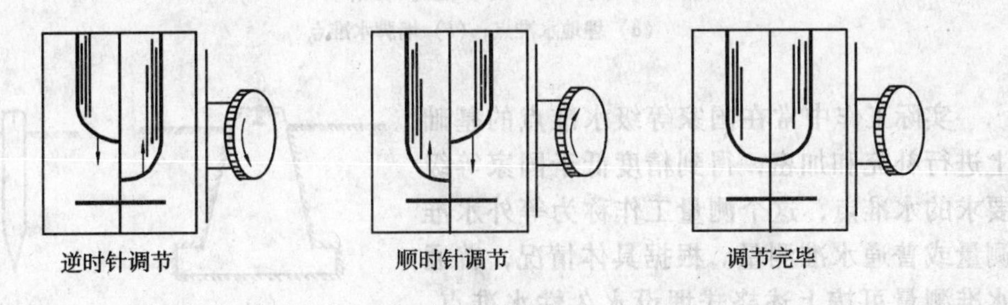

图 2-11 精确整平

五、读数

精确整平后，应立即用中丝在水准尺上读数，直接读米、分米和厘米，估读毫米，共四位数，例如图 2-10（*a*）所示为 1 厘米刻划的直尺，读数为 0.976m；图 2-10（*b*）所示为 1 厘米刻划的塔尺，读数为 2.423m，图 2-10（*c*）所示为塔尺的另一面，刻划为 0.5 厘米，每厘米处注有读数，便于近距离观测，此处读数为 2.338m。

读数时，注意从小往大读，若望远镜是正像，即是由下往上读；若望远镜是倒像，则是由上往下读。读完数后，还应检查气泡是否居中，以确信视线水平。若不居中，应进行精确整平后重新读数。

第四节 水准测量方法

一、水准点

为了统一全国的高程系统和满足各种测量的需要，测绘部门在全国各地埋设了很多高程标志，称为水准点，由专业测量单位按国家等级水准测量的要求观测其高程。这些水准点，按精度由高到低分为一、二、三、四等，称为国家等级水准点，埋设永久性标志。永久性水准点一般用混凝土制成，顶面嵌入不锈钢或不易锈蚀材料制成的半球状标志，标志的顶点代表水准点的点位。顶点高程，即为水准点高程，如图 2-12 所示。永久性水准点也可用金属标志埋设于基础稳固的建筑物墙脚上，称为墙脚水准点。水准测量通常是从水准点开始，测量其他待定点的高程。

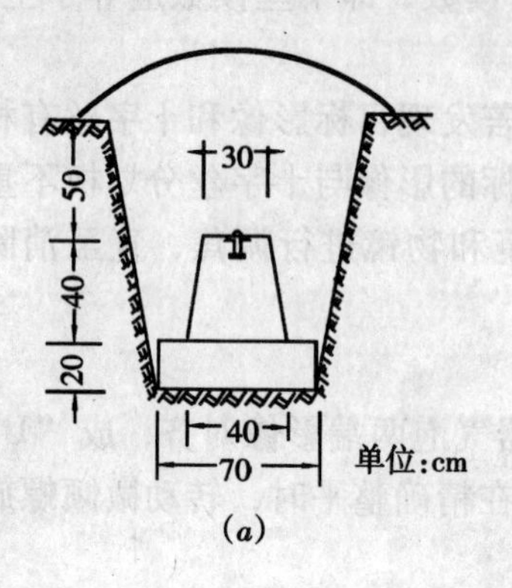

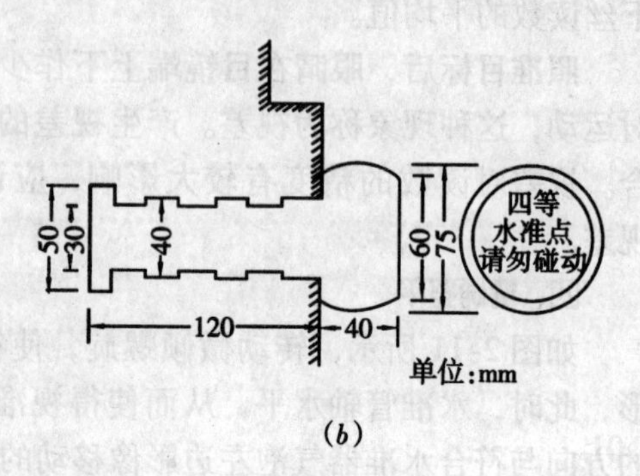

图 2-12　永久性水准点

(a) 埋地水准点；(b) 墙脚水准点

实际工作中常在国家等级水准点的基础上进行补充和加密，得到精度低于国家等级要求的水准点，这个测量工作称为等外水准测量或普通水准测量。根据具体情况，普通水准测量可按上述格式埋设永久性水准点，也可埋设临时性水准点。临时水准点可利用地面突出的坚硬稳固的岩石用红漆标记；也可用木桩打入地下，桩顶钉一半球形铁钉，如图 2-13 所示。

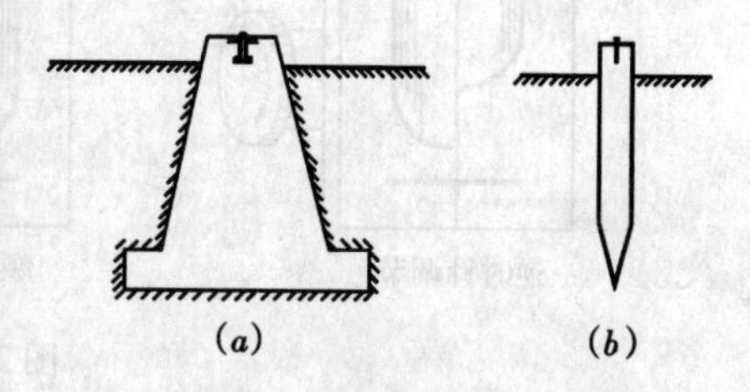

图 2-13　临时性水准点

水准点埋设之后，绘出水准点附近的草图，注明水准点编号，编号前通常加注 BM，以表示水准点，例如 BM_A、BM_5 等。

二、水准路线

水准测量所经过的路线，称为水准路线。为了避免观测、记录和计算中发生人为误差，并保证测量成果能达到一定的精度要求，必须按某种形式布设水准路线。布设水准路线时，应考虑已知水准点、待定点的分布和实际地形情况，既要能包含所有待定点，又要能进行成果检核。水准路线的基本形式有：闭合水准路线、附合水准路线和支水准路线。

1. 闭合水准路线

如图 2-14 (*a*) 所示，从已知水准点 *A* 出发，沿高程待定点 1，2，……进行水准测量，最后再回到原已知水准点 *A*，这种形式的路线，称为闭合水准路线。闭合水准路线高差代数和的理论值等于零，即 $\sum h=0$，利用这个特性可以检核观测成果是否正确。

2. 附合水准路线

如图 2-14 (*b*) 所示，从已知水准点 *A* 出发，沿高程待定点 1，2，……进行

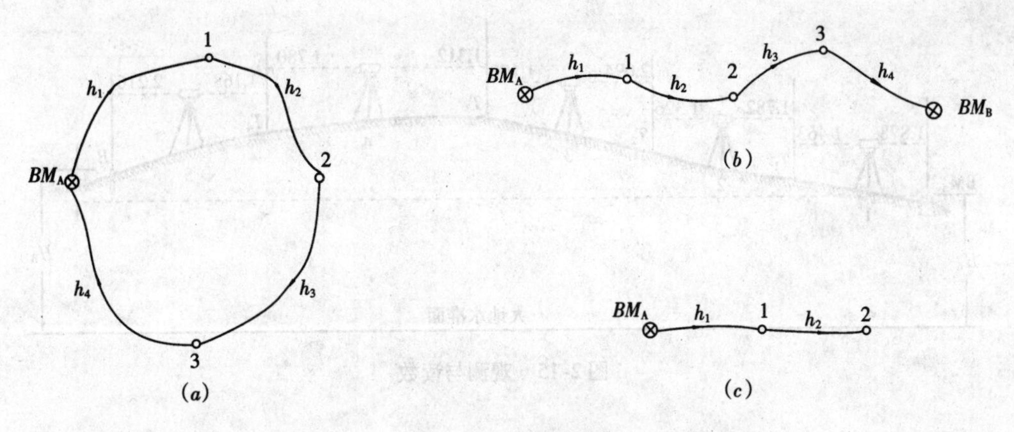

图 2-14 水准路线

(a) 闭合水准路线；(b) 附合水准路线；(c) 支水准路线

水难测量，最后附合到另一已知水准点 B，这种形式的路线称为附合水准路线。附合水准路线高差代数和的理论值等于起点 A 至终点 B 的已知高差。即 $\sum h = H_B - H_A$，利用这个特性也可以检核观测成果是否正确。

3. 支水准路线

如图 2-14（c）所示，从已知水准点 A 出发，沿高程待定点 1，2，……进行水准测量，既不闭合，也不附合到已知水准点的路线，称为支水准路线。支水准路线缺乏检核条件，一般要求进行往返观测，或者限制路线长度或点数。往返观测时，往测高差与返测高差的绝对值应相等，符号相反，即 $h_{12} = -h_{21}$。

三、水准测量的方法

在用连续水准测量确定相隔较远或高差较大的两点之间的高差时，应当按照规定的观测程序进行观测，按一定的格式进行记录和计算，同时，在观测中还应进行各种检核。这样才能避免观测结果出错并达到一定的精度要求。不同等级的水准测量有相应的观测程序和记录格式，检核方法也有所不同。下面主要介绍普通水准测量的做法和要求。

1. 观测程序

如图 2-15 所示，在两待测高差的水准点 A 和待定点 B 之间，设置若干个转点，经过连续多站水准测量，测出 A、B 两点间的高差。

具体观测步骤是：

（1）在 A 点前方适当位置，选择转点 T_1，放上尺垫，在 A、T_1 点上分别立水准尺。在距 A 和 T_1 大致相等的 1 处安置水准仪，调节圆水准器，使水准仪粗平。

（2）照准后视点 A 上水准尺，精确整平、读数 a_1，记入表 2-1 中 A 点后视读数栏内。

（3）旋转望远镜，照准前视点 T_1 上水准尺，精平、读数 b_1，记入 1 点前视读数栏内。

（4）按式（2-1）计算 A 至 T_1 点高差 h_1，记入测站 1 的高差栏内。至此完成

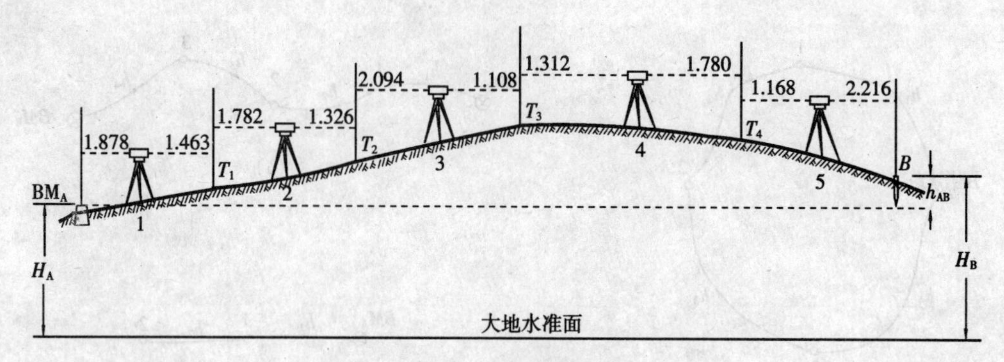

图 2-15　观测与读数

了第一个测站的观测。

（5）在 1 点前方适当位置，选择转点 T_2，放上尺垫，将 A 点水准尺移至 T_2 点，T_1 点水准尺不动，将水准仪由 1 处移至距 T_1 和 T_2 点大致相等的 2 处。将水准仪粗平后，按（2）—（4）所述步骤和方法，观测并计算出 T_1 至 T_2 点高差 h_2。同理连续设站，直至测出最后一个转点至待定点 B 之间的高差。

2. 高程计算

全部观测完成后，将各测站的高差相加，即得总高差，然后按式（2-2）计算待定点 B 的高程，计算过程和结果见表 2-1。为了保证计算正确无误，对记录表中每一页所计算的高差和高程要进行计算检核。即后视读数总和减去前视读数总和、高差总和、待定点高程与 A 点高程之差值，这三个数字应当相等。否则，计算有错。例如表 2-1 中，三者结果均为 0.341，说明计算正确。在计算时，先检核高差计算是否正确，当高差计算正确后再进行高程的计算。表 2-1 中各转点的高程也可不逐一计算，用 A 点高程加上高差总和即为 B 点的高程。此外，计算检核只能检查计算是否正确，对读数不正确等观测过程中发生的错误，是不能通过计算检核检查出来的。

水准测量手簿　　表 2-1

测　站	点　号	后视读数（m）	前视读数（m）	高　差（m）	高　程（m）	备　注
	BM$_A$	1.878			76.668	水准点
1				0.415		
	T_1	1.782	1.463		77.083	转点
2				0.456		
	T_2	2.094	1.326		77.539	转点
3				0.986		
	T_3	1.312	1.108		78.525	转点
4				−0.468		
	T_4	1.168	1.780		78.057	转点
5				−1.048		
	B		2.216		77.009	待定点
计算检核		$\sum=8.234$ $8.234-7.893=0.341$	$\sum=7.893$	$\sum=0.341$	$77.009-76.668=0.341$	

四、测站检核

按照上述观测方法，若任一测站上的后视读数或者前视读数不正确，或者观测质量太差，都将影响高程的正确性和精度。因此，必须在每个测站上进行测站检核，一旦发现错误或不满足精度要求，必须及时重测。测站检核主要采用双面尺法和变动仪器高度法。

1. 双面尺法

利用双面水准尺，在每一测站上，保持仪器高度不变，分别读取后视和前视的黑面与红面读数，按式（2-1）分别计算出黑面高差 $h_{黑}$ 和红面高差 $h_{红}$。由于两水准尺的黑面底端起点读数相同，而红面底端起点读数相差100mm，应在红面高差 $h_{红}$ 中加或减100mm后，再与黑面高差 $h_{黑}$ 进行比较，两者之差不超过容许值（等外水准容许值为6mm）时。说明满足要求，取黑、红面高差平均值作为两点之间的高差，否则，应立即重测。

2. 变动仪器高度法

在每个测站上，读后尺和前尺的读数，计算高差后，重新安置仪器（一般将仪器升高或降低10cm左右），再测一次高差，两次高差之差的容许值与双面尺法相同，满足要求时取平均值作为两点之间的高差；否则重测。

第五节 水准测量成果计算

水准测量成果计算的目的，是根据水准路线上已知水准点高程和各段观测高差，求出待定水准点高程。在计算时，要首先检查外业观测手簿，计算各段路线两点间高差。经检核无误后，检核整条水准路线的观测误差是否达到精度要求，若没有达到要求，要进行重测；若达到要求，可把观测误差按一定原则调整后，再求取待定水准点的高程。具体内容包括以下几个方面：计算高差闭合差；当高差闭合差满足限差要求时，调整闭合差；求改正后高差；计算待定点高程。

一、闭合水准路线成果计算

图2-16为一条闭合水准路线，由三段组成，各段的观测高差和测站数如图所示，箭头表示水准测量进行的方向，BM_A 为水准点，高程为86.365m，1、2、3点为待定高程点。

水准路线成果计算一般在表2-2的表格中进行，计算前先将有关的已知数据和观测数据填入表内相应栏目内，然后按以下步骤进行计算。

1. 计算高差闭合差

一条水准路线的实际观测高差与已知理论高差的差值称为高差闭合差，用 f_h 表示，即

$$f_h = 观测值 - 理论值 \tag{2-4}$$

对于闭合水准路线，高差闭合差观测值为路线高差代数和，即 $\sum h_{测} = h_1 + h_2 + \cdots + h_n$，理论值

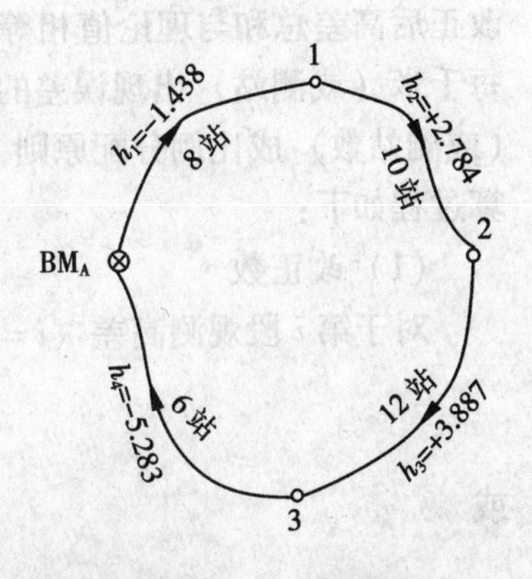

图2-16 闭合水准路线略图

$\sum h_{理}=0$，按式（2-4）有：

$$f_h=\sum h_{测} \tag{2-5}$$

将表2-2中的观测高差代入式（2-5），得高差闭合差为$f_h=-0.050\text{m}=-50\text{mm}$。

水准测量成果计算表　　表2-2

测段编号	点　名	测站数	观测高差（m）	改正数（m）	改正后高差（m）	高　程（m）	备　注
	BM_A					86.365	
1		8	−1.438	0.011	−1.427		
	1					84.938	
2		10	2.784	0.014	2.798		
	2					87.736	水准点
3		12	3.887	0.017	3.904		
	3					91.640	
4		6	−5.283	0.008	−5.275		
	BM_A					86.365	
Σ		36	−0.050	0.050	0.000		

2. 高差闭合差的容许值

高差闭合差f_h被用于检核测量成果是否合格。如果f_h不超过高差闭合差容许值$f_{h容}$，则成果合格。否则，应查明原因，重新观测。规范规定，在普通水准测量时，平地和山地的高差闭合差容许值分别为：

$$平地\ f_{h容}=\pm 40\sqrt{L}\text{mm} \tag{2-6}$$

$$山地\ f_{h容}=\pm 12\sqrt{n}\text{mm} \tag{2-7}$$

式中L为水准路线长度，以千米计；n为水准路线的测站数。当每千米水准路线中测站数超过16站时，可认为是山地，采用式（2-7）计算容许差。

将表2-2中的测站数累加，得总测站数$n=36$，代入式（2-7）得高差闭合差的容许值为

$$f_{h容}=\pm 12\sqrt{36}=\pm 72\text{mm}$$

由于$|f_h|<|f_{h容}|$，精度符合要求。

3. 高差闭合差的调整

闭合差调整的目的，是将水准路线中的各段观测高差加上一个改正数，使得改正后高差总和与理论值相等。在同一条水准路线上，可认为观测条件相同，即每千米（或测站）出现误差的可能性相等，因此，可将闭合差反号后，按与距离（或测站数）成比例分配原则，计算各段高差的改正数，然后进行相应的改正。计算过程如下：

（1）改正数

对于第i段观测高差（$i=1，2，\cdots，n$），其改正数v_i的计算公式为

$$v_i=-\frac{f_h}{\sum L}\cdot L_i \tag{2-8}$$

或

$$v_i=-\frac{f_h}{\sum n}\cdot n_i \tag{2-9}$$

式中$\sum L$为水准路线总长度，L_i为第i测段长度；$\sum n$为水准路线总测站数，n_i为第i测段站数。将各段改正数均按上式求出后，记入改正数栏。高差改正数凑整后的总和，必须与高差闭合差绝对值相等，符号相反。

将表2-2中的数据代入式（2-9）得各段高差的改正数为

$$v_1 = -\frac{-0.050}{36} \times 8 = 0.011\text{m}$$

$$v_2 = -\frac{-0.050}{36} \times 10 = 0.014\text{m}$$

$$v_3 = -\frac{-0.050}{36} \times 12 = 0.017\text{m}$$

$$v_4 = -\frac{-0.050}{36} \times 6 = 0.008\text{m}$$

由于$\sum v = 0.050\text{m} = -f_h$，说明改正数的计算正确，可以进行下一步的计算。

（2）求改正后的各段高差

将各观测高差与对应的改正数相加，可得各段改正后高差，计算公式为

$$h_{i改} = h_i + v_i \tag{2-10}$$

式中$h_{i改}$为改正后的高差，h_i为原观测高差，v_i为该高差的改正数。改正后高差总和应等于高差总和的理论值。

将表2-2中的观测高差与其改正数代入式（2-10），得各段改正后的高差为

$$h_{1改} = -1.438 + 0.011 = -1.427\text{m}$$

$$h_{2改} = 2.784 + 0.014 = 2.798\text{m}$$

$$h_{3改} = 3.887 + 0.017 = 3.904\text{m}$$

$$h_{4改} = -5.283 + 0.008 = -5.275\text{m}$$

由于$\sum h_{i改} = 0.000$，说明改正后高差计算正确。

4. 高程计算

根据改正后高差，从起点A开始，逐点推算出各待定水准点高程，直至终点3，记入高程栏。为了检核高程计算是否正确，对闭合水准路线应继续推算到起点A，A的推算高程应等于已知高程。

根据表2-2的已知高程和改正后高差，得各点的高程为

$$H_1 = 86.365 + (-1.427) = 84.938\text{m}$$

$$H_2 = 84.938 + 2.798 = 87.736\text{m}$$

$$H_3 = 87.736 + 3.904 = 91.640\text{m}$$

$$H_A = 91.640 + (-5.275) = 86.365\text{m}$$

上述计算中，A的推算高程H_A等于其已知高程，说明高程计算正确。

二、附合水准路线的成果计算

图2-17为一条附合水准路线，由四段组成，起点A的高程为46.978m，终点B的高程为47.733m，各段观测高差和路线长度如图所示，要计算1、2、3点的高程。

附合水准路线成果计算的步骤与闭合水准路线成果计算的方法与步骤基本一

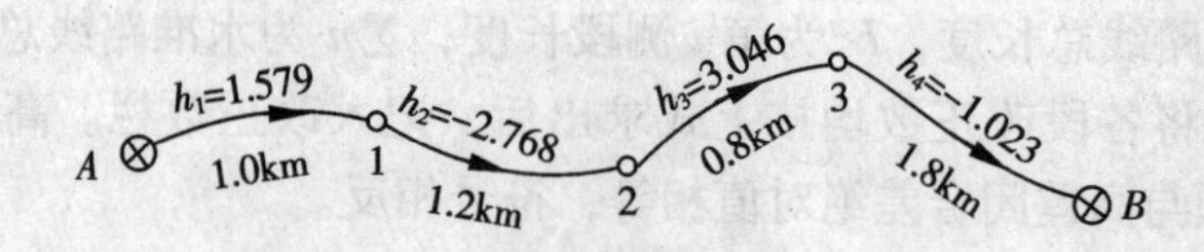

图 2-17　附合水准路线略图

样，只是在闭合差计算公式有一点区别。这里着重介绍闭合差的计算方法，其他计算过程不再详述，计算结果见表 2-3。

水准测量成果计算表　　　　**表 2-3**

测段编号	点名	距离	实测高差	改正数（m）	改正后高差	高程（m）	备　注
	A					46.978	A、B 为已知点 闭合差 = 0.079m 容许差 = ±0.088m
1		1.0	1.579	−0.016	1.563		
	1					48.541	
2		1.2	−2.768	−0.020	−2.788		
	2					45.753	
3		0.8	3.046	−0.013	3.033		
	3					48.786	
4		1.8	−1.023	−0.030	−1.053		
	B					47.733	
Σ		4.8	0.834	−0.079	0.755		

1. 闭合差计算

在计算附合水准路线闭合差时，观测值为路线高差代数和，即 $\sum h_{测} = h_1 + h_2 + \cdots + h_n$，理论值 $\sum h_{理} = H_{终} - H_{起}$，按式（2-4）有：

$$f_h = \sum h_{测} - (H_{终} - H_{起}) \tag{2-11}$$

将表 2-3 的观测高差总和以及 A、B 两点的已知高程代入上式得闭合差为

$$f_h = 0.834 - (47.733 - 46.978) = 0.079$$

2. 高差闭合差的容许值

由于只有路线长度数据，因此按式（2-6）计算高差闭合差的容许值，即

$$f_{h容} = \pm 40\sqrt{L} = \pm 40\sqrt{4.8} = \pm 88\text{mm}$$

由于 $|f_h| < |f_{h容}|$，精度符合要求。

3. 高差闭合差的调整

本例中高差闭合差的调整，是将闭合差反号后，按与距离成比例分配原则，计算各段高差的改正数，然后进行相应的改正。其中，改正数用式（2-8）计算，改正后高差用式（2-10）计算，计算结果填在表 2-3 的相应栏目内。

4. 高程计算

根据改正后高差，从起点 A 开始，逐点推算出各待定水准点高程，直至 B 点，记入高程栏。若 B 点的推算高程等于其已知高程，则说明高程计算正确。本例计算结果见表 2-3。

三、支水准路线成果计算

设某水准路线的已知点 A 的高程 $H_A = 167.573\text{m}$，从 A 点到 P 点的往测高差

和返测高差分别为$h_{往}=-2.458m$、$h_{返}=+2.476m$，往返测总测站数$n=9$。

1. 求往、返测高差闭合差

支水准路线往返观测时，往测高差与返测高差代数和的观测值为$h_{往}+h_{返}$，理论值为零。按式（2-4）有

$$f_h=h_{往}+h_{返} \tag{2-12}$$

因此这里的闭合差为 $f_h=-2.458+2.476=+0.018m$

2. 容许差

支路线高差闭合差的容许值与闭合路线及符合路线一样，这里将测站数代入式（2-7）得

$$f_{h容}=\pm12\sqrt{n}=\pm12\sqrt{9}=\pm36mm$$

由于$|f_h|<|f_{h容}|$，精度符合要求。

3. 求改正后高差

支水准路线往返测高差的平均值即为改正后高差，符号以往测为准，因此计算公式为

$$h=\frac{h_{往}-h_{返}}{2} \tag{2-13}$$

这里改正后的高差为

$$h=\frac{-2.458-2.476}{2}=-2.467m$$

4. 计算高程

待定点P的高程为

$$H_P=H_A+h=167.573-2.467=165.106m$$

第六节 水准仪的检验与校正

水准测量前，应对所使用的水准仪进行检验校正。检验较正时，先做一般性检查，内容包括：制动、微动螺旋和目镜、物镜调焦螺旋是否有效；微倾螺旋、脚螺旋是否灵活；连接螺旋与三脚架头连接是否可靠；架脚有无松动。

水准仪的检验与校正，主要是检验仪器各主要轴线之间的几何条件是否满足，若不满足，则应校正。

一、水准仪应满足的几何条件

如图2-18所示，水准仪的主要轴线有：视准轴CC、水准管轴LL、圆水准器轴$L'L'$和竖轴（仪器旋转轴）VV。此外，还有读取水准尺上读数的十字丝横丝。

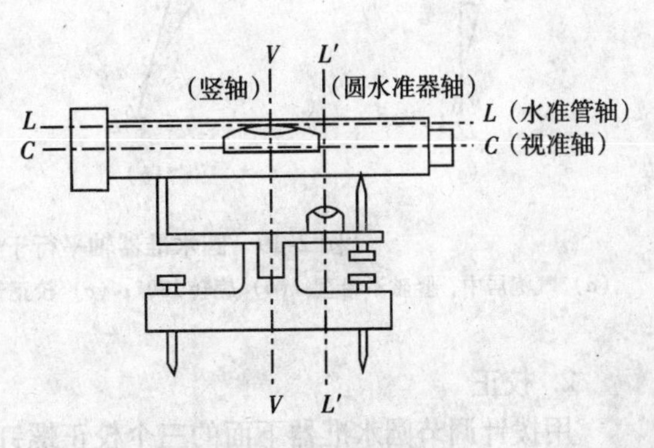

图2-18 水准仪的主要轴线

水准测量中，通过调水准管使

气泡居中（水准管轴水平），实现视准轴水平，从而正确测定两点之间的高差，因此，水准管轴必须平行于视准轴，这是水准仪应满足的主要条件；通过调圆水准器使气泡居中（圆水准器轴铅垂），实现竖轴铅垂，从而使水准仪旋转到任意方向上，都易于调水准管气泡居中，因此，圆水准器轴应平行于竖轴；另外，竖轴铅垂时，十字丝横丝应水平，以便于在水准尺上读数，因此，十字丝横丝应垂直于竖轴。综上所述，水准仪应满足下列条件：

（1）圆水准器轴平行于竖轴（$L'L' /\!/ VV$）；

（2）十字丝横丝垂直于竖轴；

（3）水准管轴平行于视准轴（$LL /\!/ CC$）。

上述条件在仪器出厂时一般能够满足，但由于仪器在运输、使用中会受到振动、磨损，轴线间的几何条件可能有些变化，因此，在水准测量前，应对所使用的仪器按上述顺序进行检验与校正。

二、检验与校正

（一）圆水准器轴平行于竖轴的检验与校正

1. 检验

转动基座脚螺旋使圆水准器气泡居中，则圆水准器轴处于铅垂位置。若圆水准器轴不平行于竖轴，如图2-19（*a*）所示，设两轴的夹角为α，则竖轴偏离铅垂方向α。将望远镜绕竖轴旋转180°后，竖轴位置不变，而圆水准器轴移到图2-19（*b*）位置，此时，圆水准器轴与铅垂线之间的夹角为2α。此角值的大小由气泡偏离圆水准器零点的弧长表现出来。因此，检验时，只要将水准仪旋转180°后发现气泡不居中，就说明圆水准器轴与竖轴不平行，需要校正，而且校正时只要使气泡向零点方向返回一半，就能达到圆水准器轴平行于竖轴。

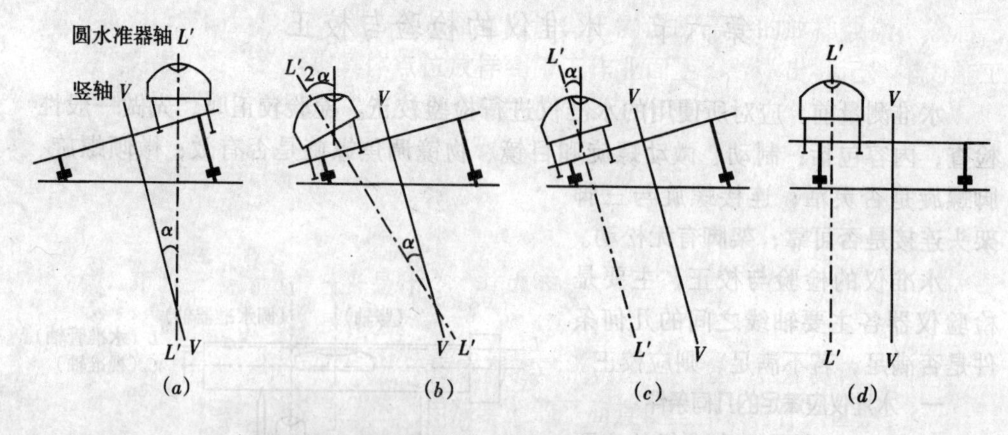

图2-19 圆水准器轴平行于竖轴的检验与校正

（*a*）气泡居中，竖轴不铅直；（*b*）旋转180°；（*c*）校正气泡返回一半；（*d*）竖轴铅直并平行水准器轴

2. 校正

用拨针调节圆水准器下面的三个校正螺钉，如图2-20所示。先使气泡向零点方向返回一半，如图2-19（*c*）所示，此时气泡虽不居中，但圆水准器轴已平行于

竖轴，再用脚螺旋调气泡居中，则圆水准器轴与竖轴同时处于铅垂位置，如图 2-19（*d*）所示。这时仪器无论转到任何位置，气泡都将居中。校正工作一般需反复多次，直至气泡不偏出圆圈为止。

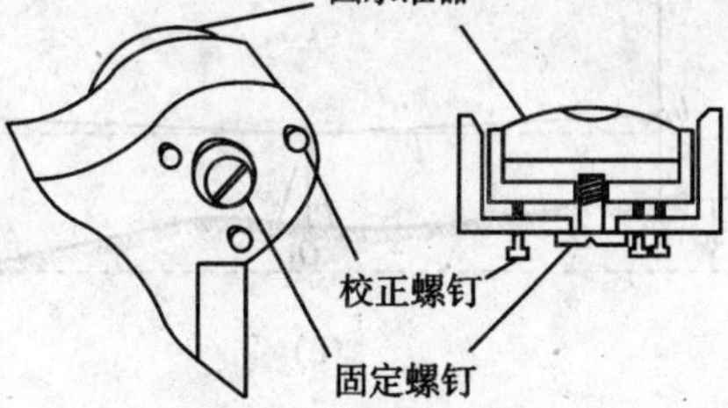

图 2-20　校正圆水准器

（二）十字丝横丝垂直于竖轴的检验与校正

1. 检验

安置和整平仪器后，用横丝与竖丝的交点瞄准远处的一个明显点 *M*，如图 2-21（*a*）所示，拧紧制动螺旋，慢慢转动微动螺旋，并进行观察。若 *M* 点不离开横丝，如图 2-21（*b*）所示，说明横丝垂直于竖轴；若 *M* 点逐渐离开横丝，在另一端产生一个偏移量，如图 2-21（*c*）所示，则横丝不垂直于竖轴。

2. 校正

旋下目镜处的护盖，用螺钉旋具松开十字丝分划板座的固定螺钉，如图 2-22 所示，微微旋转十字丝分划板座，使 *M* 点移动到十字丝横丝，最后拧紧分划板座固定螺钉，上好护盖。此项校正要反复几次，直到满足条件为止。

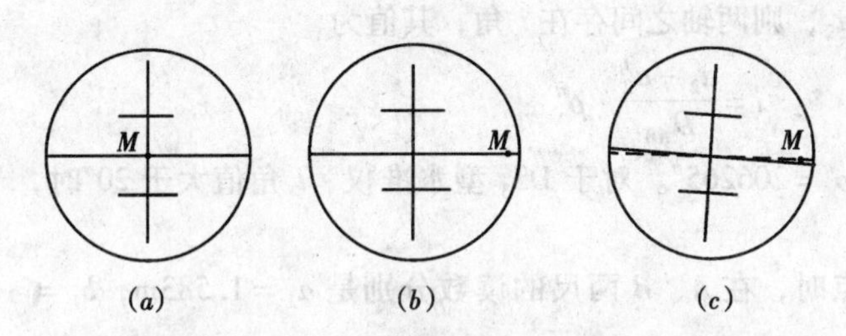

图 2-21　十字丝横丝垂直于竖轴的检验

（*a*）瞄准 *M* 点；（*b*）*M* 点不偏离横丝；（*c*）*M* 点偏离横丝

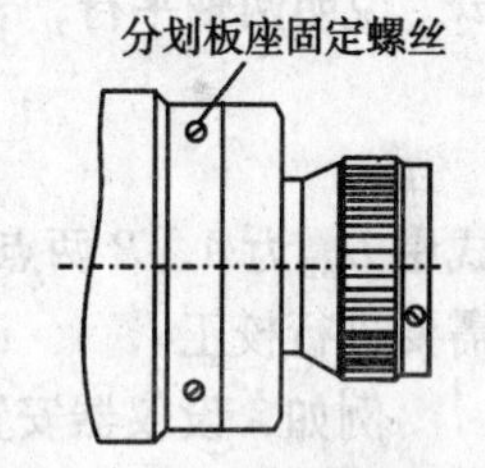

图 2-22　十字丝横丝垂直于竖轴的校正

（三）水准管轴平行于视准轴的检验与校正

1. 检验

若水准管轴不平行于视准轴，它们之间的夹角用 i 表示，亦称 i 角。当水准管气泡居中时，视准轴相对于水平线将倾斜 i 角，从而使读数产生偏差 x。如图 2-23 所示，读数偏差与水准仪至水准尺的距离成正比，距离愈远，读数偏差愈大。若前后视距相等，则 i 角在两水准尺上引起的读数偏差相等，从而由后视读数减前视读数所得高差不受影响。

（1）在平坦地面上选定相距约 80m 的 A、B 两点，打入木桩或放尺垫后立水准尺。先用皮尺量出与 A、B 距离相等的 O_1 点，在该点安置水准仪，分别读取 A、B 两点水准尺的读数 a_1 和 b_1，得 A、B 点之间的高差 h_1。

$$h_1 = a_1 - b_1$$

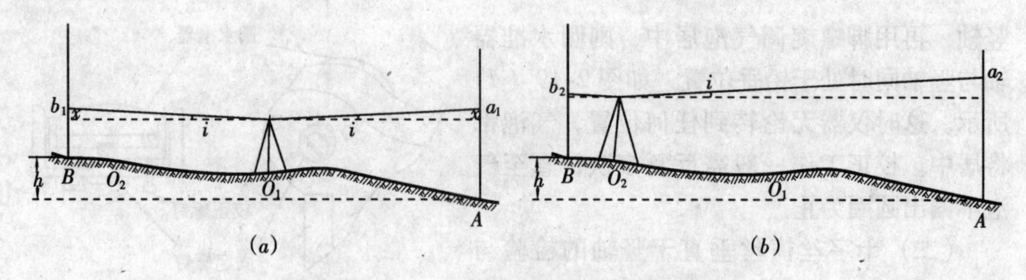

图 2-23　水准管轴平行于视准轴的检验

（a）水准仪安置在中点；（b）水准仪安置在一端

由于距离相等，视准轴与水准管轴即使不平行，产生的读数偏差也可以抵消，因此 h_1 可以认为是 A、B 点之间的正确高差。为确保此高差的准确，一般用双面尺法或变动仪器高度法进行两次观测，若两高差之差不超过 3mm，则取两高差平均值作为 A、B 两点的高差。

（2）把水准仪安置在距 B 点约 3m 的 O_2 点，读出 B 点尺上读数 b_2，因水准仪至 B 点尺很近，其 i 角引起的读数偏差可近似为零，即认为读数 b_2 正确。由此，可计算出水平视线在 A 点尺上的读数应为

$$a_2' = h_1 + b_2$$

然后，瞄准 A 点水准尺，调水准管气泡居中，读出水准尺上实际读数 a_2，若 $a_2 = a_2'$，说明两轴平行，若 $a_2' \neq a_2$，则两轴之间存在 i 角，其值为

$$i = \frac{a_2 - a_2'}{D_{AB}} \cdot \rho''$$

式中 D_{AB} 为 A、B 两点平距，$\rho'' = 206265''$。对于 DS_3 型水准仪，i 角值大于 20″时，需要进行校正。

例如，设仪器安置在中点时，在 A、B 两尺的读数分别是 $a_1 = 1.583$m，$b_1 = 1.132$m，则正确高差为

$$h_1 = a_1 - b_1 = 1.583 - 1.132 = 0.451\text{m}$$

仪器安置在靠近 B 端时，若在 B 尺的读数是 $b_2 = 1.000$m，A 尺读数是 $a_2 = 1.250$m，计算 A 尺正确读数 $a_2' = h_1 + b_2 = 0.451 + 1 = 1.451$m，因为 $a_2 < a_2'$，所以两轴不平行。

2. 校正

转动微倾螺旋，使十字横丝对准 A 点水准尺上的读数 a_2'，此时视准轴水平，但水准管气泡偏离中点。如图 2-24 所示，用拨针先稍松水准管左边或右边的校正螺钉，再按先松后紧原则，分别拨动上下两个校正螺钉，将水准管一端升高或降低，使气泡居中。这时水准管轴与视准轴互相平行，且都处于水平位置。此项校正需反复进行，直到 i 角小于 20″为止。

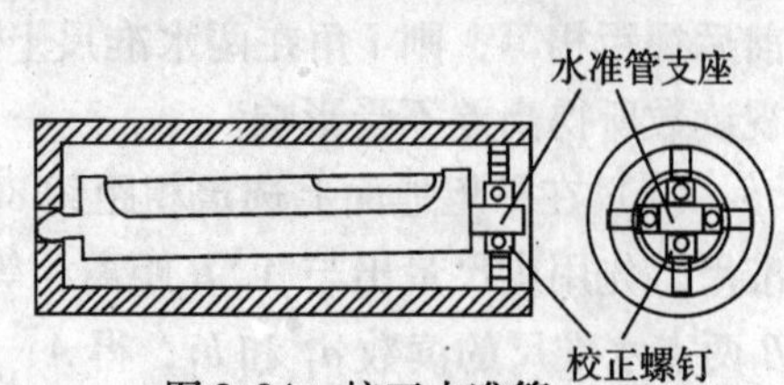

图 2-24　校正水准管

第七节 水准测量误差及注意事项

水准测量误差来源于仪器误差、观测误差和外界条件的影响三个方面。在水准测量作业中，应注意根据产生误差的原因，采取相应措施，尽量消除或减弱其影响。

一、仪器误差

1. 水准管轴与视准轴不平行误差

水准管轴不平行于视准轴的 i 角误差虽经校正，但仍然存在少量残余误差，使读数产生误差。在观测时应使前、后视距尽量相等，便可消除或减弱此项误差的影响。

2. 十字丝横丝与竖轴不垂直误差

由于十字丝横丝与竖轴不垂直，横丝的不同位置在水准尺上的读数不同，从而产生误差。观测时应尽量用横丝的中间位置读数。

3. 水准尺误差

水准尺刻划不准、尺子弯曲、底部零点磨损等误差的存在，都会影响读数精度，因此水准测量前必须用标准尺进行检验。若水准尺刻划不准、尺子弯曲，则该尺不能使用；若是尺底零点不准，则应在起点和终点使用同一根水准尺，使其误差在计算中抵消。

二、观测误差

1. 水准管气泡居中误差

水准测量时，视线水平是通过水准管气泡居中来实现的。由于气泡居中存在误差，会使视线偏离水平位置，从而带来读数误差。气泡居中误差对读数所引起的误差与视线长度有关，距离越远误差越大。水准测量时，每次读数时要注意使气泡严格居中，而且距离不宜太远。

2. 估读水准尺误差

在水准尺上估读毫米时，由于人眼分辨力以及望远镜放大倍率是有限的，会使读数产生误差。估读误差与望远镜放大倍率以及视线长度有关。在水准测量时，应遵循不同等级的测量对望远镜放大倍率和最大视线长度的规定，以保证估读精度。同时，视差对读数影响很大，观测时要仔细进行目镜和物镜的调焦，严格消除视差。

3. 水准尺倾斜误差

水准尺倾斜，总是使读数增大。倾斜角越大，造成的读数误差就越大。所以，水准测量时，应尽量使水准尺竖直。

三、外界条件的影响

1. 仪器下沉　仪器下沉将使视线降低，从而引起高差误差，在测站上采用“后、前、前、后”观测程序，可以减弱仪器下沉对高差的影响。

2. 尺垫下沉　在土质松软地带，尺垫往往下沉，引起下站后视读数增大。采用往返观测取高差平均值，可减弱此项误差影响。

3. 地球曲率及大气折光的影响　由于地球曲率和大气折光的影响，测站上水准仪的水平视线，相对与之对应的水准面，会在水准尺上产生读数误差，视线越长误差越大。前、后视距相等，则地球曲率与大气折光对高差的影响将得到消除或大大减弱。

4. 温度的影响　温度变化不仅引起大气折光的变化，当烈日照射水准管时，还使水准管本身和管内液体温度升高，气泡向着温度高的方向移动，影响视线水平。因此，水准测量时应选择有利观测时间，阳光较强时应撑伞遮阳。

第八节　其他水准仪简介

一、自动安平水准仪

自动安平水准仪是利用自动安平补偿器代替水准管，自动获得视线水平时水准尺读数的一种水准仪。使用这种水准仪时，只要使圆水准器气泡居中，即可瞄准水准尺读数。因此，既简化操作，提高速度，又可避免由于外界温度变化导致水准管与视准轴不平行带来的误差，从而提高观测成果的精度。

1. 自动安平原理

如图2-25（a）所示，当望远镜视准轴倾斜了一个小角 α 时，由水准尺的 a_0 点过物镜光心 O 所形成的水平光线，不再通过十字丝中心 B，而通过偏离 B 点的 A 点处。若在十字丝分划板前面，安装一个补偿器，使水平光线偏转 β 角，并恰好通过十字丝中心 B，则在视准轴有微小倾斜时，十字丝中心 B 仍能读出视线水平时的读数，从而达到自动补偿目的。

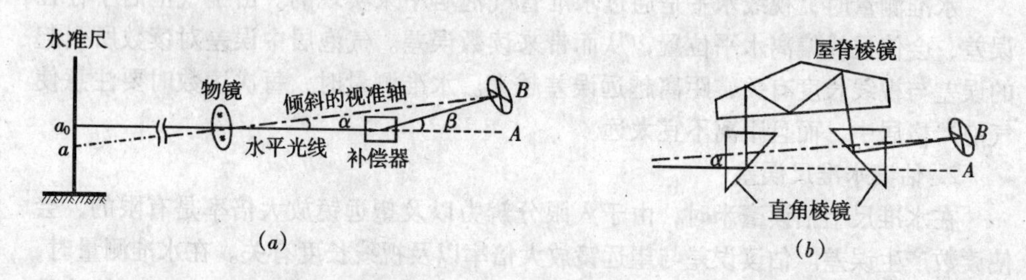

图2-25　自动安平原理

图2-25（b）是一般自动安平水准仪采用的补偿器，补偿器的构造是把屋脊棱镜固定在望远镜内，在屋脊棱镜的下方，用交叉的金属片吊挂两个直角棱镜，当望远镜倾斜时，直角棱镜在重力作用下与望远镜作相反的偏转，并借助阻尼器的作用很快地静止下来。当视准轴倾斜 α 时，实际上直角棱镜在重力作用下并不产生倾斜，水平光线进入补偿器后，沿实线所示方向行进，使水平视线恰好通过十字丝中心 A，达到补偿目的。

图2-26 所示为苏州第一光学仪器厂生产的 DSZ2 自动安平水准仪，补偿器工作范围为 ±14′，自动安平精度 ≤ ±0.3″，自动安平时间小于 2s，精度指标是每1km 往返测高差中误差 ±1.5mm。可用于国家三、四等水准测量以及其他场合的水准测量。

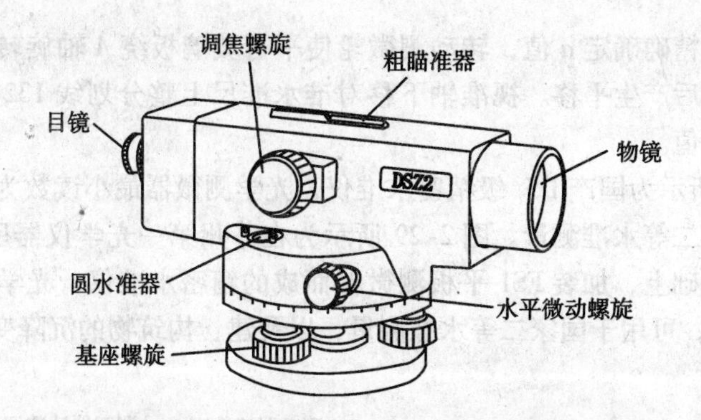

图 2-26　苏州第一光学仪器厂的 DSZ2 自动安平水准仪

2. 自动安平水准仪的使用

自动安平水准仪的使用非常简便。在观测时，只需用脚螺旋将圆水准器气泡调至居中，照准标尺即可读取读数。一些有补偿器按钮的仪器，在读数前先按一下补偿器按钮，待影像稳定下来时再读数。

自动安平水准仪在使用前也要进行检验及校正，方法与微倾式水准仪的检验与校正相同。同时，还要检验补偿器的性能，其方法是先在水准尺上读数，然后少许转动物镜或目镜下面的一个脚螺旋，人为地使视线倾斜，再次读数，若两次读数相等说明补偿器性能良好，否则需专业人员修理。

二、精密水准仪

1. 精密水准仪与水准尺

精密水准仪是一种能精密确定水平视线，精密照准与读数的水准仪，主要用于国家一、二等水准测量和其他高精度水准测量。精密水准仪的构造与普通 DS_3 型水准仪基本相同。但精密水准仪的望远镜性能好，放大倍率不低于 40 倍，物镜孔径大于 40mm，为便于准确读数，十字丝横丝的一半为楔形丝；水准管灵敏度很高，分划值一般为（6″～10″）/2mm；水准管轴与视准轴关系稳定，受温度变化影响小。有的精密水准仪采用高性能的自动安平补偿装置，提高了工作效率。

为了提高读数精度，精密水准仪上设有光学测微器。如图 2-27 所示，它由平行玻璃板 P、传动杆、测微轮和测微尺等部件组成。平行玻璃板设置在望远镜物镜前，其旋转轴 A 与平行玻璃板的两个平面平行，并与视准轴正交。平行玻璃板通过传动杆与测微尺相连，并通过测微轮旋转。测微尺上有 100 个分格，它与水准尺上一个整分划间隔（1cm 或 5mm）相对应，从而能直接读到 0.1mm 或 0.05mm。由几何光学原理可知，平行玻璃板视准轴正交时，视准轴经过平行玻璃板后不会产生位移，对应于水准尺上的读数为整分划值

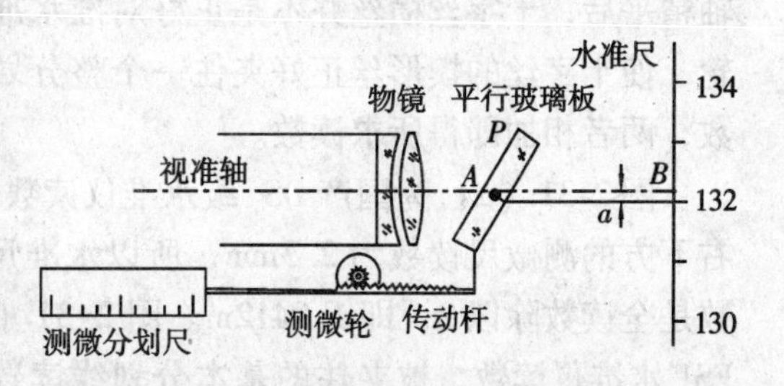

图 2-27　精密水准仪平板测微器原理

132 + a，为了精确确定 a 值，转动测微轮使平行玻璃板绕 A 轴旋转，视准轴经倾斜平行玻璃板后产生平移。视准轴下移对准水准尺上整分划线 132 时，便可从测微尺上读出 a 值。

图 2-28 所示为国产 DS_1 级精密水准仪，光学测微器最小读数为 0.05mm，可用于国家一、二等水准测量。图 2-29 所示为在苏州第一光学仪器厂的 DSZ2 自动安平水准仪基础上，加装 FS1 平板测微器而成的精密水准仪，光学测微器最小读数为 0.10mm，可用于国家二等水准测量，以及建、构筑物的沉降变形观测。

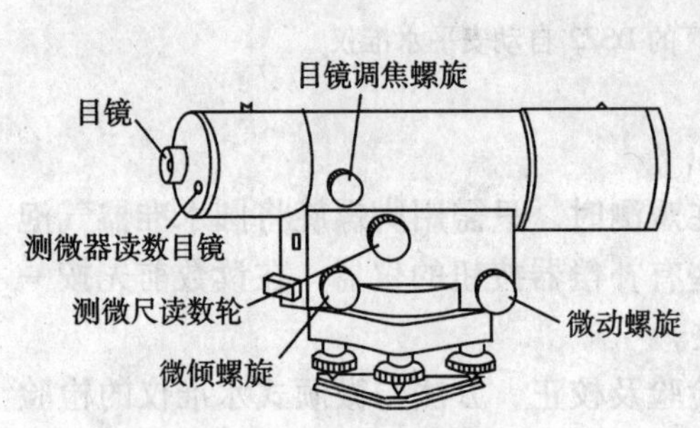

图 2-28 国产 DS1 精密水准仪

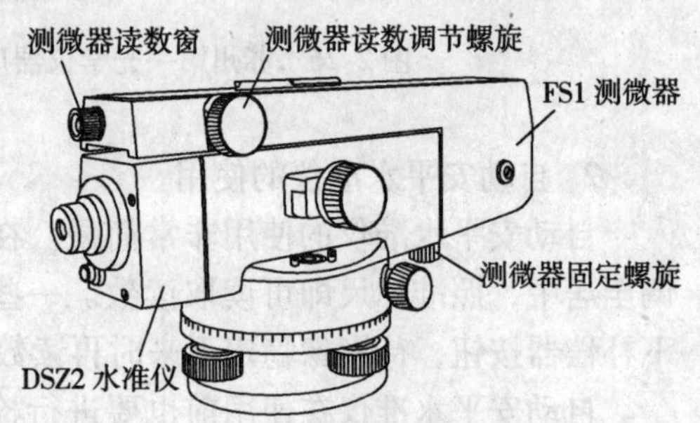

图 2-29 苏州第一光学仪器厂的 DSZ2 + FS1 精密水准仪

精密水准尺在木质尺身的槽内张一根因瓦合金带，带上标有刻划，数字注记在木尺上，图 2-30（a）为国产 DS_1 级水准仪配套的水准尺，分划值为 5mm，该尺只有基本分划，左边一排分划为奇数值，右面一排分划为偶数值。右边的注记为米，左边的注记为分米。小三角形表示半分米处，长三角形表示分米的起始线，厘米分划的实际间隔为 5mm，尺面值为实际长度的两倍。所以，用此尺观测时，其高差须除以 2 才是实际高差。

图 2-30（b）为苏州第一光学仪器厂的 DSZ2 + FS1 水准仪配套的水准尺，分划值为 1cm，该尺左侧为基本分划，尺底为 0；右侧为辅助分划，尺底为 3.0155m，两侧每隔 1cm 标注读数。

2. 精密水准仪的使用

精密水准仪的使用方法，包括安置仪器、粗平、瞄准水准尺、精平和读数。前四步与普通水准仪的操作方法相同，下面仅介绍精密水准仪的读数方法。视准轴精平后，十字丝横丝并不是正好对准水准尺上某一整分划线，此时，转动测微轮，使十字丝的楔形丝正好夹住一个整分划线，读出整分划值和对应的测微尺读数，两者相加即得所求读数。

图 2-31（a）为国产 DS_1 级水准仪读数，被夹住的分划线读数为 2.08m，目镜右下方的测微尺读数为 2.3mm，所以水准尺上的全读数为 2.0823m。而其实际读数是全读数除以 2，即 1.0412m。图 2-31（b）为苏州第一光学仪器厂的 DSZ2 + FS1 水准仪读数，被夹住的基本分划线读数为 129cm，测微器读数窗中的读数为 0.514 cm，全读数为 129.514cm，舍去最后一位数为 129.51cm（1.2951m）。

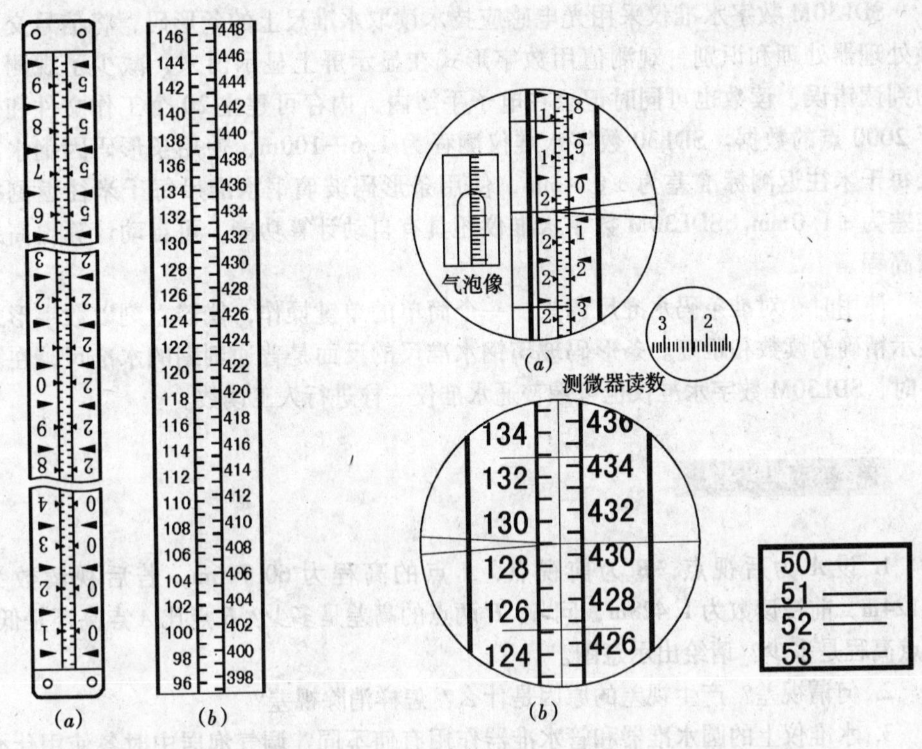

图 2-30 精密水准尺

图 2-31 精密水准仪读数

三、数字水准仪

近年来，随着光电技术的发展，出现了数字式水准仪，数字水准仪具有自动安平和自动读数功能，进一步提高了水准测量的工作效率。若与电子手簿连接，还可实现观测和数据记录的自动化。数字水准仪代表了水准测量发展的方向。图 2-32 所示为日本索佳 SDL30M 数字水准仪，图 2-33 是其配套的条型码玻璃钢水准尺。

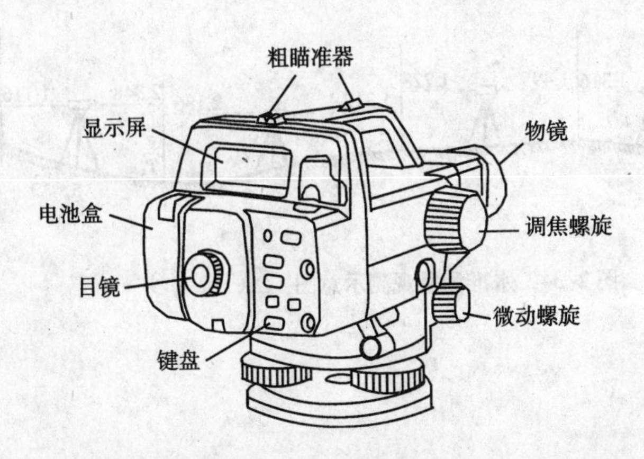

图 2-32 索佳 SDL30M 数字水准仪

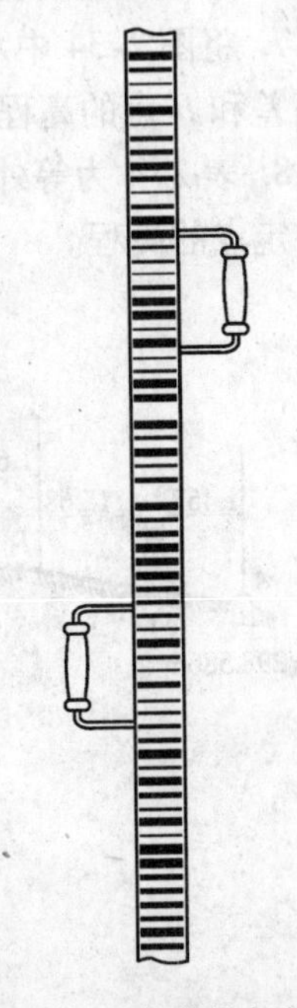

图 2-33 条形码水准尺

SDL30M 数字水准仪采用光电感应技术读取水准尺上的条形码，将信号交由微处理器处理和识别，观测值用数字形式在显示屏上显示出来，减少了观测员的判读错误，读数也可同时记录在电子手簿内，内存可建立 20 个工作文件和保存 2000 点的数据。SDL30 数字水准仪测程为 1.6—100m，使用条形码因钢水准尺每千米往返测标准差为 ±0.4mm，使用条形码玻璃钢水准尺每千米往返测标准差为 ±1.0mm。SDL30M 数字水准仪还具有自动计算功能，可自动计算出高差和高程。

使用时，对准条码水准尺调焦，一个简单的单键操作，仪器立刻以数字形式显示精确的读数和距离。条形码玻璃钢水准尺的反面是普通刻划的水准尺，在需要时，SDL30M 数字水准仪也可像普通水准仪一样进行人工读数。

思考题与习题

1. 设 A 为后视点，B 为前视点，A 点的高程为 60.716m，若后视读数为 1.124m，前视读数为 1.428m，问 A、B 两点的高差是多少？B 点比 A 点高还是低？B 点高程是多少？请绘出示意图。

2. 何谓视差？产生视差的原因是什么？怎样消除视差？

3. 水准仪上的圆水准器和管水准器作用有何不同？调气泡居中时各使用什么螺旋？调节螺旋时有什么规律？

4. 什么叫水准点？什么叫转点？转点在水准测量中起什么作用？

5. 水准测量时，前后视距相等可消除或减弱哪些误差的影响？

6. 测站检核的目的是什么？有哪些检核方法？

7. 将图 2-34 中水准测量观测数据按表 2-1 格式填入记录手簿中，计算各测站的高差和 B 点的高程，并进行计算检核。

8. 表 2-4 为等外附合水准路线观测成果，请进行闭合差检核和分配后，求出各待定点的高程。

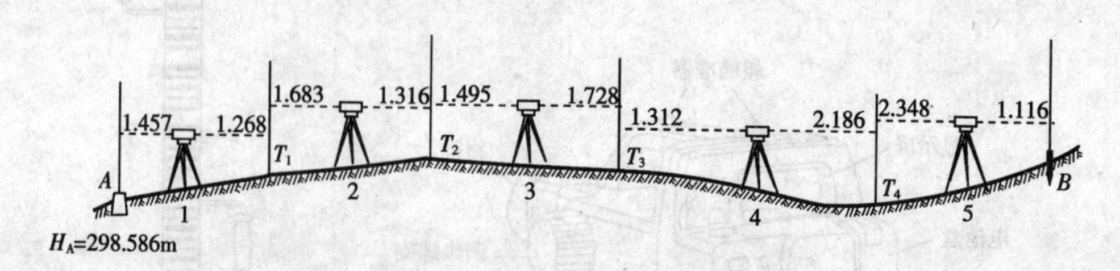

图 2-34　水准测量观测示意图

等外附合水准路线观测成果　　表2-4

测段编号	点 名	测 站	实测高差（m）	改正数（m）	改正后高差（m）	高程（m）	备 注
	BM_A					197.865	已知点
1		10	4.768				
	1						
2		12	2.137				
	2						
3		6	−3.658				
	3						
4		18	10.024				
	BM_B					211.198	已知点
Σ							

9. 图2-35为一条等外水准路线，已知数据及观测数据如图所示，请列表进行成果计算。

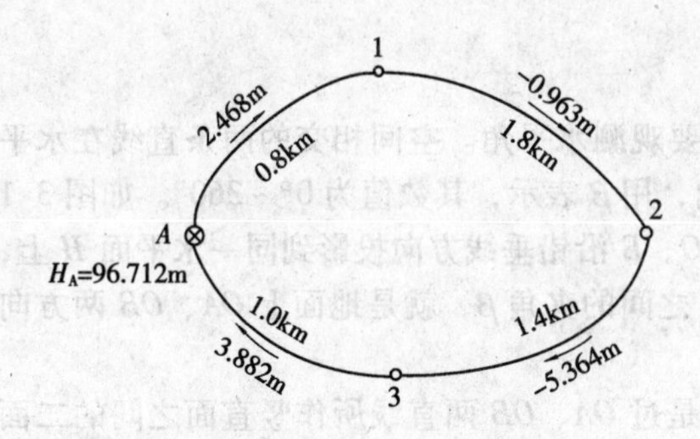

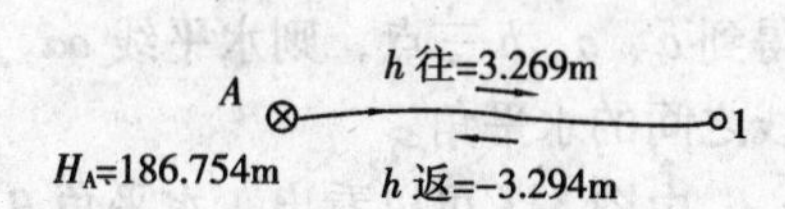

图2-35 闭合水准路线略图　　图2-36 支水准路线略图

10. 图2-36为一条等外支水准路线，已知数据及观测数据如图所示，往返测路线总长度为2.6km，试进行闭合差检核并计算1点的高程。

11. 水准仪有哪些轴线？它们之间应满足哪些条件？

12. 安置水准仪在A、B两点之间，并使水准仪至A、B两点的距离相等，各为40m，测得A、B两点的高差$h_{AB}=0.224$m. 再把仪器搬至B点近处，B尺读数$b_2=1.446$m，A尺读数$a_2=1.695$m，试问水准管轴是否平行于视准轴？如果不平行于视准轴，视线是向上倾斜还是向下倾斜？如何进行校正？

13. 精密水准仪、自动安平水准仪和数字水准仪的主要特点是什么？

第三章　角度测量

角度测量是测量工作的基本内容之一。它分为水平角测量和竖直角测量。水平角测量是为了确定地面点的平面位置，竖直角测量是为了利用三角原理间接地确定地面点的高程。常用的角度测量仪器是经纬仪，它不但可以测量水平角和竖直角，还可以间接地测量距离和高差，是测量工作中最常用的仪器之一。

第一节　角度测量原理

一、水平角测量原理

为了测定地面点的平面位置，需要观测水平角。空间相交的两条直线在水平面上的投影所构成的夹角称为水平角，用β表示，其数值为0°～360°。如图3-1所示，将地面上高程不同的三点A、O、B沿铅垂线方向投影到同一水平面H上，得到a、o、b三点，则水平线oa、ob之间的夹角β，就是地面上OA、OB两方向线之间的水平角。

由图3-1可以看出，水平角β就是过OA、OB两直线所作竖直面之间的二面角。为了测出水平角的大小，可以设想在两竖直面的交线上任选一点o'处，水平放置一个按顺时针方向刻划的圆盘（称为水平度盘），使其圆心与o'重合。过OA、OB的竖直面与水平度盘的交线的读数分别为a'、b'，于是地面上OA、OB两方向线之间的水平角β可按下式求得：

$$\beta = b' - a' \tag{3-1}$$

例如，若OA竖直面与水平度盘的交线的读数为56°30′12″，OB竖直面与水平度盘的交线的读数为112°42′30″，则其水平角为：

$$\beta = 122°42'30'' - 56°30'12'' = 66°12'18''$$

综上所述，用于测量水平角的仪器，必须具备一个能安置成水平的带有刻划的度盘，并且能使圆盘中心位于角顶点的铅垂线上。还要有一个能照准不同方向，不同高度目标的望远镜，它不仅能在水平方向旋转，而且能在竖直方向旋转而形成一个竖直面。经纬仪就是根据上述要求设计制造的测角仪器。

二、竖直角测量原理

竖直角是同一竖直面内倾斜视线与水平线之间的夹角，角值范围为－90°～＋90°。如图3-2所示，当倾斜视线位于水平线之上时，竖直角为仰角，符号为正；当倾斜视线位于水平线之下时，竖直角为俯角，符号为负。

竖直角与水平角一样，其角值也是度盘上两方向读数之差，所不同的是该度盘是竖直放置的，因此称为竖直度盘。另外，两方向中有一个是水平线方向。为了观测方便，任何类型的经纬仪，当视线水平时，其竖盘读数都是一个常数（一

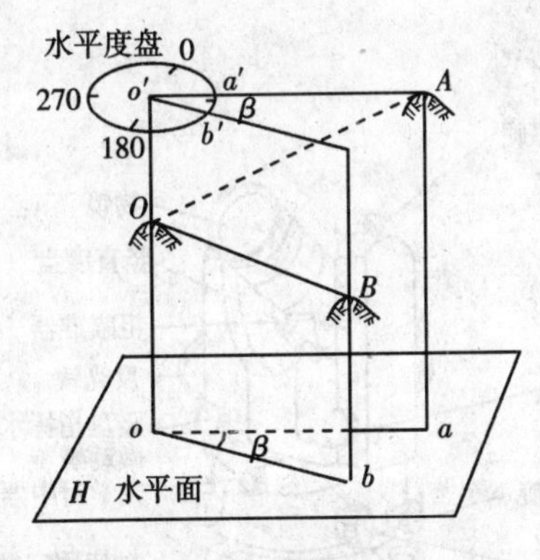

图 3-1 水平角测量原理

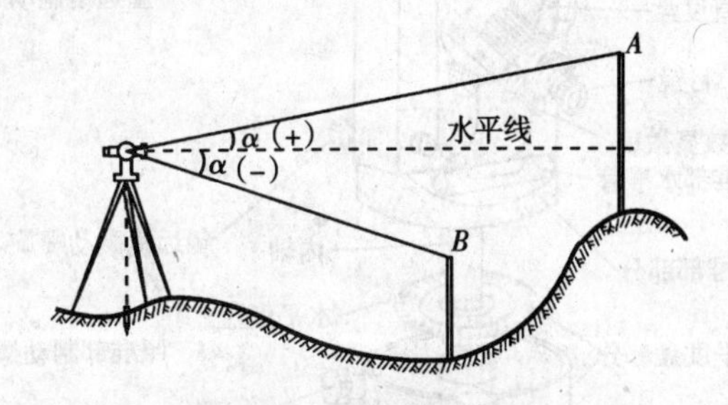

图 3-2 竖直角测量原理

般为90°或270°)。这样，在测量竖直角时，只需用望远镜瞄准目标点，读取倾斜视线的竖盘读数，即可根据读数与常数的差值计算出竖直角。

例如，若视线水平时的竖盘读数为90°，视线上倾时的竖盘读数为83°45′36″，则竖直角为$90° - 83°45'36'' = 6°14'24''$

第二节 经纬仪的构造

经纬仪的种类很多，如光学经纬仪、电子经纬仪、激光经纬仪、陀螺经纬仪、摄影经纬仪等。光学经纬仪是测量工作中最普遍采用的测角仪器。国产光学经纬仪按精度划分为DJ_1、DJ_2、DJ_6、DJ_{15}等不同等级，D、J分别是大地测量、经纬仪两词汉语拼音的第一个字母；下标是精度指标，表示用该等级经纬仪进行水平角观测时，一测回方向值的中误差，以秒为单位，数值越大则精度越低。在普通测量中，常用的是DJ_6级和DJ_2级光学经纬仪，其中DJ_6级经纬仪属普通经纬仪，DJ_2级经纬仪属精密经纬仪。本节将以DJ_6级经纬仪为主介绍光学经纬仪的构造。

一、光学经纬仪的构造

各种光学经纬仪，由于生产厂家的不同，仪器的部件和结构不尽一样，但是其基本构造大致相同，主要由基座、水平度盘、照准部三大部分组成。图3-3所示为某光学仪器厂生产的DJ_6光学经纬仪，现以此为例将各部件名称和作用分述如下。

1. 基座

基座用来支承仪器，并通过连接螺旋将基座与脚架相连。基座上的轴座固定螺钉用来连接基座和照准部，脚螺旋用来整平仪器。连接螺旋下方备有挂垂球的挂钩，以便悬挂垂球，利用它使仪器中心与被测角的顶点位于同一铅垂线上，称为垂球对中。现代的经纬仪一般还可利用光学对中器来实现仪器对中，这种经纬仪的连接螺旋的中心是空的，以便仪器上光学对中器的视线能穿过连接螺旋看见地面点标志。

2. 水平度盘

水平度盘是用光学玻璃制成的圆盘，其上刻有0°～360°顺时针注记的分划

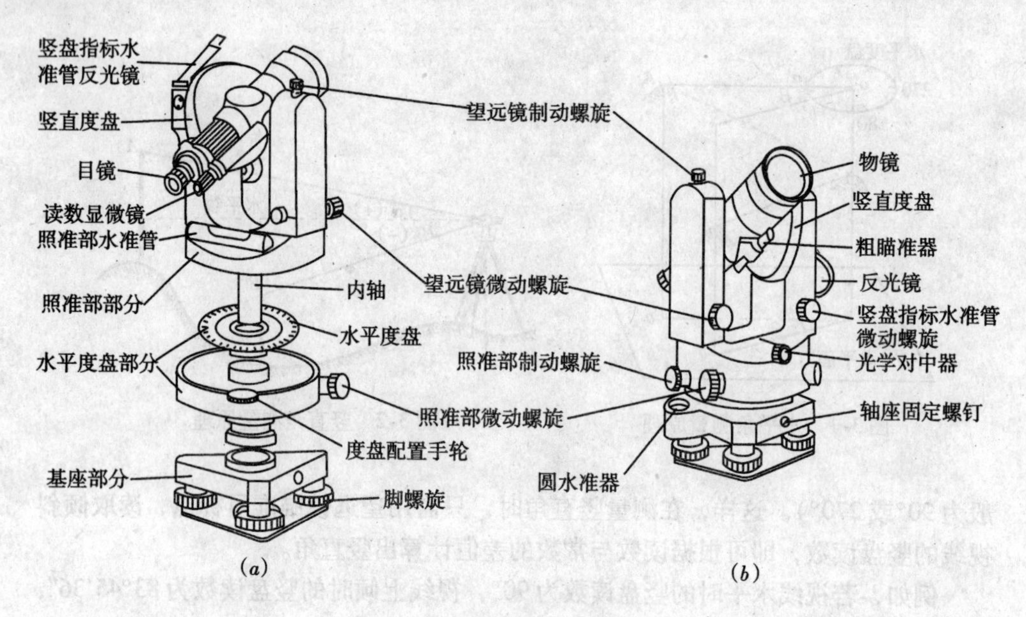

图 3-3 DJ_6 光学经纬仪构造

线，用来测量水平角。水平度盘是固定在空心的外轴上，并套在筒状的轴座外面，绕竖轴旋转。而竖轴则插入基座的轴套内，用轴座固定螺丝与基座连接在一起。

水平角测量过程中，水平度盘与照准部分离，照准部旋转时，水平度盘不动，指标所指读数随照准部的转动而变化，从而根据两个方向的不同读数计算水平角。如需瞄准第一个方向时变换水平度盘读数为某个指定的值（如 0°00′00″），可打开“度盘配置手轮”的护盖或保护扳手，拨动手轮，把度盘读数变换到需要的读数上。

3. 照准部

照准部是指水平度盘以上能绕竖轴转动的部分，主要包括望远镜、照准部水准管、圆水准器、光学光路系统、读数测微器以及用于竖直角观测的竖直度盘和竖盘指标水准管等。

望远镜构造与水准仪望远镜相同，它与横轴连在一起，当望远镜绕横轴旋转时，视线可扫出一个竖直面。望远镜制动螺旋用来控制望远镜在竖直方向上的转动，望远镜微动螺旋是当望远镜制动螺旋拧紧后，用此螺旋使望远镜在竖直方向上作微小转动，以便精确对准目标。照准部制动螺旋控制照准部在水平方向的转动。照准部微动螺旋当照准部制动螺旋拧紧后，可利用此螺旋使照准部在水平方向上作微小转动，以便精确对准目标。利用这两对制动与微动螺旋，可以方便准确地瞄准任何方向的目标。

如图 3-4 所示，有的 DJ_6 级光学经纬仪的水平制动螺旋与微动螺旋是同轴套在一起的，方便了照准操作，一些较老的经纬仪的制动螺旋是采用扳手式的，使用时要注意制动的力度，以免损坏。

照准部水准管亦称管水准器，用来精确整平仪器。圆水准器则用来粗略整

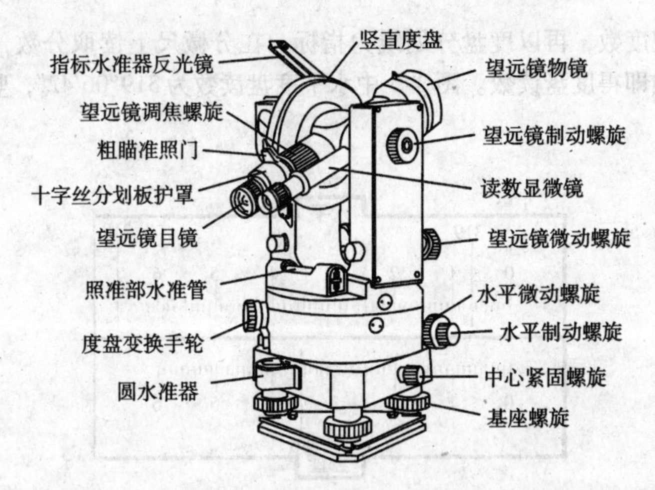

图 3-4 水平制动与微动螺旋套在一起的 DJ_6 光学经纬仪

平仪器。

竖直度盘和水平度盘一样，是光学玻璃制成的带刻划的圆盘，读数为 0° ~ 360°，它固定在横轴的一端，随望远镜一起绕横轴转动，用来测量竖直角。竖盘指标水准管用来正确安置竖盘读数指标的位置。竖直指标水准管微动螺旋用来调节竖盘指标水准管气泡居中。

照准部还有反光镜、内部光路系统和读数显微镜等光学部件，用来精确地读取水平度盘和竖直度盘的读数。有些经纬仪还带有测微轮，换像手轮等部件。

二、读数装置和读数方法

光学经纬仪上的水平度盘和竖直度盘都是用光学玻璃制成的圆盘，整个圆周划分为 360°，每度都有注记。DJ_6 级经纬仪一般每隔 1°或 30′有一分划线，DJ_2 级经纬仪一般每隔 20′有一分划线。度盘分划线通过一系列棱镜和透镜成像于望远镜旁的读数显微镜内，观测者用显微镜读取度盘的读数。各种光学经纬仪因读数设备不同，读数方法也不一样。

1. 分微尺测微器及其读数方法

目前 DJ_6 级光学经纬仪一般采用分微尺测微器读数法，分微尺测微器读数装置结构简单，读数方便、迅速。外部光线经反射镜从进光孔进入经纬仪后，通过仪器的光学系统，将水平度盘和竖直度盘的影像分别成像在读数窗的上半部和下半部，在光路中各安装了一个具有 60 个分格的尺子，其宽度正好与度盘上 1°分划的影像等宽，用来测量度盘上小于 1°的微小角值，该装置称为测微尺。

如图 3-5 所示，在读数显微镜中可以看到两个读数窗：注有“水平”（或“H”）的是水平度盘读数窗；注有“竖直”（或“V”）的是竖直度盘读数窗。每个读数窗上刻有分成 60 小格的分微尺，其长度等于度盘间隔 1°的两分划线之间的放大后的影像宽度，因此分微尺上一小格的分划值为 1′，可估读到 0.1′，即最小读数为 6″。

读数时，先调节进光窗反光镜的方向，使读数窗光线充足，然后调节读数显微镜的目镜，便能清晰地看到读数窗内度盘的影像。先读出位于分微尺中的度盘分划线的注记度数，再以度盘分划线为指标，在分微尺上读取分数，最后估读秒数，三者相加即得度盘读数。图3-5中水平度盘读数为319°06′42″，竖直度盘读数为86°35′24″。

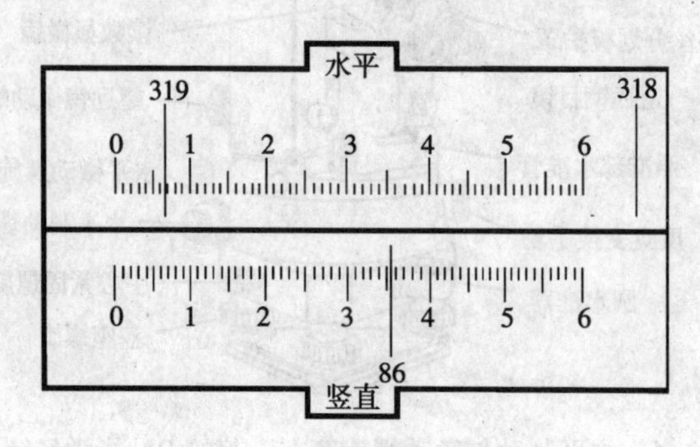

图3-5　分微尺测微器读数窗

2. 对径分划线测微器及其读数方法

在 DJ_2 级光学经纬仪中，一般都采用对径分划线测微器来读数。DJ_2 级光学经纬仪的精度较高，用于控制测量等精度要求高的测量工作中，图3-6是苏州第一光学仪器厂生产的 DJ_2 级光学经纬仪的外形图，其各部件的名称如图所注。

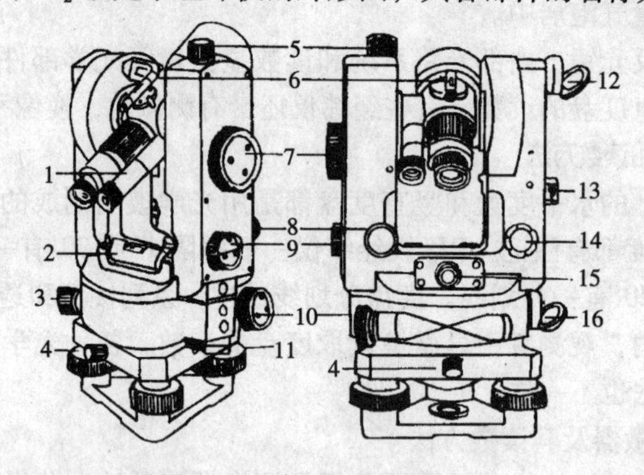

图3-6　DJ_2 级光学经纬仪构造

1—读数显微镜；2—照准部水准部；3—照准部制动螺旋；4—轴座固定螺旋；
5—望远镜制动螺旋；6—光学瞄准器；7—测微手轮；8—望远镜微动手轮；
9—度盘像变换手轮；10—照准部微动手轮；11—水平度盘变换手轮；12—竖盘照明镜；
13—竖盘指标水准管观察镜；14—竖盘指标水准管微动手轮；15—光学对中器；16—水平度盘照明镜

对径分划线测微器是将度盘上相对180°的两组分划线，经过一系列棱镜的反射与折射，同时反映在读数显微镜中，并分别位于一条横线的上、下方，成为正像和倒像。这种装置利用度盘对径相差180°的两处位置读数，可消除度盘偏心误差的影响。

这种类型的光学经纬仪，在读数显微镜中，只能看到水平度盘或竖直度盘一种影像，通过转动换像手轮（图3-6之9），使读数显微镜中出现需要读的度盘的影像。

近年来生产的 DJ_2 级光学经纬仪，一般采用数字化读数装置，使读数方法较为简便。如图3-7所示为照准目标时，读数显微镜中的影像，上部读数窗中数字为度数，突出小方框中所注数字为整10′数，左下方为测微尺读数窗，右下方为对径分划线重合窗，此时对径分划不重合，不能读数。

先转动测微轮，使分划线重合窗中的上下分划线重合，如图3-8所示，然后在上部读数窗中读出度数“227°”，在小方框中读出整10′数“50′”，在测微尺读数窗内读出分、秒数“3′14.8″”，三者相加即为度盘读数，即读数为227°53′14.8″。

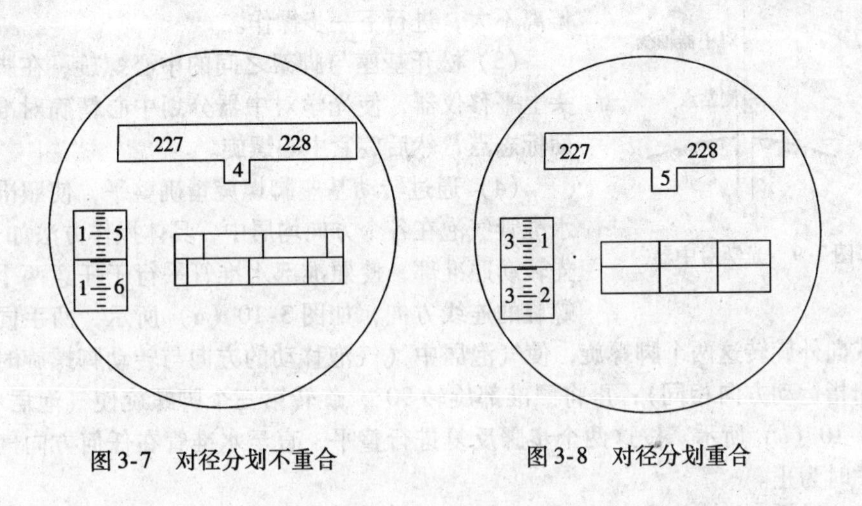

图3-7 对径分划不重合　　图3-8 对径分划重合

第三节 经纬仪的使用

经纬仪的使用包括对中、整平、瞄准和读数四项基本操作。对中和整平是仪器的安置工作，瞄准和读数是观测工作。

一、经纬仪的安置

经纬仪的安置是把经纬仪安放在三脚架上并上紧中心连接螺旋，然后进行仪器的对中和整平。对中是使仪器中心与地面上的测站点位于同一铅垂线上；整平是使仪器的竖轴竖直，水平度盘处于水平位置。对中和整平是两项互相影响的工作，尤其在不平坦地面上安置仪器时，影响更大，因此，必须按照一定的步骤与方法进行操作，才能准确、快速地安置好仪器。老式经纬仪一般采用锤球进行对中，现在的经纬仪上都装有光学对中器，由于光学对中不受锤球摆动的影响，对中速度快，精度也高，因此一般采用光学对中器进行对中，下面主要介绍光学对中器对中法安置经纬仪。

光学对中器构造如图3-9所示。打开三脚架，使架头大致水平并大致对中，安放经纬仪并拧紧中心螺钉。先转动光学对中器螺旋使对中器分划清晰，再伸缩光学对中器使地面点影像清晰，然后按下面步骤对中整平。

(1) 手持两个架腿（第三个架腿不动），前后左右移动经纬仪（尽量不要转动），同时观察光学对中器分划中心与地面标志点是否对上，当分划中心与地面标志接近时，慢慢放下脚架，踏稳三个脚架，然后转动基座脚螺旋使对中器分划中

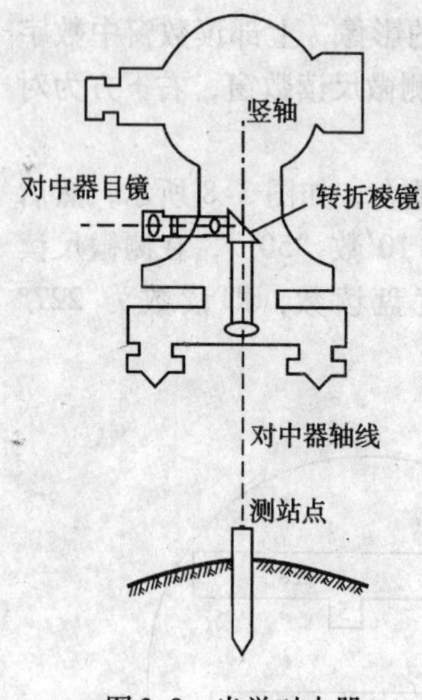

图3-9 光学对中器

心对准地面标志中心。

（2）通过伸缩三脚架，使圆水准器气泡居中，此时经纬仪粗略水平。注意这步操作中不能使脚架位置移动，因此在伸缩脚架时，最好用脚轻轻踏住脚架。检查地面标志点是否还与对中器分划中心对准，若偏离较大，转动基座脚螺旋使对中器分划中心重新对准地面标志，然后重复第（2）步操作；若偏离不大，进行下一步操作。

（3）松开基座与脚架之间的中心螺旋，在脚架头上平移仪器，使光学对中器分划中心精确对准地面标志点，然后旋紧中心螺旋。

（4）通过转动基座脚螺旋精确整平，使照准部水准管气泡在各个方向均居中，具体操作方法如下：先转动照准部，使照准部水准管平行于任意两个脚螺旋的连线方向，如图3-10（*a*）所示，两手同时向内或向外旋转这两个脚螺旋，使气泡居中（气泡移动的方向与转动脚螺旋时左手大拇指运动方向相同）；再将照准部旋转90°，旋转第三个脚螺旋使气泡居中，如图3-10（*b*）所示。按这两个步骤反复进行整平，直至水准管在任何方向气泡均居中时为止。

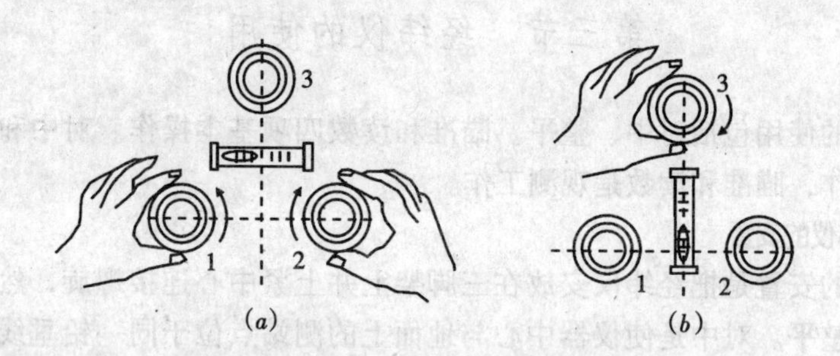

图3-10 精确整平水准仪

检查对中器分划中心是否偏离地面标志点，如偏离量大于规定的值（一般为1mm），重复第（3）、第（4）步操作。

二、瞄准

观测水平角时，瞄准是指用十字丝的纵丝精确照准目标的中心。当目标成像较小时，为了便于观察和判断，一般用双丝夹住目标，使目标在中间位置。为了避免因目标在地面点上不竖直引起的偏心误差，瞄准时尽量照准目标的底部，如图3-11（*a*）所示。

观测竖直角时，瞄准是指用十字的横丝精确地切准目标的顶部。为了减小十字丝横丝不水平引起的误差，瞄准时尽量用横丝的中部照准目标，如图3-11（*b*）所示。

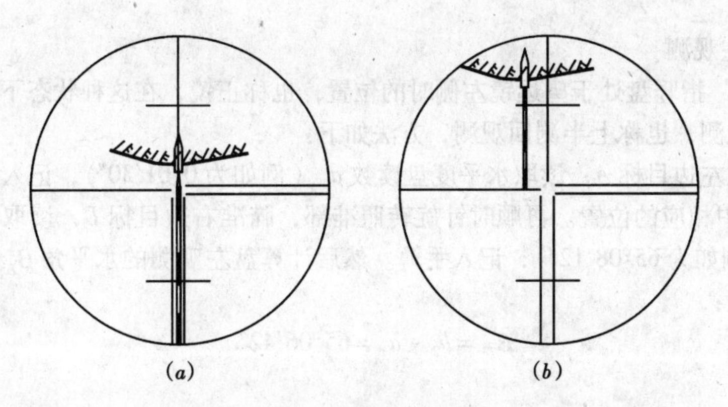
(*a*) (*b*)

图 3-11 瞄准目标
(*a*) 水平角观测用竖丝瞄准;(*b*) 竖直角观测用横丝瞄准

瞄准的操作步骤如下:

(1) 调节目镜调焦螺旋,使十字丝清晰。

(2) 松开望远镜制动螺旋和照准部制动螺旋,利用望远镜上的照门和准星(或瞄准器)瞄准目标,使在望远镜内能够看到目标物像,然后旋紧上述两个制动螺旋。

(3) 转动物镜调焦螺旋,使目标影像清晰,并注意消除视差。

(4) 旋转望远镜和照准部微动螺旋,精确地照准目标。如是测水平角,用十字丝的纵丝精确照准目标的中心;如是测竖直角,用十字的横丝精确地切准目标的顶部。

三、读数

照准目标后,打开反光镜,并调整其位置,使读数窗内进光明亮均匀;然后进行读数显微镜调焦,使读数窗分划清晰,并消除视差。如是观测水平角,此时即可按上节所述方法进行读数;如是观测竖直角,则要先调竖盘指标水准管气泡居中后再读数。

第四节 水平角观测方法

水平角的观测方法,一般根据观测目标的多少,测角精度的要求和施测时所用的仪器来确定。常用的观测方法有测回法和方向法两种。测回法适用于观测两个方向之间的单角,方向法适用于观测两个以上的方向。目前在普通测量和市政工程测量中,主要采用测回法观测。

如图 3-12 所示,欲测量∠*AOB* 对应的水平角,先在观测点 *A*、*B* 上设置观测目标,观测目标视距离的远近,可选择垂直竖立的标杆或测钎,或者悬挂垂球。然后在测站点 *O* 安置仪器,使仪器对中、整平后,按下述步骤进行观测。

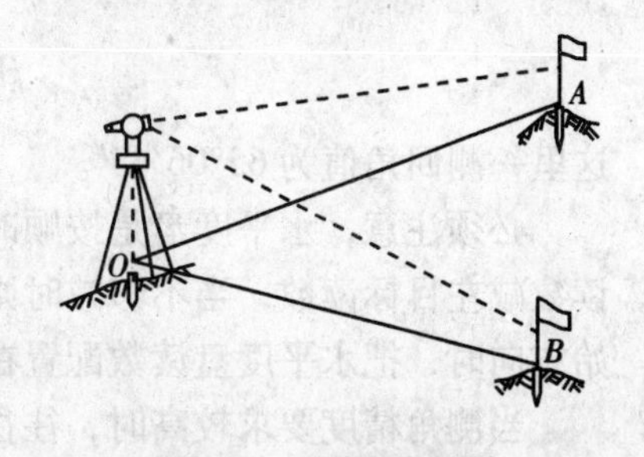

图 3-12 测回法观测

1. 盘左观测

“盘左”指竖盘处于望远镜左侧时的位置，也称正镜，在这种状态下进行观测称为盘左观测，也称上半测回观测，方法如下：

先瞄准左边目标 A，读取水平度盘读数 a_1（例如为 0°01′30″），记入观测手簿（表 3-1）中相应的位置。再顺时针旋转照准部，瞄准右边目标 B，读取水平度盘读数 b_1（例如为 65°08′12″），记入手簿。然后计算盘左观测的水平角 $\beta_{左}$，得到上半测回角值：

$$\beta_{左} = b_1 - a_1 = 65°06'42''$$

测回法水平角观测手簿 **表 3-1**

测站	测回	竖盘位置	目标	水平度盘读数	半测回角值	一测回角值	各测回平均角值	备注
				° ′ ″	° ′ ″	° ′ ″	° ′ ″	
O	1	盘左	A	0 01 30	65 06 42	65 06 45	65 07 57	
			B	65 08 12				
		盘右	A	180 01 42	65 06 48			
			B	245 08 30				
	2	盘左	A	90 04 24	65 07 24	65 07 09		
			B	155 11 48				
		盘右	A	270 04 12	65 06 54			
			B	335 11 06				

2. 盘右观测

“盘右”指竖盘处于望远镜右侧时的位置，也称倒镜，在这种状态下进行观测称为盘右观测，也称下半测回观测，其观测顺序与盘左观测相反，方法如下：

先瞄准右边目标 B，读取水平度盘读数 b_2（例如为 245°08′30″），记入观测手簿。再逆时针旋转照准部，瞄准左边目标 A，读取水平度盘读数 a_2（例如为 180°01′42″），记入手簿。然后计算盘右位置观测的水平角 $\beta_{右}$，得到下半测回角值：

$$\beta_{右} = b_2 - a_2 = 65°06'48''$$

3. 检核与计算

盘左和盘右两个半测回合起来称为一个测回。对于 DJ_6 级经纬仪，两个半测回测得的角值之差 $\Delta\beta$ 的绝对值应不大于 40″，否则要重测；若观测成果合格，则取上、下两个半测回角值的平均值，作为一测回的角值 β。即当：

$$|\Delta\beta| = |\beta_{左} - \beta_{右}| \leqslant 40''\text{时}$$

$$\beta = \frac{1}{2}(\beta_{左} + \beta_{右})$$

这里一测回角值为 65°06′45″。

必须注意，水平度盘是按顺时针方向注记的，因此半测回角值必须是右目标读数减左目标读数，当不够减时则将右目标读数加上 360°以后再减。通常瞄准起始方向时，把水平度盘读数配置在稍大于 0°的位置，以便于计算。

当测角精度要求较高时，往往需要观测几个测回，然后取各测回角值的平均值为最后成果。为了减小度盘分划误差的影响，各测回应改变起始方向读数，递增值为 180/n，n 为测回数。例如测回数 $n=2$ 时，各测回起始方向读数应等于或略大于0°、90°，测回数 $n=3$ 时，各测回起始方向读数应等于或略大于0°、60°、120°。用 DJ_6级光学经纬仪进行观测时，各测回角值之差的绝对值不得超过 40″，否则需重测。

第五节 竖直角观测

一、竖直度盘的构造

DJ_6 级光学经纬仪的竖直度盘结构如图 3-13 所示，主要部件包括竖直度盘（简称竖盘）、竖盘读数指标、竖盘指标水准管和竖盘指标水准管微动螺旋。

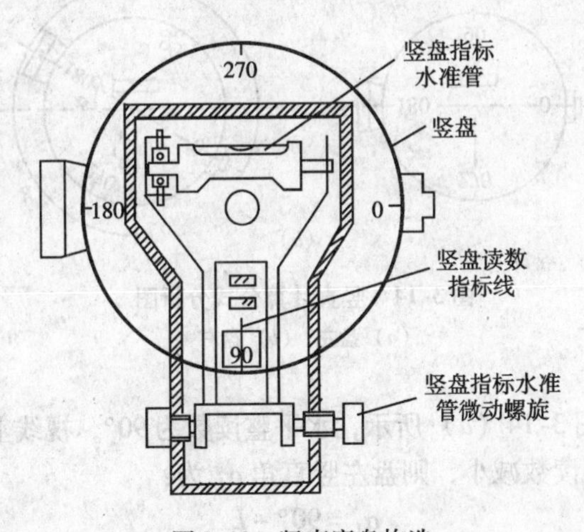

图 3-13 竖直度盘构造

竖盘固定在望远镜旋转轴的一端，随望远镜在竖直面内转动，而用来读取竖盘读数的指标，并不随望远镜转动，因此，当望远镜照准不同目标时可读出不同的竖盘读数。竖盘是一个玻璃圆盘，按 0°～360°的分划全圆注记，注记方向一般为顺时针，但也有一些为逆时针注记。不论何种注记形式，竖盘装置应满足下述条件：当竖盘指标水准管气泡居中，且望远镜视线水平时，竖盘读数应为某一整度数，如 90°或 270°。

竖盘读数指标与竖盘指标水准管连接在一个微动架上，转动竖盘指标水准管微动螺旋，可使指标在竖直面内作微小移动。当竖盘指标水准管气泡居中时，竖盘读数指标就处于正确位置。

二、竖直角计算公式

由竖直角测量原理可知，竖直角等于视线倾斜时的目标读数与视线水平时的整读数之差。至于在竖直角计算公式中，哪个是减数，哪个是被减数，应根据所用仪器的竖盘注记形式确定。根据竖直角的定义，视线上倾时，其竖直角值为正，由此，先将望远镜大致水平，观察并确定水平整读数是 90°还是或 270°，然后将望远镜上仰，若读数增大，则竖直角等于目标读数减水平整读数；若读数减小，则竖直角等于水平整读数减目标读数。根据这个规律，可以分析出经纬仪的竖直角计算公式。对于图3-14所示全圆顺时针注记竖盘，其竖直角计算公式分析如下：

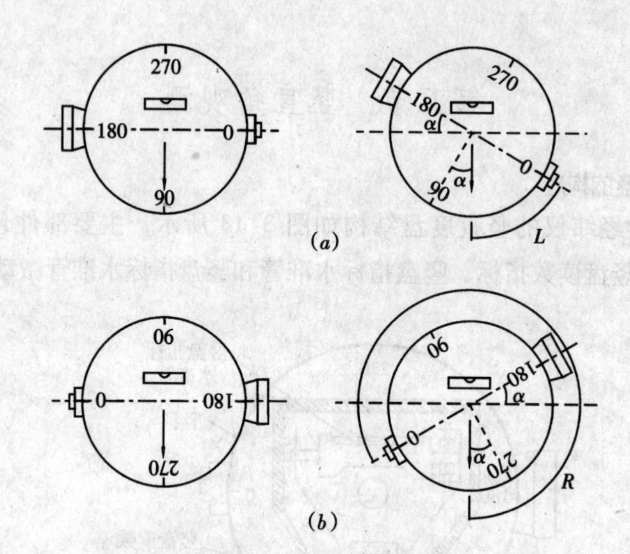

图3-14　竖直计算公式分析图

（a）盘左；（b）盘右

盘左位置：如图3-14（a）所示，水平整读数为90°，视线上仰时，盘左目标读数L小于90°，即读数减小，则盘左竖直角α_L为：

$$\alpha_L = 90° - L \tag{3-2}$$

盘右位置：如图3-14（b）所示，水平整读数为270°，视线上仰时，盘右目标读数R大于270°，即读数增大，则盘右竖直角α_R为：

$$\alpha_R = R - 270° \tag{3-3}$$

盘左盘右平均竖直角值α为：

$$\alpha = \frac{1}{2}(\alpha_L + \alpha_R) \tag{3-4}$$

上述是目前常见光学经纬仪的竖直角计算公式。

三、竖盘指标差

上述竖直角计算公式的推导，是依据竖盘装置应满足的条件，即当竖盘指标水准管气泡居中，且望远镜视线水平时，竖盘读数应为整读数（90°或270°）。但是，实际上这一条件往往不能完全满足，即当竖盘指标水准管气泡居中，且望远镜视线水平时，竖盘指标不是正好指在整读数上，而是与整读数相差一个小角度x，该角值称为竖盘指标差，简称指标差。

设指标偏离方向与竖盘注记方向相同时x为正，相反时x为负。x的两种形式的计算式如下：

$$x = \frac{1}{2}(L + R - 360°) \tag{3-5}$$

$$x = \frac{1}{2}(\alpha_R - \alpha_L) \tag{3-6}$$

可以证明，盘左、盘右的竖直角取平均，可抵消指标差对竖直角的影响。指标差的互差，能反映观测成果的质量。对于DJ_6级经纬仪，规范规定，同一测站上不同目标的指标差互差不应超过25″。当允许只用半个测回测定竖直角时，可先测定指标差x，然后用下式计算竖直角，可消除指标差的影响。

$$\begin{aligned} \alpha &= \alpha_L + x \\ \alpha &= \alpha_R - x \end{aligned} \tag{3-7}$$

四、竖直角观测方法

（1）安置仪器。

如图3-15所示，在测站点O安置好经纬仪，并在目标点A竖立观测标志（如标杆）。

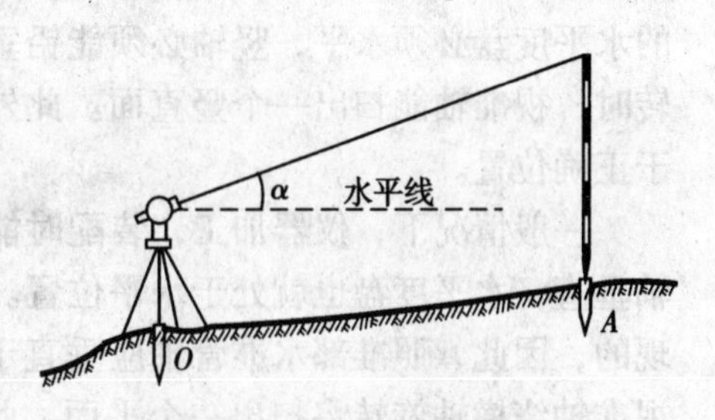

图3-15 竖直角观测

（2）盘左观测。以盘左位置瞄准目标，使十字丝中丝精确地切准A点标杆的顶端，调节竖盘指标水准管微动螺旋，使竖盘指标水准管气泡居中，并读取竖盘读数L，记入手簿（表3-2）。

（3）盘右观测。以盘右位置同上法瞄准原目标相同部位，调竖盘指标水准管气泡居中，并读取竖盘读数R，记入手簿。

（4）计算竖直角。根据公式（3-2）、（3-3）、（3-4）式计算α_L、α_R及平均值α，（该仪器竖盘为顺时针注记），计算结果填在表中。

（5）指标差计算与检核。按公式（3-6）计算指标差，计算结果填在表中。

至此，完成了目标A的一个测回的竖直角观测。目标B的观测与目标A的观测与计算相同，见表3-2。A、B两目标的指标差互差为9″，小于规范规定的25″，成果合格。

竖直角观测手簿 **表3-2**

测站	目标	竖盘位置	竖盘读数	半测回竖直角	指标差	一测回竖直角	备 注
			° ′ ″	° ′ ″	″	° ′ ″	
O	A	左	81 12 36	8 47 24	−45	8 46 39	
		右	278 45 54	8 45 54			
O	B	左	95 22 00	−5 22 00	−36	−5 22 36	
		右	264 36 48	−5 23 12			

注：盘左望远镜水平时读数为90°，望远镜抬高时读数减小

观测竖直角时，只有在竖盘指标水准管气泡居中的条件下，指标才处于正确位置，否则读数就有错误。然而每次读数都必须使竖盘指标水准管气泡居中是很费事的，因此，有些光学经纬仪，采用竖盘指标自动归零装置。当经纬仪整平后，

竖盘指标即自动居于正确位置，这样就简化了操作程序，可提高竖直角观测的速度和精度。

第六节　经纬仪的检验与校正

一、经纬仪应满足的几何条件

经纬仪上的几条主要轴线如图3-16所示，*VV*为仪器旋转轴，亦称竖轴或纵轴；*LL*为照准部水准管轴；*HH*为望远镜横轴，也叫望远镜旋转轴；*CC*为望远镜视准轴。

根据测角原理，为了能精确地测量出水平角，经纬仪应满足的要求是：仪器的水平度盘必须水平，竖轴必须能铅垂地安置在角度的顶点上，望远镜绕横轴旋转时，视准轴能扫出一个竖直面。此外，为了精确地测量竖直角，竖盘指标应处于正确位置。

一般情况下，仪器加工，装配时能保证水平度盘垂直于竖轴。因此，只要竖轴垂直，水平度盘也就处于水平位置。竖轴竖直是靠照准部水准管气泡居中来实现的，因此，照准部水准管轴应垂直于竖轴。此外，若视准轴能垂直于横轴，则视准轴绕横轴旋转将扫出一个平面，此时，若竖轴竖直，且横轴垂直于竖轴，则视准轴必定能扫出一个竖直面。另外，为了能在望远镜中检查目标是否竖直和测角时便于照准，还要求十字丝的竖丝应在垂直于横轴的平面内。

综上所述，经纬仪各轴线之间应满足下列几何条件：

（1）照准部水准管轴垂直于仪器竖轴（$LL \perp VV$）；

（2）十字丝的竖丝垂直于横轴；

（3）望远镜视准轴垂直于横轴（$CC \perp HH$）；

（4）横轴垂直于竖轴（$HH \perp VV$）；

（5）竖盘指标应处于正确位置；

（6）光学对中器视准轴与竖轴重合。

二、经纬仪检验与校正

上述这些条件在仪器出厂时一般是能满足精度要求的，但由于长期使用或受碰撞、振动等影响，可能发生变动。因此，要经常对仪器进行检验与校正。

（一）水准管轴垂直于竖轴的检验与校正

1. 检验

将仪器大致整平，转动照准部，使水准管平行于一对脚螺旋的连线，调节脚螺旋使水准管气泡居中，如图3-17（*a*）所示。然后将照准部旋转180°，若水准管气泡不居中，如图3-17（*b*）所示，则说明此条件不满足，应进行校正。

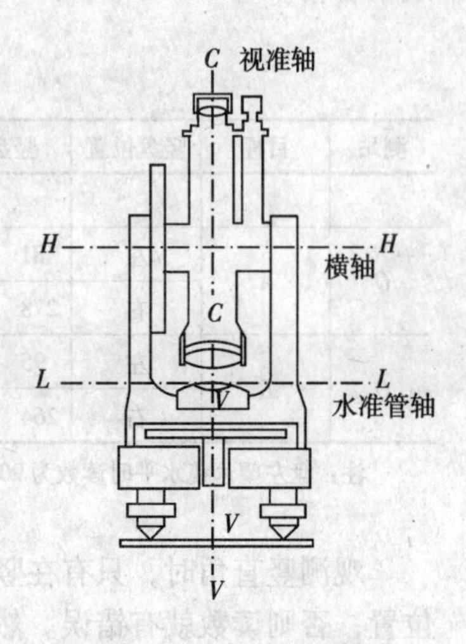

图3-16　经纬仪的主要轴线

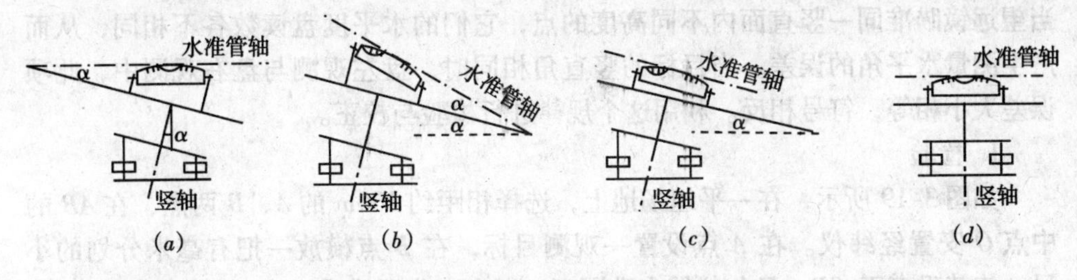

图 3-17 水准管轴垂直于竖轴的检验与校正

2. 校正

先用校正针拨动水准管校正螺丝，使气泡返回偏离值的一半，如图 3-17（*c*）所示，此时水准管轴与竖轴垂直。再旋转脚螺旋使气泡居中，使竖轴处于竖直位置，如图 3-17（*d*）所示，此时水准管轴水平并垂直于竖轴。

此项检验与校正应反复进行，直到照准部转动到任何位置，气泡偏离零点不超过半格为止。

（二）十字丝的竖丝垂直于横轴的检校

1. 检验

如图 3-18 所示，整平仪器后，用十字丝竖丝的任意一端，精确瞄准远处一清晰固定的目标点，然后固定照准部和望远镜，再慢慢转动望远镜微动螺旋，使望远镜上仰或下俯，若目标点始终在竖丝上移动，则说明此条件满足。否则，需进行校正。

2. 校正

旋下目镜分划板护盖，松开 4 个压环螺丝，慢慢转动十字丝分划板座。然后再作检验，待条件满足后再拧紧压环螺丝，旋上护盖。

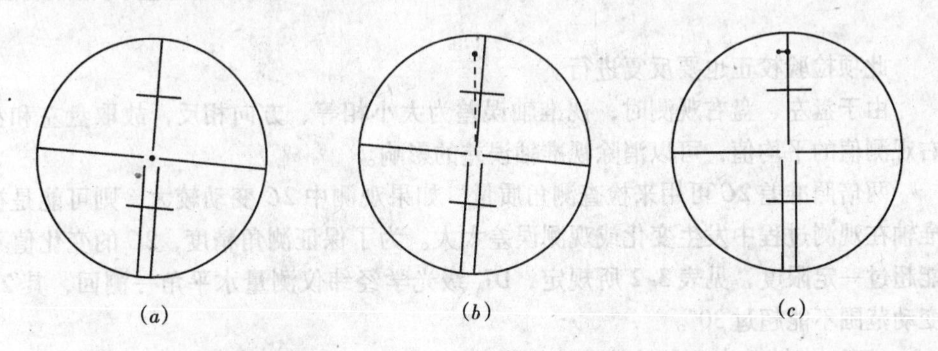

图 3-18 十字丝竖线垂直于横轴的检验与校正

（*a*）十字丝交点照准一个点；（*b*）点偏离竖丝，需要校正；（*c*）校正后

（三）望远镜视准轴垂直于横轴的检校

望远镜视准轴不垂直于横轴所偏离的角度 C 称为视准轴误差。它是由于十字丝分划板平面左右移动，使十字丝交点位置不正确而产生的。有视准轴误差的望远镜绕横轴旋转时，视准轴扫出的面不是一个竖直平面，而是一个圆锥面。因此，

当望远镜瞄准同一竖直面内不同高度的点，它们的水平度盘读数各不相同，从而产生测量水平角的误差。当目标的竖直角相同时，盘左观测与盘右观测中，此项误差大小相等，符号相反。利用这个规律进行检验与校正。

1. 检验

如图3-19所示，在一平坦场地上，选择相距约100m的A、B两点，在AB的中点O安置经纬仪。在A点设置一观测目标，在B点横放一把有毫米分划的小尺，使其垂直于OB，且与仪器大致同高。以盘左位置瞄准A点，固定照准部，倒转望远镜，在B点尺上读数为B_1；再以盘右位置瞄准A点，倒转望远镜在B尺上读数为B_2。若B_1、B_2两点相等，则此项条件满足，否则需要校正。

2. 校正

设视准轴误差为C，在盘左位置时，视准轴OA与其延长线与OB_1之间的夹角为$2C$。同理，OA延长线与OB_2之间的夹角也是$2C$，所以$\angle B_1OB_2=4C$。校正时只需校正一个C角。在尺上定出B_3点，使$B_3=B_1B_2/4$，此时OB_3垂直于横轴OH。然后松开望远镜目镜端护盖，用校正针先稍微拨松上、下的十字丝校正螺丝后，拨动左右两个校正螺丝（图3-20），一松一紧，左右移动十字丝分划板，使十字丝交点对准B_3点。

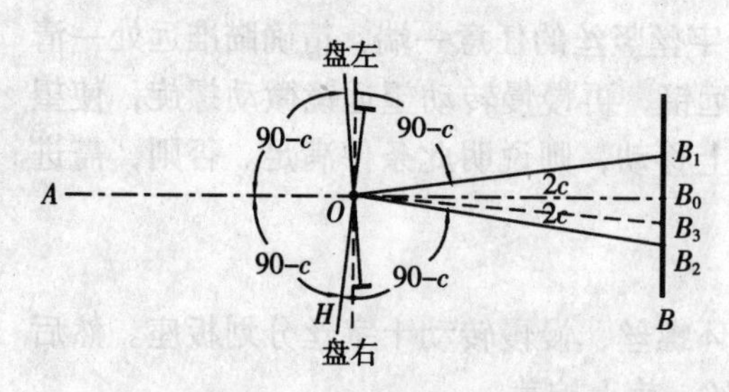

图3-19 视准轴垂直于横轴的检验

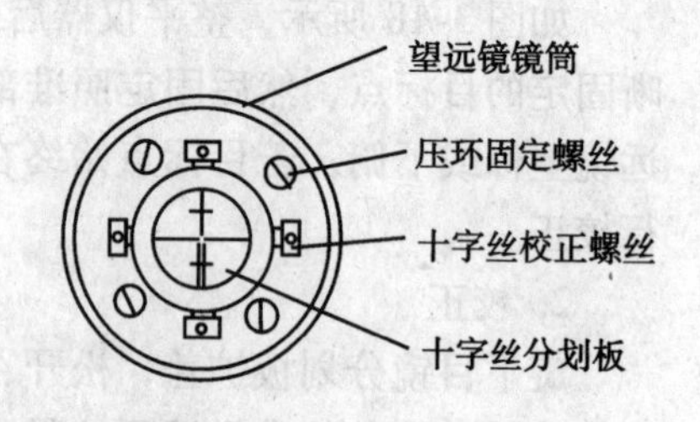

图3-20 视准轴垂直于横轴的校正

此项检验校正也要反复进行。

由于盘左、盘右观测时，视准轴误差为大小相等、方向相反，故取盘左和盘右观测值的平均值，可以消除视准轴误差的影响。

两倍照准差$2C$可用来检查测角质量，如果观测中$2C$变动较大，则可能是视准轴在观测过程中发生变化或观测误差太大。为了保证测角精度，$2C$的变化值不能超过一定限度，见表3-2所规定，DJ_6级光学经纬仪测量水平角一测回，其$2C$变动范围不能超过30″。

（四）横轴垂直于竖轴的检验与校正

横轴不垂直于竖轴所产生的偏差角值，称为横轴误差。产生横轴误差的原因，是由于横轴两端在支架上不等高。由于有横轴误差，望远镜绕横轴旋转时，视准轴扫出的面将是一倾斜面，而不是竖直面。因此，在瞄准同一竖直面内高度不同的目标时，将会得到不同的水平度盘读数，从而影响测角精度。

1. 检验

如图3-21所示，在距一垂直墙面20~30m处，安置好经纬仪。以盘左位置瞄

准墙上高处的 P 点，（仰角宜大于 30″），固定照准部，然后将望远镜大致放平，根据十字丝交点在墙上定出 P_1 点。倒转望远镜成盘右位置，瞄准原目标 P 点后，再将望远镜放平，在 P_1 点同样高度上定出 P_2 点。如果 P_1 与 P_2 点重合，则仪器满足此几何条件，否则需要校正。

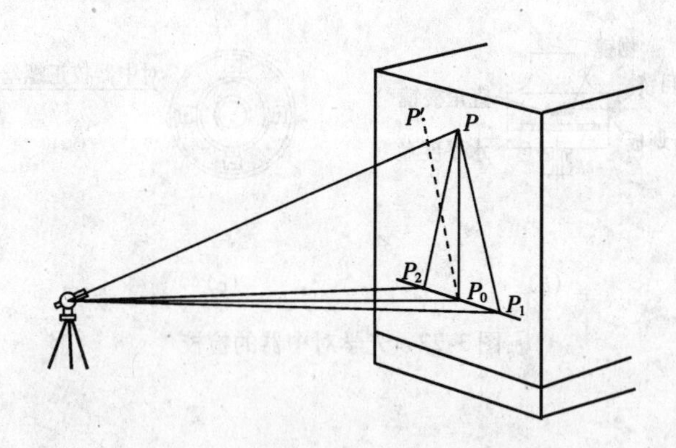

图 3-21　横轴垂直于竖轴的检校

2. 校正

取 P_1、P_2 的中点 P_0，将十字丝交点对准 P_0 点，固定照准部，然后抬高望远镜至 P 点附近。此时十字丝交点偏离 P 点，而位于 P' 处。打开仪器没有竖盘一侧的盖板，拨动横轴一端的偏心轴承，使横轴的一端升高或降低，直至十字丝交点照准 P 点为止。最后把盖板合上。

对于近代质量较好的光学经纬仪，横轴是密封的，此项条件一般能够满足，使用时通常只作检验，若要校正，须由仪器检修人员进行。

由图 3-21 可知，当用盘左和盘右观测一目标时，横轴倾斜误差大小相等，方向相反。因此，同样可以采用盘左和盘右观测取平均值的方法，消除它对观测结果的影响。

（五）竖盘指标差的检校

1. 检验

安置经纬仪，以盘左、盘右位置瞄准同一目标 P，分别调竖盘指标水准管气泡居中后，读取竖盘读数 L 和 R，然后按式（3-5）计算竖盘指标差 x。若 $x > 40''$，说明存在指标差；当 $x > 60''$时，则应进行校正。

2. 校正

保持望远镜盘右位置瞄准目标 P 不变，计算盘右的正确读数 $R_0 = R - x$，转动竖盘指标水准管微动螺旋使竖盘读数为 R_0，此时竖盘指标水准管气泡必定不居中。用校正针拨动竖盘指标水准管一端的校正螺丝，使气泡居中即可。

此项校正需反复进行，直至指标差 x 的绝对值小于 30″为止。

（六）光学对中器的检校

1. 检验

如图 3-22（a）所示，将经纬仪安置到三脚架上，在一张白纸上画一个十字交叉并放在仪器正下方的地面上，整平对中。旋转照准部，每转90°，观察对中点的中心标志与十字交叉点的重合度，如果照准部旋转时，光学对中器的中心标志一直与十字交叉点重合，则不必校正，否则进行校正。

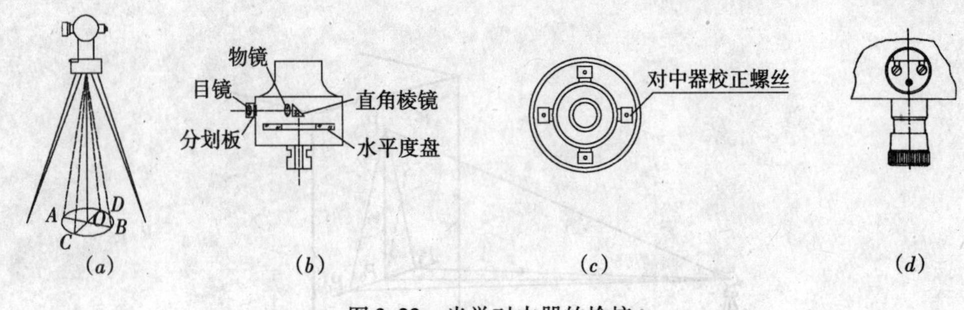

图3-22　光学对中器的检校

2. 校正

根据经纬仪型号和构造的不同，光学对中器的校正有两种不同的方法，如图3-22（b）所示，一种是校正分划板，另一种是校正直角棱镜。下面是两种校正方法的具体步骤。

（1）校正分划板法。如图3-22（c）所示，将光学对中器目镜与调焦手轮之间的改正螺丝护盖取下，固定好十字交叉白纸并在纸上标记出仪器每旋转90°时对中器中心标志的四个落点，用直线连接对角点，两直线交点为 O。用校正针调整对中器的四个校正螺丝，使对中器的中心标志与 O 点重合。重复检验、检查和校正，直至符合要求。调整须在1.5m和0.8m两个目标距离上，同时达到上述要求为止，再将护盖安装回原位。

（2）校正直角棱镜法。如图3-22（d）所示，用表扦子松开位于光学对中器上方小圆盖中心的螺钉，取下盖板，可见两个圆柱头螺钉头和一个小的平端紧定螺钉。稍为松开两个圆柱头螺钉，用表扦子轻轻敲击，可使位于螺钉下面棱镜座前后、左右移动，平端紧定螺钉可使棱镜座稍微转动，到转动照准部至任意位置，测站点均位于分划板小圆圈中心为止（允许目标有0.5mm的偏离），固定两圆柱头螺钉。调整须在1.5m和0.8m两个目标距离上，同时达到上述要求为止，再将小圆盖装回原位。

第七节　水平角测量误差与注意事项

在水平角测量中影响测角精度的因素很多，主要有仪器误差、观测误差以及外界条件的影响。

一、仪器误差

仪器误差的来源主要有两个方面：一是由于仪器加工装配不完善而引起的误差，如度盘刻划误差、度盘中心和照准部旋转中心不重合而引起的度盘偏心误差等。这些误差不能通过检校来消除或减小，只能用适当的观测方法来予以消除或减弱。如度盘刻划误差，可通过在不同的度盘位置测角来减小它的影响。度盘偏心误差可采用盘左、盘右观测取平均值的方法来消除或减弱。

二是由于仪器检校不完善而引起的误差，如视准轴不完全垂直于横轴，横轴不完全垂直于竖轴等。这些经检校后的残余误差的影响，可采用盘左、盘右观测取平均值的方法予以消除或减弱。

二、观测误差

1. 仪器对中误差

仪器存在对中误差时，仪器中心偏离目标的距离称为偏心距。对中误差使正确角值与实测角值之间存在误差。测角误差与偏心距成正比，即偏心距愈大，误差愈大；与测站到测点的距离成反比，即距离愈短，误差愈大。因此在进行水平角观测时，为保证测角精度，仪器对中误差不应超出相应规范的规定，特别是当测站到测点的距离较短时，更要严格对中。

2. 仪器整平误差

仪器整平误差是指安置仪器时没有将其严格整平，或在观测中照准部水准管气泡中心偏离零点，以致仪器竖轴不竖直，水平度盘不水平的误差。整平误差是不能用观测方法消除其影响的，因此，在观测过程中，若发现水准管气泡偏离零点在一格以上，通常应在下一测回开始之前重新整平仪器。

整平误差与观测目标的竖直角有关，当观测目标的竖直角很小时，整平误差对测角的影响较小，随着竖直角增大，尤其当目标间的高差较大时，其影响亦随之增大。因此，在山区进行水平角测量时，更要注意仪器的整平。

3. 目标偏心误差

测量水平角时，所瞄准的目标偏斜或目标没有准确安放在地面标志中心，因而产生目标偏心误差，偏差的大小称为偏心距，它对水平角的影响与仪器对中误差类似，即误差与目标偏心距成正比，与边长成反比。因此，在测角时，应使观测目标中心和地面标志中心在一条铅垂线上。当用标杆作为观测目标时，应尽量瞄准标杆的底部。

4. 照准误差

影响望远镜照准精度的因素主要有人眼的分辨能力，望远镜的放大倍率，目标的形状、大小、颜色以及大气的温度、透明度等。为了减弱照准误差的影响，除了选择合适的经纬仪测角外，还应尽量选择适宜的标志，有利的气候条件和合适的观测时间，在瞄准目标时必须仔细对光并消除视差。

5. 读数误差

读数误差主要取决于仪器的读数设备，同时也与照明情况和观测者的经验有关。DJ_6 级光学经纬仪的读数误差，对于读数设备为单平板玻璃测微器的仪器，主要有估读和平分双指标线两项误差；若是分微尺测微器读数设备，则只有估读误差一项。一般认为 DJ_6 级经纬仪的极限估读误差可以不超过分微尺最小格值的十分之一，即可以不超过 6″。如果反光镜进光情况不佳，读数显微镜调焦不恰当以及观测者的技术不熟练，则估读的极限误差会远远超过上述数值。为保证读数的准确，必须仔细调节读数显微镜目镜，使度盘与测微尺分划影像清晰；对小数的估读一定要细心；使用测微轮时，一定要使双指标线夹准度盘分划线。

三、外界条件的影响

外界条件的影响很多，如大风、松软的土质会影响仪器的稳定；大气透明度会影响照准精度；温度的变化会影响仪器的整平；受地面辐射热的影响，物像会跳动等等。在观测中完全避免这些影响是不可能的，只能选择有利的观测时间和条件，尽量避开不利因素，使其对观测的影响降低到最小程度。例如，安置仪器时要踩实三脚架腿；晴天观测时要撑伞，不让阳光直照仪器；观测视线应避免从建筑物旁、冒烟的烟囱上面和靠近水面的空间通过。这些地方都会因局部气温变化而使光线产生不规则的折光，使观测成果受到影响。

第八节　电子经纬仪简介

电子经纬仪是在光学经纬仪的基础上发展起来的新一代测角仪器，故仍然保留着许多光学经纬仪的特征。这种仪器采用的电子测角方法，不但可以消除人为影响，提高测量精度，更重要的是能使测角过程自动化，从而大大地减轻了测量工作的劳动强度，提高了工作效率。

一、电子经纬仪测角原理

电子测角仪器仍然采用度盘来进行测角，但电子测角的度盘不是在度盘上按某一个角度单位刻上刻划线，然后根据刻划线来读取角值，而是从特殊格式的度盘上取得电信号，根据电信号再转换成角度，并且自动地以数字方式输出，显示在显示器上或记录在贮存器，需要时可将贮存器中的信息输入到电子计算机内，实现自动数据处理。

电子测角度盘按取得电信号的方式不同，分为编码度盘和光栅度盘等。图 3-23（*a*）为编码度盘示意图，图 3-23（*b*）为光栅度盘示意图。

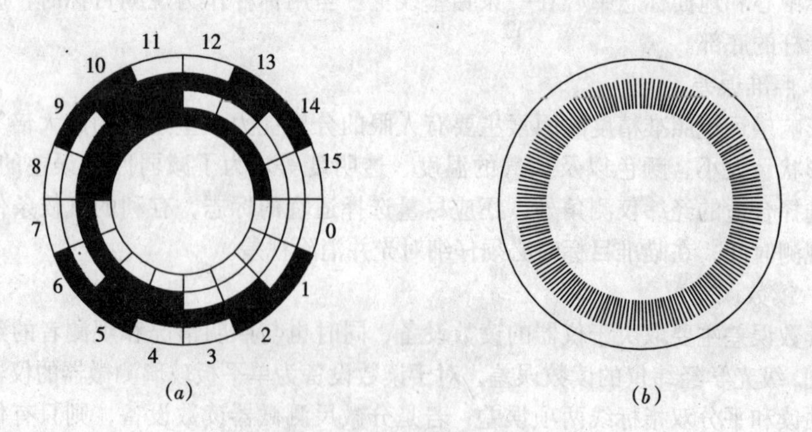

图 3-23　编码度盘和光栅度盘

编码度盘为绝对式光电扫描度盘，即在编码度盘的每一个位置上都可以直接读出度、分、秒的数值。编码盘上透光和不透光的两种状态分别表示二进制的

“0”和“1”。在编码盘的上方，沿径向在各条码道相应的位置上分别安装4个照明器，一般采用发光二极管作照明光源。同样，在码盘下方相应的位置上安装4个接收光电二极管作接收器。光源发出的光经过码盘，就产生了透光与不透光信号，被光电二极管接收。由此，光信号转变为电信号，4位组合起来就是码盘某一径向的读数，再经过译码器，将二进制数转换成十进制数显示输出。测角时码盘不动，而发光管和接收管（统称传感器或读数头）随照准部转动，并可在任何位置读出码盘径向的二进制读数，并显示十进制读数。

光栅度盘上均匀地刻有许多一定间隔的细线。光栅的基本参数是刻线的密度和栅距（相邻两刻线之间的距离）。栅线为不透光区，缝隙为透光区，它们都对应一角度值。在光栅盘的上下对应位置上装有光源、指示光栅和接收器（光电二极管），称为读数头，可随照准部相对于光栅盘转动。由计数器累计读数头所转动的栅距数，从而求得所转动的角度值。因为光栅盘上没有绝对度数，只是累计移动光栅的条数计数，故称为增量式光栅度盘，其读数系统为增量式读数系统。

电子经纬仪内部不但装有自动扫描读数系统，还装有单片微处理机及竖轴倾斜补偿器等，可以更加完善地对轴系误差自动加以改正与补偿。在一般的电子经纬仪中都具有仪器误差自动改正的功能，不仅提高了仪器的精度，同时也简化了角度测量的作业步骤，减轻了劳动强度，节约了作业时间，这些正是电子经纬仪的优越性。目前一些较高精度的电子经纬仪都装有双轴液体补偿器，以补偿（自动改正）竖轴倾斜对水平角和竖直角的影响。精确的双轴液体补偿器，仪器整平到3′范围以内时，其自动补偿精可达0.1″。

二、电子经纬仪的使用

下面以南方测绘仪器公司生产的ET－02/05电子经纬仪为例，介绍电子经纬仪的构造与使用方法。

1. ET－02/05电子经纬仪的构造

如图3-24所示，ET－02/05电子经纬仪采用增量式光栅度盘读数系统，配有自动垂直补偿装置，最小读数为1″，测角精度为2″（ET－02型）和5″（ET－05型）。

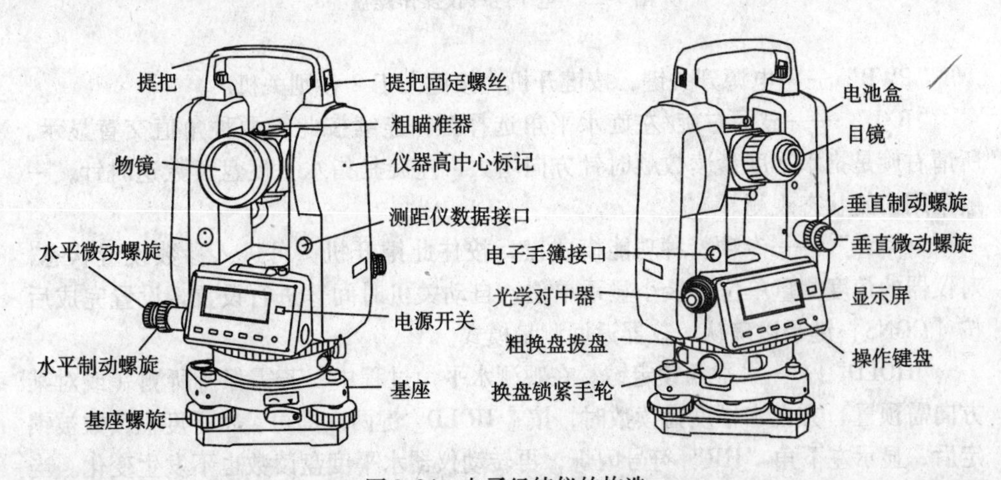

图3-24 电子经纬仪的构造

ET－02/05 电子经纬仪上有数据输入和输出接口，可与光电测距仪和电子记录手簿连接。该仪器使用可充镍氢电池，连续工作时间约 10 小时；望远镜十字丝和显示屏有照明光源，便于在黑暗环境中操作。

2. ET－02/05 电子经纬仪的使用

ET－02/05 电子经纬仪的使用时，首先要对中整平，其方法与普通光学经纬仪相同，然后按 PWR 键开机，屏幕上即显示出水平度盘读数 HR，再上下摇动一下望远镜，屏幕上即显示出竖盘读数 V，图 3-25 所示的水平度盘读数为 299°10′48″，竖盘读数为 85°26′41″。角度观测时，只要瞄准好目标，屏幕上便自动显示出相应的角度读数值，瞄准目标的操作方法与普通光学经纬也完全一样。

电池新充电时可供仪器使用 8～10 小时。显示屏右下角的符号“BAT”显示电池消耗信息，“BAT”及“BAT”表示电量充足，可操作使用；“BAT”表示尚有少量电源，应准备随时更换电池或充电后再使用；“BAT”闪烁表示即将没电（大约可持续几分钟），应立即结束操作更换电池并充电。每次取下电池盒时，都必须先关掉仪器电源，否则仪器易损坏。

3. ET－02/05 电子经纬仪按键的功能与使用方法

图 3-25 是 ET－02/05 电子经纬仪的操作键盘及显示屏。每个按键具有一键两用的双重功能，按键上方所标示的功能为第一功能，直接按此键时执行第一功能，当按下“MODE”键后再按此键时执行第二功能。下面分别介绍各功能键的作用：

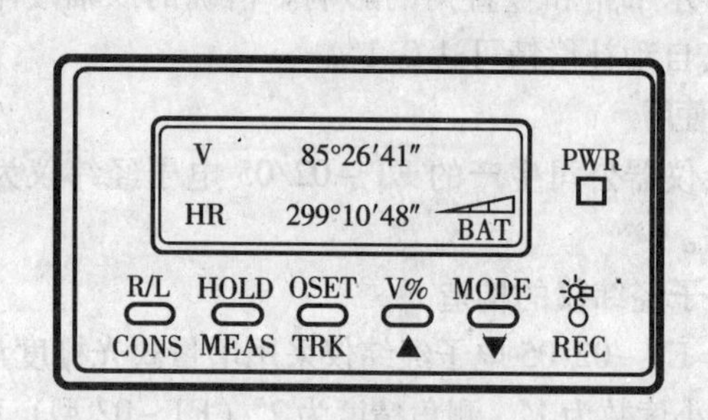

图 3-25 电子经纬仪操作键盘

“PWR”——电源开关键，按键开机；按键大于 2 秒则关机。

“R/L”——显示右旋/左旋水平角选择健，连续按此键两种角值交替显示。所谓右旋是指水平度盘读数顺时针方向增大，左旋是指水平度盘读数逆时针，一般采用右旋状态观测。

“CONS”——专项特种功能模式键，按住此键开机，可进入参数设置状态，对仪器的角度测量单位、最小显示单位、自动关机时间等进行设置，设置完成后按［CONS］键予以确认，仪器返回测量模式。

“HOLD”——水平角锁定键。在观测水平角过程中，若需保持所测（或对某方向需预置）方向水平度盘读数时，按［HOLD］键两次即可。水平度盘读数被锁定后，显示左下角“HR”符号闪烁，再转动仪器水平度盘读数也不发生变化。当照准至所需方向后，再按［HOLD］键一次，解除锁定功能，进行正常观测。

“MEAS”——测距键（此功能无效）。

“0 SET”——水平角置零键，按此键两次，水平度盘读数置为0°00′00″。

“TRK”——跟踪测距键（此功能无效）。

“V%”——竖直角和斜率百分比显示转换键，连续按键交替显示。在测角模式下测量。竖直角可以转换成斜率百分比。斜率百分比值 = 高差/平距 × 100%，斜率百分比范围从水平方向至 ±45°，若超过此值，则仪器不显示斜率值。

“▲”——增量键，在特种功能模式中按此键，显示屏中的光标可上下移动或数字向上增加。

“MODE”——测角、测距模式转换键。连续按键，仪器交替进入一种模式，分别执行键上或键下标示的功能。

“REC”——望远镜十字丝和显示屏照明键，按一次开灯照明，再按则关（如不按键，10 秒钟后自动熄灭）。在与电子手簿连接时，此键为记录键。

在角度测量时，根据需要按键，即可方便地读取有关的角度数据，必要时，还可把数据记录在电子手簿中，然后将电子手簿与计算机连接，把数据输入到计算机中进行处理。

4. ET－02/05 电子经纬仪测水平角的方法

将望远镜十字丝中心照准目标 *A* 后，按［0 SET］键两次，使水平角读数为0°00′00″，即显示目标 *A* 方向为 HR 0°00′00″；顺时针方向转动照准部，以十字丝中心照准目标 *B*，此时显示的 HR 值即为盘左观测角。倒转望远镜，依次照准目标 *B* 和 *A*，读取并记录所显示的 HR 值，经计算得到盘右观测角，具体计算及成果检核的方法与光学经纬仪水平观测相同。

5. ET－02/05 电子经纬仪测竖直角的方法

ET－02/05 电子经纬仪采用了竖盘指标自动补偿归零装置，出厂时设置为望远镜指向天顶为读数为0°，所以竖直角等于90°减去瞄准目标时所显示的 V 读数，这与光学经纬仪一致，竖直角的具体观测、记录与计算与光学经纬仪基本相同，在此不再复述。

思考题与习题

1. 何谓水平角？若某测站与两个不同高度的目标点位于同一竖直面内，那么测站与这两个目标构成的水平角是多少？

2. 经纬仪由哪几大部分组成？各有何作用？

3. DJ_6 级光学经纬仪的分微尺测微器的读数方法和 DJ_6 级光学经纬仪的对径分划线测微器的读数方法有什么不同？

4. 观测水平角时，对中整平的目的是什么？试述经纬仪用光学对中器法对中整平的步骤与方法。

5. 观测水平角时，若测四个测回，各测回起始方向读数应是多少？

6. 何谓竖直角？如何推断经纬仪的竖直角计算公式？

7. 什么是竖盘指标差？观测竖直角时如何消除竖盘指标差的影响？

8. 整理表3-3所示的用测回法观测水平角的记录，并在备注栏内绘出测角示意图。

测回法观测水平角的记录　　表3-3

测站	测回	竖盘位置	目标	水平度盘读数	半测回角值	一测回竖直角	各测回平均角	备　注
				° ′ ″	° ′ ″	° ′ ″	° ′ ″	
A	1	盘左	1	0 12 00				
			2	91 45 30				
		盘右	1	180 11 24				
			2	271 45 12				
	2	盘左	1	90 11 48				
			2	181 44 54				
		盘右	1	270 12 12				
			2	1 45 18				

9. 整理表3-4所示的竖直角观测记录。

竖直角观测记录　　表3-4

测站	目标	竖盘位置	竖盘读数	半测回竖直角	指标差	一测回竖直角	备　注
			° ′ ″	° ′ ″	′ ″	° ′ ″	
A	1	盘左	84 12 42				
		盘右	275 46 54				
A	2	盘左	115 21 06				
		盘右	244 38 48				

10. 经纬仪上有哪些主要轴线？它们之间应满足什么条件？

11. 观测水平角时，为什么要用盘左、盘右观测？盘左、盘右观测是否能消除因竖轴倾斜引起的水平角测量误差？

12. 水平角观测时，应注意哪些事项？

13. 电子经纬仪的主要特点是什么？

第四章　距离测量与直线定向

距离测量是测量的基本工作之一。所谓距离，通常是指地面两点的连线铅垂投影到水平面上的长度，亦称水平距离，简称平距。地面上高程不同的两点的连线长度称为倾斜距离，简称斜距。测量时要注意把斜距换算为平距。如果不加特别说明，“距离”即指水平距离。距离测量的常用方法有：钢尺量距、视距测量和光电测距等。

直线定向是指确定地面两点铅垂投影到水平面上的连线的方向，一般用方位角表示直线的方向，直线定向也是测量中经常遇到的问题。本章先介绍距离测量的三种主要方法，然后介绍直线定向。

第一节　钢尺量距

钢尺量距具有操作简便，精度较高，成果可靠的特点，再加上钢尺价格低，携带方便，钢尺量距在施工测量中应用非常广泛。

一、钢尺量距工具

钢尺量距用到的工具有钢尺、标杆、测钎及垂球等，有时还用到温度计和弹簧秤。

（1）钢尺。指钢制带状尺，尺宽 10～15mm，厚约 0.4mm，长度有 20m、30m 和 50m 等。钢尺卷放在圆形盒内的称为盒装钢卷尺，如图 4-1（*a*）所示；卷放在金属架或塑料架内的称为摇把式钢卷尺，如图 4-1（*b*）所示。钢尺的基本分划为厘米，在米和分米处有数字注记，零至 10cm 内有毫米刻划。有的钢尺整个尺长均有毫米刻划。钢尺由于变形小，精度较高，在测量中应用广泛。

图 4-1　钢卷尺

钢尺按零点位置不同有端点尺和刻线尺之分。端点尺是以尺的最外端作为尺的零点，如图 4-2（*a*）所示；刻线尺是在尺的起点一端的某位置刻一横线作为尺的零点，如图 4-2（b）所示。量距时要十分注意钢尺零点位置，以免出错。

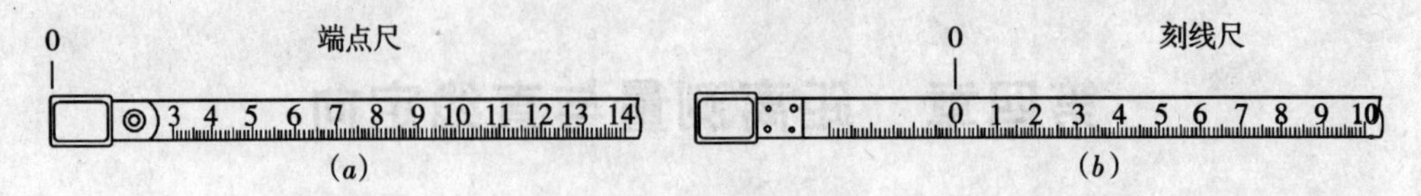

图 4-2 钢卷尺的零点

（2）标杆。又名花杆，直径约 3cm，长 2～3m，杆身用油漆涂成红白相间，每节 20cm，如图 4-3（a）所示。在距离丈量中，标杆主要用于两标点间分段点的定线。

（3）测钎。由粗铁丝或细钢筋加工制成，长 30～40cm，一般 6 根或 11 根为一组，如图 4-3（b）所示。测钎用于分段丈量时，标定每段尺端点位置和记录整尺段数。

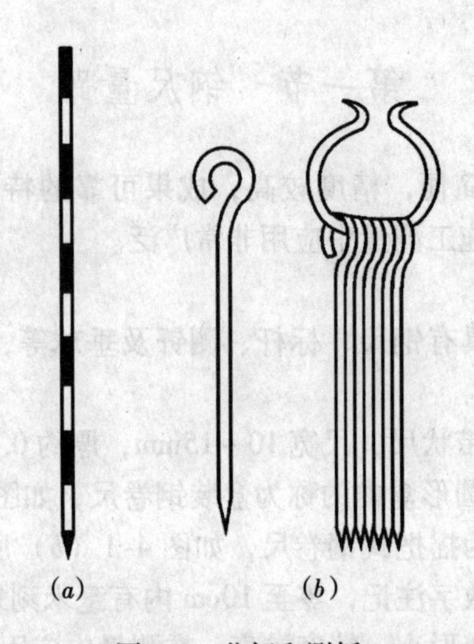

图 4-3 花杆和测钎

（4）垂球。用于在不平坦的地面直接量水平距离时，将平拉的钢尺的端点投影到地面上。

（5）弹簧秤。用于对钢尺施加规定的拉力，避免因拉力太小或太大造成的量距误差。

（6）温度计。用于钢尺量距时测定温度，以便对钢尺长度进行温度改正，消除或减小因温度变化使尺长改变而造成的量距误差。

二、直线定线

当地面两点间距离较远或起伏较大时，在距离丈量之前，需在地面两点连线的方向上定出若干分段点的位置，以便分段量取，这项工作称为直线定线。

1. 目估定线

在一般量距中，通常采用目估法定线。如图 4-4 所示，A、B 为地面上待测距离的两个端点，现要在 AB 直线上定出几个分段点。先在 A、B 点各立一根花杆，甲在 A 点花杆后通过同一侧的 A、B 花杆边缘，指挥乙左右移动 1 点附近的花杆，直到 A、1、B 三杆在同一竖直面内时，定出 1 点；同法定出其他各分段点。定线也可与距离丈量同时进行。

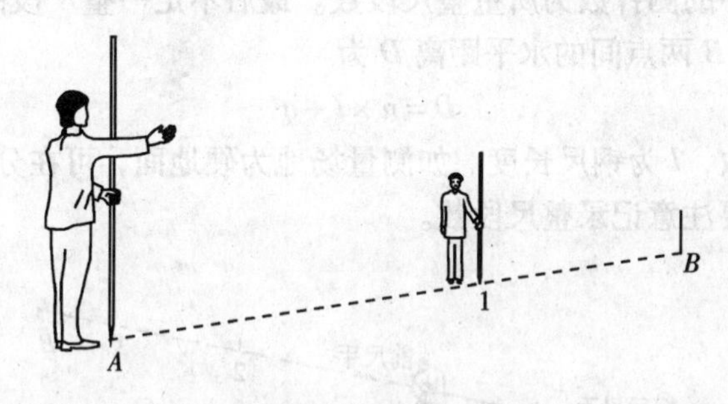

图 4-4　目估定线

2. 经纬仪定线

当直线定线精度要求较高时，可用经纬仪定线。如图 4-5 所示，欲在 AB 线内精确定出 1、2 等点的位置。可由甲将经纬仪安置于 A 点，用望远镜照准 B 点，固定照准部制动螺旋。然后将望远镜向下俯视，用手势指挥乙移动标杆，当标杆与十字丝纵丝重合时，便在标杆的位置打下木桩，再根据十字丝在木桩上钉下铁钉，准确定出 1 点的位置。同理定出 2 点和其他各点的位置。

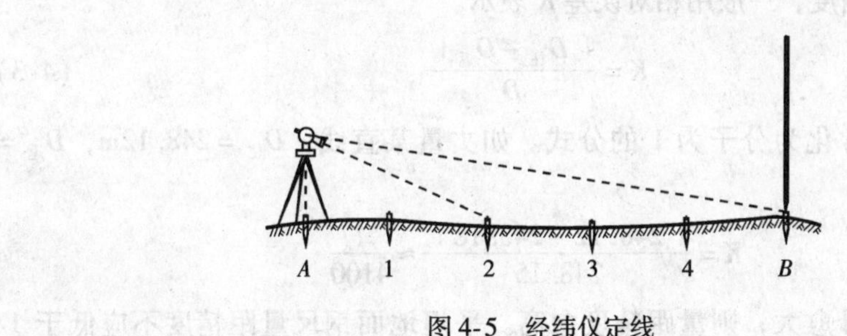

图 4-5　经纬仪定线

3. 拉小线定线

距离测量时，也常用拉小线进行直线定线，即在 A、B 两点间拉一细绳，然后沿着细绳按照定线点间的间距要小于一整尺段定出各点，并作上相应标记，此法应用于场地平整地区。

三、钢尺量距的一般方法

1. 平坦地面的距离丈量

在平坦地面上，可直接沿地面丈量水平距离。如图 4-6 所示，欲测 A、B 两点之间的水平距离 D，其丈量工作可由后尺手、前尺手两人进行。后尺手先在直线起点 A 插一测钎，并将钢尺零点一端放在 A 点。前尺手持钢尺末端和一束测钎沿 AB 线行至一尺段距离后停下。后尺手以手势指挥前尺手将钢尺拉在 AB 直线上，待钢尺拉平、拉紧、拉稳后，前尺手喊“预备”，后尺手将钢尺零点对准 A 点后说“好”，前尺手立即将测钎对准钢尺末端分划插入地下，得第一尺段距离。后尺手拔出 A 点测钎，二人持尺前进，待后尺手到达 1 点时，再用同样方法丈量第二段后，后尺手又拔出 1 点测钎同法继续丈量。每量完一段，后尺手增加一根测钎，因此，后尺手手中的测钎数为所量整尺段数。最后不足一整尺段的长度称为余长，用 q 表示，则 A、B 两点间的水平距离 D 为

$$D = n \times l + q \tag{4-1}$$

式中 n 为整尺段数，l 为钢尺长度。如测量场地为硬地面，可在分段点上用笔或油漆作记号，此时要注意记录整尺段数。

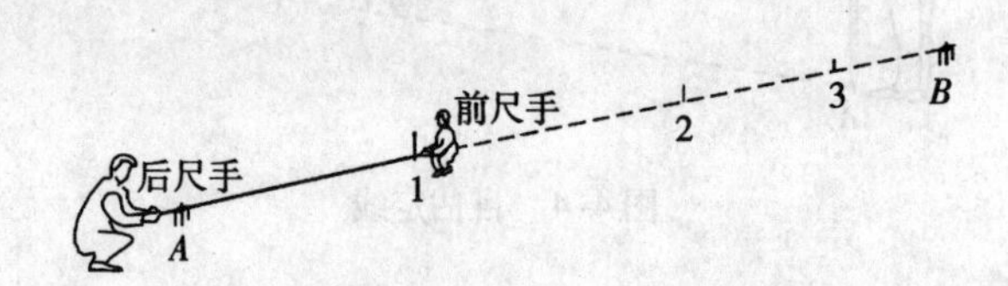

图 4-6　钢尺丈量

为了检核丈量结果和提高成果精度，通常采用往返丈量进行比较，符合精度要求时，取往返丈量平均值作为丈量结果。即

$$D = \frac{1}{2}\left(D_{往} + D_{返}\right) \tag{4-2}$$

距离丈量的精度，一般用相对误差 K 表示。

$$K = \frac{|D_{往} - D_{返}|}{D} \tag{4-3}$$

相对误差通常化为分子为 1 的分式。如丈量某直线，$D_{往} = 248.12\text{m}$，$D_{返} = 248.18\text{m}$，则

$$K = \frac{|248.12 - 248.18|}{248.15} \approx \frac{1}{4100}$$

相对误差分母愈大，则量距精度愈高。平坦地面钢尺量距精度不应低于 1/3000，困难地区不低于 1/2000。

2. 倾斜地面量距

（1）平量法。当地势不平坦但起伏不大时，为了直接量取 A、B 两点间的水平距离，可目估拉钢尺水平，由高处往低处丈量两次。如图 4-7 所示，甲在 A 点指挥乙将钢尺拉在 AB 线上，甲将钢尺零点对准 A 点，乙将钢尺抬高，并目估使钢尺水平，然后用垂球线紧贴钢尺上某一整刻划线，将垂球尖投入地面上，用测钎插在垂球尖所指的 1 点处，此时尺上垂球线对应读数即为 A_1 的水平距离 d_1，同法丈量其余各段，直至 B 点。则有

$$D = \sum d \tag{4-4}$$

用同样的方法对该段进行两次丈量，若符合精度要求，则取其平均值作为最后结果。

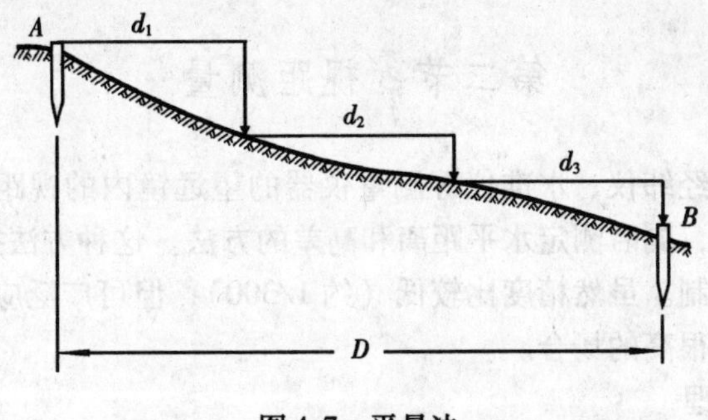

图 4-7　平量法

(2) 斜量法。如图 4-8 所示，当地面倾斜坡度较大时，可用钢尺量出 AB 的斜距 L，然后用水准测量或其他方法测出 A、B 两点的高差 h，则

$$D=\sqrt{L^2-h^2} \tag{4-5}$$

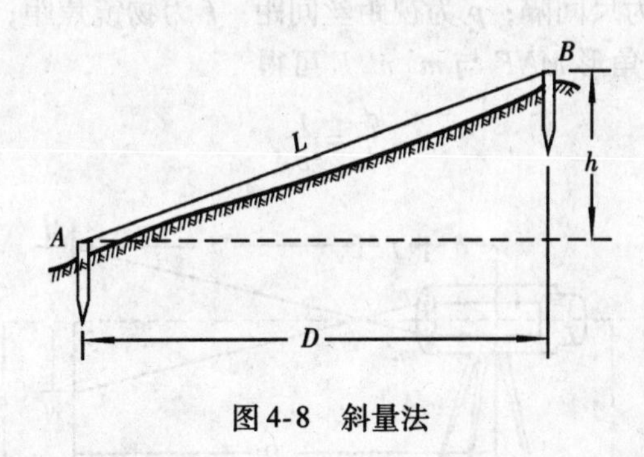

图 4-8　斜量法

斜量法也需测量两次，符合精度要求时，取平均值作为最后结果。

四、钢尺量距注意事项

利用钢尺进行直线丈量时，产生误差的可能性很多，主要有：尺长误差、拉力误差、温度变化的误差、尺身不水平的误差、直线定线误差、钢尺垂曲误差、对点误差、读数误差等等。因此，在量距时应按规定操作并注意检核。此外还应注意以下几个事项：

(1) 量距时拉钢尺要既平又稳，拉力要符合要求，采用斜拉法时要进行倾斜改正。

(2) 注意钢尺零刻划线位置，即是端点尺还是刻线尺，以免量错。

(3) 读数应准确，记录要清晰，严禁涂改数据，要防止 6 与 9 误读、10 和 4 误听。

(4) 钢尺在路面上丈量时，应防止人踩、车碾。钢尺卷结时不能硬拉，必须解除卷结后再拉，以免钢尺折断。

(5) 量距结束后，用软布擦去钢尺上的泥土和水，涂上机油，以防止生锈。

第二节　视距测量

视距测量是用经纬仪、水准仪等测量仪器的望远镜内的视距装置，根据几何光学和三角学原理，同时测定水平距离和高差的方法。这种方法操作简便、迅速，不受地面起伏的限制。虽然精度比较低（约1/300），但可广泛应用于地形图碎部测量等精度要求不很高的场合。

一、视距测量原理

（一）视线水平时的水平距离与高差公式

1. 水平距离公式

如图4-9所示，在A点上安置经纬仪，B点处竖立标尺，置望远镜视线水平，瞄准B点标尺，此时视线垂直于标尺。尺上M、N点成像在视距丝上的m、n处，MN的长度可由上、下视距丝读数之差求得。上、下视距丝读数之差称为尺间隔。

在图4-9中，l为尺间隔；p为视距丝间距；f为物镜焦距；δ为物镜至仪器中心的距离。由相似三角形MNF与$m'n'F$可得

$$\frac{d}{l}=\frac{f}{p}$$

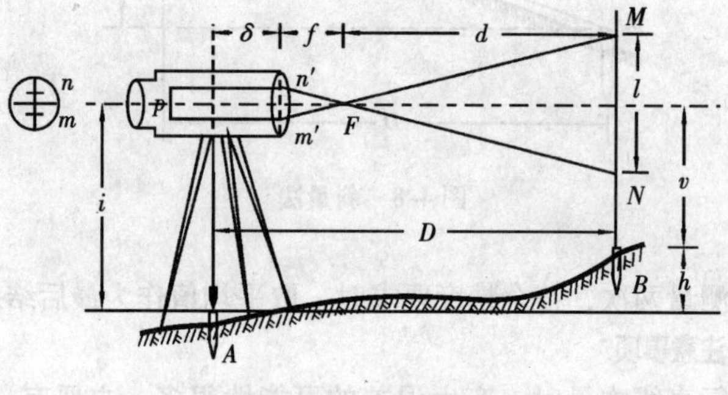

图4-9　视距测量原理

则
$$d=\frac{f}{p}l$$

由图看出
$$D=d+f+\delta$$

则
$$D=\frac{f}{p}l+f+\delta$$

令$f/p=K$，$f+\delta=C$，则有

$$D=Kl+C$$

式中，K为视距乘常数，C为视距加常数。目前使用的内对光望远镜的视距常数，设计时已使$K=100$，C接近于零，故水平距离公式可写为

$$D=Kl \tag{4-6}$$

2. 高差公式

在图4-10中，i为地面标志到仪器望远镜中心线的高度，可用尺子量取；v为

十字丝中丝在标尺上的读数，称为瞄准高，h 为 A、B 两点间的高差。从图中可以看出高差公式为

$$h = i - v \tag{4-7}$$

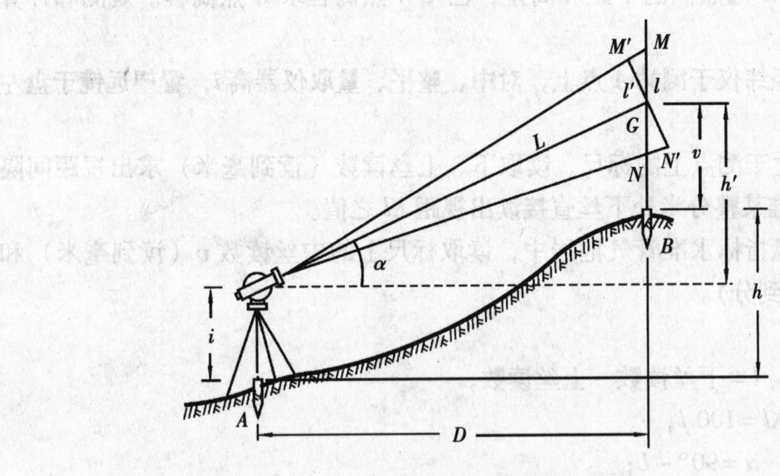

图4-10 视距测量原理

（二）视线倾斜时的水平距离和高差公式

1. 水平距离公式

当地面起伏较大或通视条件较差时，必须使视线倾斜才能读取尺间隔。这时视距尺仍是竖直的，但视线与尺面不垂直，如图4-10所示，因而不能直接应用上述视距公式。需根据竖直角 α 和三角函数进行换算。

由于图4-10中所示上下丝视线所夹的角度很小，可以将 $\angle GM'M$ 和 $\angle GN'N$ 近似地看成直角，并且可以证明 $\angle MGM'$ 和 $\angle NGN'$ 均等于 α，则可以进行下列推导：

$$\begin{aligned} M'N' &= M'G + GN' \\ &= MG\cos\alpha + GN\cos\alpha \\ &= MN\cos\alpha \end{aligned}$$

即

$$l' = l\cos\alpha$$

代入式（4-6）可推出斜距为

$$L = Kl\cos\alpha$$

再将斜距化算为水平距离得公式：

$$D = Kl\cos^2\alpha \tag{4-8}$$

式中 D 为水平距离，K 为常数（100），l 为视距间隔，α 为竖直角。

2. 高差公式

由图4-10可以看出，A、B 两点的高差 h 为

$$h = h' + i - v$$

式中 h' 为初算高差，由图中可以看出

$$h' = D \cdot \tan\alpha$$

故得高差计算公式为

$$h = D \cdot \tan\alpha + i - v \tag{4-9}$$

二、视距测量的观测与计算

欲测定 A、B 两点间的平距和高差，已知 A 点高程求 B 点高程。观测和计算步骤如下：

（1）安置经纬仪于测站 A 点上，对中、整平、量取仪器高 i，置望远镜于盘左位置。

（2）瞄准立于测点上的标尺，读取下、上丝读数（读到毫米）求出视距间隔 l，或将上丝瞄准某整分米处下丝直接读出视距 Kl 之值。

（3）调竖盘指标水准管气泡居中，读取标尺上的中丝读数 v（读到毫米）和竖盘读数 L（读到分）。

（4）计算

1）尺间隔　l = 下丝读数 − 上丝读数；

2）视距　$Kl = 100\ l$；

3）竖直角　$\alpha = 90° - L$；

4）水平距离　$D = Kl\cos^2\alpha$；

5）高差　$h = D \cdot \tan\alpha + i - v$；

6）测点高程　$H_B = H_A + h$。

以上各项，可用电子计算器计算，当在一个测站上观测多个点的距离和高程时，可列表（见表 4-1）记录读数和计算结果。

【例 4-1】 表 4-1 中，测站 A 点的高程为 $HA = 312.673$m，仪器高 $i = 1.46$m，1 点的上、下丝读数分别为 2.317m 和 2.643m，中丝读数 $v = 2.480$m，竖盘读数 $L = 87°42'$，求 1 点的水平距离和高程。

视距测量手簿　　**表 4-1**

测站：A　　测站高程：312.673m　　仪器高：1.46 m

点号	视距（Kl）（m）	中丝读数（m）	竖盘读数	竖直角	水平距离（m）	高差（m）	高程（m）	备注
1	32.6	2.48	87°42′	2°18′	32.5	0.28	312.953	
2	58.7	1.69	96°15′	−6°15′	58.0	−6.58	306.093	
3	89.4	2.17	88°51′	1°09′	89.4	1.08	313.753	

【解】 根据上述计算方法，具体计算过程如下：

尺间隔　$l = 2.643 - 2.317 = 0.326$m

视距　$Kl = 100 \times 0.326 = 32.6$m

竖直角　$\alpha = 90° - 87°42' = 2°18'$

水平距离　$D = 32.6 \times \cos^2 2°18' = 32.5$m

高差　$h = 32.5 \times \tan 2°18' + 1.46 - 2.48 = 0.28$m

测点高程　$H_1 = 312.673 + 0.28 = 312.953$m

三、视距测量误差及注意事项

1. 读数误差

由于人眼分辨力和望远镜放大率的限制，再加上视距丝本身具有一定宽度，它将遮盖尺上分划的一部分，因此会有估读误差。它使尺间隔 l 产生误差，该误差与距离远近成正比。由视距公式可知，如果尺间隔有 1mm 误差，将使视距产生 0.1m 误差。因此，有关测量规范对视线长度有限制要求。另外，由上丝对准整分米数，由下丝直接读出视距间隔可减小读数误差。

2. 视距乘常数 K 的误差

由于温度变化，改变了物镜焦距和视距丝的间隔，因此乘常数 K 不完全等于 100。通过测定求出 K，若 K 值在 100 ± 0.1 时，便可视其为 100。

3. 视距尺倾斜误差

视距尺倾斜对水平距离的影响较大，当视线倾角大时，影响更大，因此在山区观测时此项误差较严重。为减少此项误差影响，应在尺上安置水准器，严格使尺竖直。

4. 外界条件影响

主要是垂直折光影响，由于大气密度不均匀，越靠近地面，密度越大。视线越靠近地面，其受到的垂直折光影响越大，且上、下丝受到的影响不同。其次是空气对流使视距尺成像不清晰稳定。这种影响也是视线接近地面时较为明显，在烈日暴晒下尤为突出。一般要求在烈日下作业时，应使视线高出地面 1m 以上。

第三节 光电测距

光电测距仪是以光电波作为载波的精密测距仪器，在其测程范围内，能测量任何可通视两点间的距离，如高山之间，大河两岸。光电测距与传统的钢尺量距相比，具有精度高、速度快、灵活方便、受气候和地形影响小等特点，是目前精密量距的主要方法。

光电测距仪按其测程可分为短程光电测距仪（3km 以内）、中程光电测距仪（3 ~ 15km）和远程光电测距仪（大于 15km）；按其采用的光源可分为激光测距仪和红外光测距仪等。本节以普通测量工作中广泛应用的短程红外光电测距仪为例，介绍光电测距仪的工作原理和测距方法。

一、光电测距原理

如图 4-11 所示，欲测定 A、B 两点间的距离 D，在 A 点安置能发射和接收光波的光电测距仪，B 点安置反射棱镜，光电测距的基本原理是：测定光波在待测距离两端点间往返传播一次的时间 t，根据光波在大气中的传播速度 c，按下式计算距离 D

$$D = \frac{1}{2}ct \tag{4-10}$$

光电测距仪根据测定时间 t 的方式，分为直接测定时间的脉冲测距法和间接

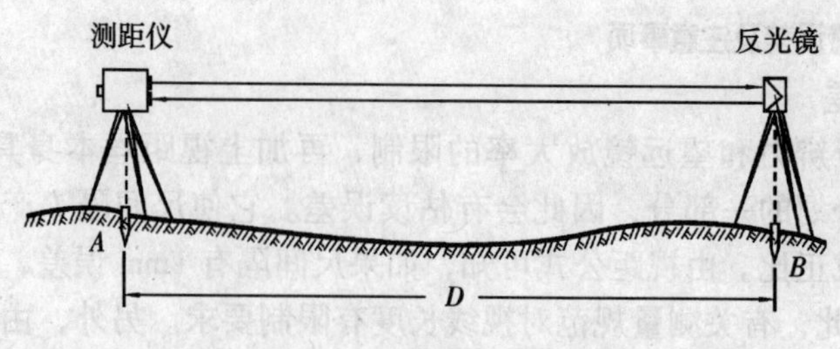

图 4-11　光电测距原理

测定时间的相位测距法。高精度的短程测距仪，一般采用相位测距法，即直接测定测距信号的发射波与回波之间的相位差，间接测得传播时间 t，按式（4-10）求出距离 D。

相位测距法的大致工作过程是：给光源（如砷化镓发光二极管）注入频率为 f 的高频交变电流，使光源发出光的光强成为按同样频率变化的调制光，这种光射向测线另一端，经棱镜反射后原路返回，被接收器接收。由相位计将发射信号与接收信号进行相位比较，获得调制光在测线上往返传播引起的相位差 φ，从而求出传播时间 t。为说明方便，将棱镜返回的光波沿测线方向展开，如图 4-12 所示。

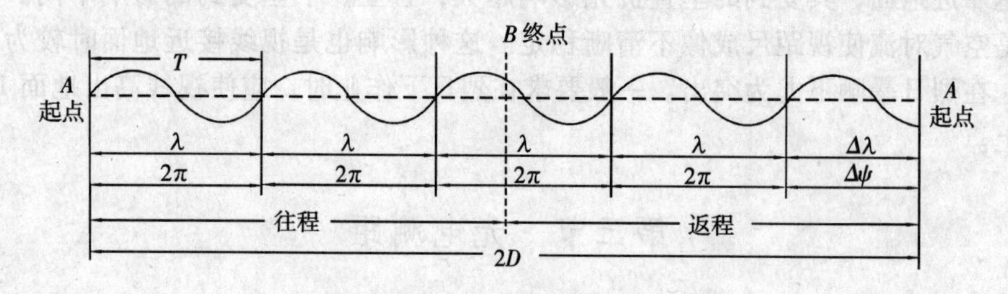

图 4-12　相位测距法原理

由物理学可知，调制光在传播过程中产生的相位差 φ 等于调制光的角频率 ω 乘以传播时间 t，即 $\varphi=\omega\cdot t$，又因 $\omega=2\pi f$ 则传播时间为

$$t=\frac{\varphi}{\omega}=\frac{\varphi}{2\pi f}$$

由图 4-12 还可看出

$$\varphi=N\cdot 2\pi+\Delta\varphi=2\pi\ (N+\Delta N)$$

式中，N 为零或正整数，表示相位差中的整周期数；$\Delta N=\Delta\varphi/2\pi$ 为不足整周期的相位差尾数。将上列各式整理得

$$D=u\ (N+\Delta N) \tag{4-11}$$

式中，$u=c/2f=\lambda/2$，λ 为调制光波长。

式（4-11）为相位法测距基本公式。将此式与钢尺量距公式（4-1）比较，若把 u 当作整尺长，则 N 为整尺数，$u\cdot\Delta N$ 为余长，所以，相位法测距相当于用“光尺”代替钢尺量距，而 u 为光尺长度。

相位式测距仪中，相位计只能测出相位差的尾数 ΔN，测不出整周期数 N，因此对大于光尺的距离无法测定。为了扩大测程，应选择较长光尺。但由于仪器存在测相误差，一般为1/1000，测相误差带来的测距误差与光尺长度成正比，光尺愈长，测距精度愈低，例如：1000m的光尺，其测距精度为1m。为了解决扩大测程与保证精度的矛盾，短程测距仪上一般采用两个调制频率，即两种光尺。例如：$f_1=150\text{kHz}$，$u=1000\text{m}$（称为粗尺），用于扩大测程，测定百米、十米和米；$f_2=15\text{MHz}$，$u=10\text{m}$（称为精尺）用于保证精度，测定米、分米、厘米和毫米。这两种尺联合使用，可以准确到毫米的精度测定1km以内的距离。

二、光电测距方法

较早的光电测距仪器一般是将测距主机通过连接器安置在经纬仪上部，现在的测距仪则与电子经纬仪集成在一起，组成能光电测距、电子测角并自动计算、存储坐标和高程的功能强大的电子全站仪，简称全站仪。下面介绍我国南方测绘仪器公司生产的NTS－350全站仪的测距方法，全站仪的其他功能与使用方法见本书其他有关章节。

（一）南方NTS－350全站仪简介

南方NTS－350系列全站仪的测距精度为3mm＋2ppm，即固定测距中误差为±3mm，与距离成比例增大的测距中误差为±2mm/km；使用单反光镜的最大测程为1.8km，使用三反光镜的最大测程为2.6km。南方NTS－350系列全站仪具体包括NTS－352、NTS－355和NTS－355S三种型号，其主要区别是NTS－352全站仪的测角精度为±2″，NTS－355全站仪的测角精度为±5″，NTS－355S全站仪只有单面显示屏和键盘，其他为双面显示屏和键盘，三种全站仪的基本构造与使用方法相同。南方NTS－350系列全站仪的基本构造如图4-13所示。

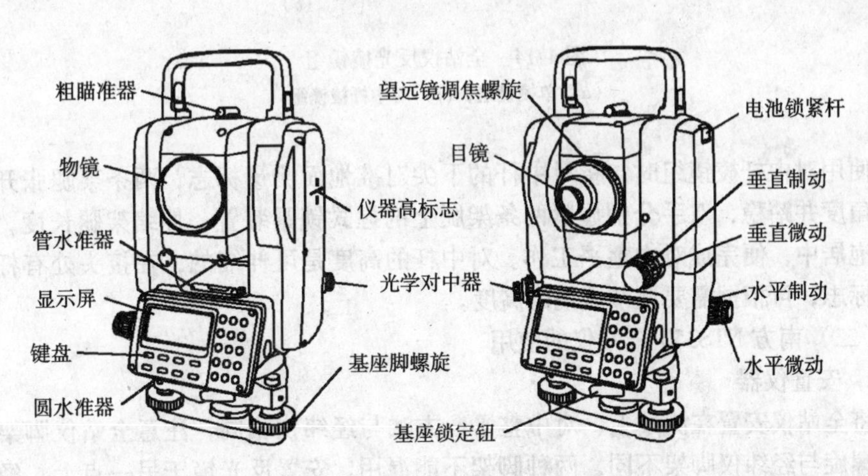

图4-13 南方NTS－350全站仪

南方NTS－350系列全站仪除能进行测量角度和距离外，还能进行高程测量、坐标测量，坐标放样以及对边测量、悬高测量、偏心测量、面积测量等。测量数据可存储到仪器的内存中，能存储8000个点的坐标数据，或者存储3000个点的坐标数据和3000个点的测量数据（原始数据）。所存数据能进行编辑、查阅和删除等操作，能方便地与计算机相互传输数据。南方 NTS－350 系列全站仪的竖直角采用电子自动补偿装置，可自动测量竖直角。

与全站仪配套使用的反光棱镜与觇牌如图 4-14 所示，由于全站仪的望远镜视准轴与测距发射接收光轴是同轴的，故反光棱镜中心与觇牌中心一致。对中杆棱镜组的对中杆与两条铝脚架一起构成简便的三脚架系统，操作灵活方便，在低等级控制测量和施工放线测量中应用广泛。在精度要求不很高时，还可拆去其两条铝脚架，单独使用一根对中杆，携带和使用更加方便。

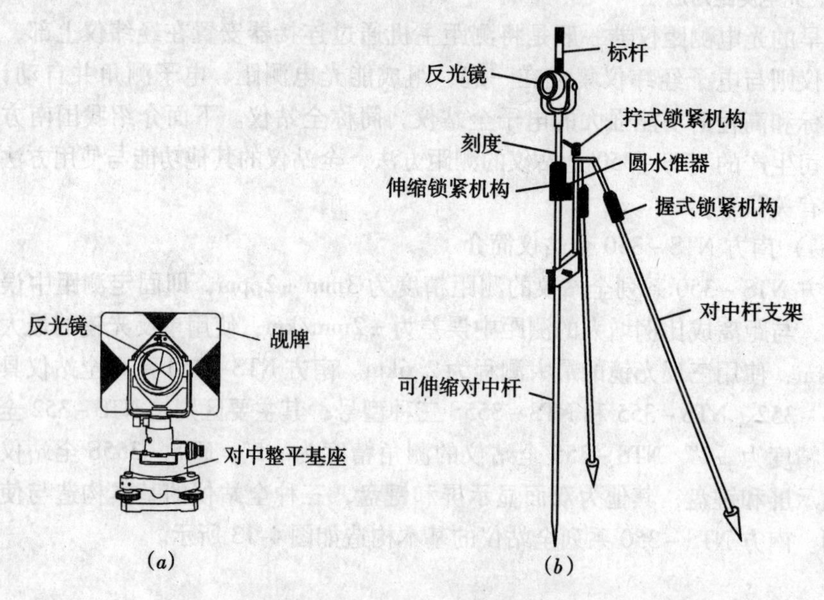

图 4-14　全站仪反光棱镜组
(*a*) 单棱镜组；(*b*) 对中杆棱镜组

使用对中杆棱镜组时，将对中杆的下尖对准地面测量标志，两条架腿张开合适的角度并踏稳，双手分别握紧两条架腿上的握式锁紧装置，伸缩架腿长度，使圆气泡居中，便完成对中整平工作。对中杆的高度是可伸缩的，在接头处有杆高刻划标志，可根据需要调节棱镜的高度。

（二）南方 NTS350 全站仪的使用

1. 安置仪器

将全站仪安置在测站上，对中整平，方法与经纬仪相同，注意全站仪脚架的中心螺旋与经纬仪脚架不同，两种脚架不能混用。安置反光镜于另一点上，经对中整平后，将反光镜朝向全站仪。

2. 开机

按面板上的 POWER 键打开电源，按 F1 （↓）或 F2 （↑）键调节屏幕文字的对比度，使其清晰易读；上下转动一下望远镜，完成仪器的初始化，此时仪器一般处于测角状态。面板如图 4-15 所示，有关键盘符号的名称与功能如下：

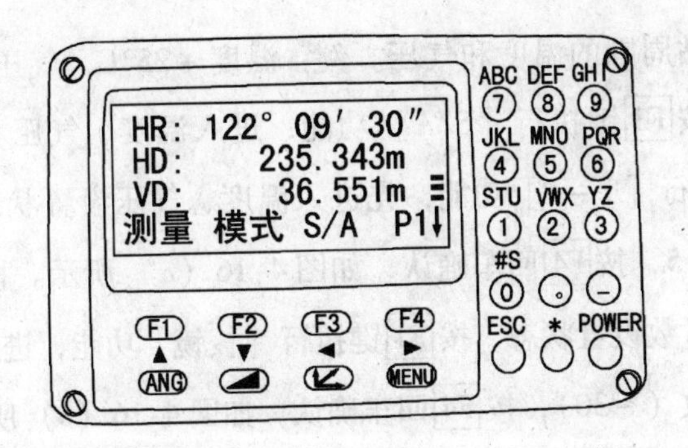

图 4-15 南方 NTS－350 全站仪面板

ANG（▲）—— 角度测量键（上移键），进入角度测量模式（上移光标）；

◢（▼）—— 距离测量键（下移键），进入距离测量模式（下移光标）；

∠（◀）—— 坐标测量键（左移键），进入坐标测量模式（左移光标）；

MENU（▶）—— 菜单键（右移键），进入菜单模式（右移光标），可进行各种程序测量、数据采集、放样和存储管理等；

ESC 退出键——返回上一级状态或返回测量模式；

POWER 电源开关键——短按开机，长按关机；

F1 ~ F4 功能键——对应于显示屏最下方一排所示信息的功能，具体功能随不同测量状态而不同；

0 ~ 9 数字键——输入数字和字母、小数点、负号；

★星键——进入参数设置状态；

开机时要注意观察显示窗右下方的电池信息，判断是否有足够的电池电量并采取相应的措施，电池信息意义如下：

≡——电量充足，可操作使用。

=——刚出现此信息时，电池尚可使用 1 小时左右；若不掌握已消耗的时间，则应准备好备用的电池或充电后再使用。

———电量已经不多，尽快结束操作，更换电池并充电。

-闪烁到消失——从闪烁到缺电关机大约可持续几分钟，电池已无电应立即更换电池。

3. 温度、气压和棱镜常数设置

全站仪测中时发射红外光的光速随大气的温度和压力而改变，进行温度和气压设置，是通过输入测量时测站周围的温度和气压，由仪器自动对测距结果实施大气改正。棱镜常数是指仪器红外光经过棱镜反射回来时，在棱镜处多走了一段距离，这个距离对同一型号的棱镜来说是个固定的，例如南方全站仪配套的棱镜为 30mm，测距结果应加上 －30 mm，才能抵消其影响，－30mm 即为棱镜常数，在测距时输入全站仪，由仪器自动进行改正，显示正确的距离值。

预先测得测站周围的温度和气压。例：温度 +25°C，气压 1017.5。按[◢]键进入测距状态，按[F3]键执行［S/A］功能，进入温度、气压和棱镜常数设置状态，再按[F3]键执行［T－P］功能，先进入温度、气压设置状态，依次输入温度 15.0 和气压 1017.5，按[F4]回车确认，如图 4-16（*a*）所示。按[ESC]键退回到温度、气压和棱镜常数设置状态，按[F1]键执行［棱镜］功能，进入棱镜常数设置状态，输入棱镜常数（－30），按[F4]回车确认，如图 4-16（*b*）所示。

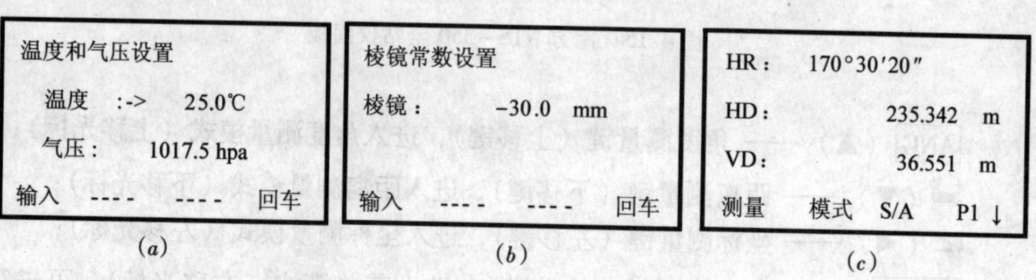

图 4-16　温度、气压、棱镜常数设置和测距屏幕

4. 距离测量

照准棱镜中心，按[◢]键，距离测量开始，1～2 秒钟后在屏幕上显示水平距离 HD，例如"HD：235.343m"，同时屏幕上还显示全站仪中心与棱镜中心之间的高差 VD，例如"VD：36.551m"，如图 4-16（*c*）所示。如果需要显示斜距，则按[◢]键，屏幕上便显示斜距 SD，例如"SD：241.551"。

测距结束后，如需要再次测距，按[F1]键执行［测量］即可。如果仪器连续地反复测距，说明仪器当时处于"连续测量"模式，可按[F1]键，使测量模式由"连续测量"转为"N 次测量"，当光电测距正在工作时，再按[F1]键，测量模式又由"N 次测量"转为"连续测量"。

仪器在测距模式下，即使还没有完全瞄准棱镜中心，只要有回光信号，便会进行测距，因此一般先按[ANG]键进入角度测量状态，再瞄准棱镜中心，然后才按[◢]键测距。

5. 角度测量

角度测量是南方 NTS350 全站仪的基本功能之一，开机一般默认进入测量角状态，也可按[ANG]键进入测角状态，屏幕上的"V"为竖直角读数，"HR"或"HL"为水平角读数，水平角置零等操作按[F1]～[F4]功能键完成，具体操作方法与电子经纬仪基本相同。

第四节　直线定向

确定地面两点在平面上的相对位置，除了测定两点之间的距离外，还应确定两点所连直线的方向。一条直线的方向，是根据某一标准方向来确定的。确定直线与标准方向之间的关系，称为直线定向。

一、标准方向

1. 真北方向

包含地球北南极的平面与地球表面的交线称为真子午线。过地面点的真子午线切线方向，指向北方的一端，称为该点的真北方向，如图 4-17（*a*）所示。真北方向用天文观测方法或陀螺经纬仪测定。

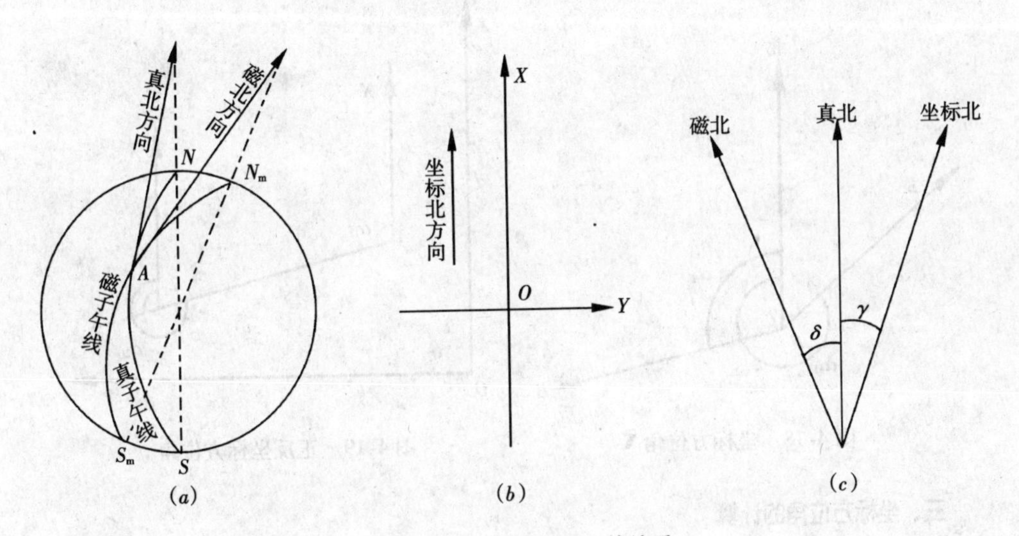

图 4-17 三个北方向及其关系

2. 磁北方向

包含地球磁北南极的平面与地球表面的交线称为磁子午线。过地面点的磁子午线切线方向，指向北方的一端称为该点的磁北方向，如图 4-17（*a*）所示。磁北方向用指南针或罗盘仪测定。

3. 坐标北方向

平面直角坐标系中，通过某点且平行于坐标纵轴（*X* 轴）的方向，指向北方的一端称为坐标北方向，如图 4-17（*b*）所示。高斯平面直角坐标系中的坐标纵轴，是高斯投影带的中央子午线的平行线；独立平面直角坐标系中的坐标纵轴，可以由假定获得。

上述三种北方向的关系如图 4-17（*c*）所示。过一点的磁北方向与真北方向之间的夹角称为磁偏角，用 δ 表示；过一点的坐标北方向与真北方向之间的夹角称为子午线收敛角，用 γ 表示。磁北方向或坐标北方向偏在真北方向东侧时，δ 或 γ 为正；偏在真北方向西侧时，δ 或 γ 为负。

二、方位角的概念

测量工作中，主要用方位角表示直线的方向。由直线一端的标准方向顺时针旋转至该直线的水平夹角，称为该直线的方位角，其取值范围是 0°～360°。我国位于地球的北半球，选用真北、磁北和坐标北方向作为直线的标准方向，其对应的方位角分别被称为真方位角、磁方位角和坐标方位角。

用方位角表示一条直线的方向，因选用的标准方向不同，使得该直线有不同的方位角值。普通测量中最常用的是坐标方位角，用α_{AB}表示。直线是有向线段，下标中A表示直线的起点，B表示直线的终点，如4-18所示，例如直线A至B的方位角为125°，表示为$\alpha_{AB}=125°$，A点至1点直线的方位角为320°38′20″，表示为$\alpha_{A1}=320°38'20''$。

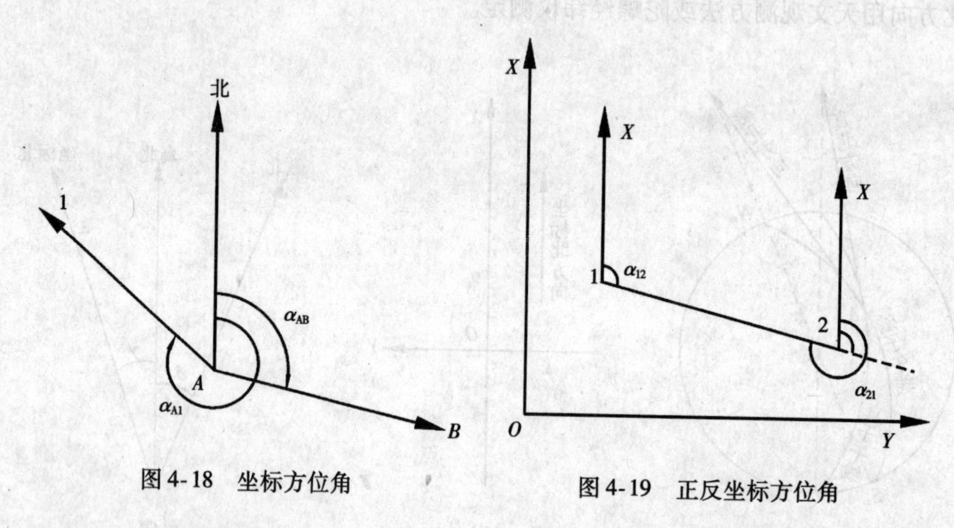

图4-18　坐标方位角

图4-19　正反坐标方位角

三、坐标方位角的计算

1. 正反坐标方位角

由图4-19可以看出，任意一条直线存在两个坐标方位角，它们之间相差180°，即

$$\alpha_{21}=\alpha_{12}\pm 180° \tag{4-12}$$

如果把α_{12}称为正方位角，则α_{21}便称为其反方位角，反之也一样。在测量工作中，经常要计算某方位角的反方位角，例如若$\alpha_{12}=125°$，则其反方位角为

$$\alpha_{21}=125°+180°=305°$$

再若$\alpha_{AB}=320°38'20''$，则其反方位角为

$$\alpha_{BA}=320°38'20''-180°=140°38'20''$$

有时为了计算方便，可将上式中的“±”号改为只取“+”号，即

$$\alpha_{21}=\alpha_{12}+180° \tag{4-13}$$

若此式计算出的反方位角α_{21}大于360°，则将此值减去360°作为α_{21}的最后结果。

2. 同始点直线坐标方位角的关系

如图4-20所示，若已知直线AB的坐标方位角，又观测了它与直线$A1$、$A2$所夹的水平角分别为β_1、β_2，由于方位角是顺时针方向增大，由图可知

$$\alpha_{A1}=\alpha_{AB}-\beta_1 \tag{4-14}$$

$$\alpha_{A2}=\alpha_{AB}+\beta_2 \tag{4-15}$$

如图4-20所示，若已知直线AB的坐标方位角为$\alpha_{AB}=116°18'42''$，观测水平

夹角 $\beta_1=47°06'36''$，$\beta_2=148°23'24''$，求其他各边的坐标方位角。

$$\alpha_{A1}=\alpha_{AB}-\beta_1=116°18'42''-47°06'36''=69°12'06''$$

$$\alpha_{A2}=\alpha_{AB}+\beta_2=116°18'42''+148°23'24''=264°42'06''$$

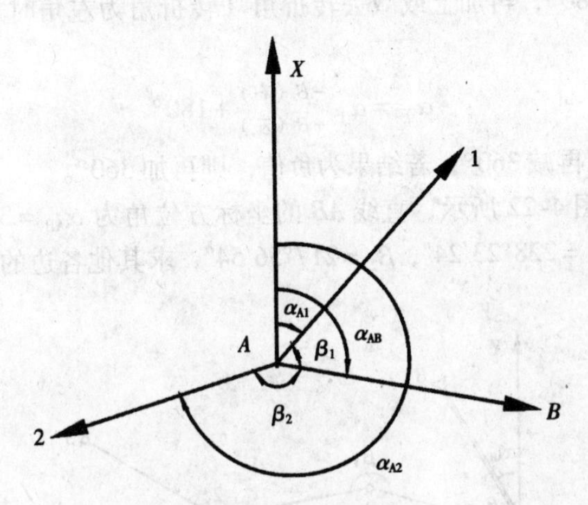

图 4-20 方位角的增减

3. 坐标方位角推算

实际工作中，为了得到多条直线的坐标方位角，把这些直线首尾相接，依次观测各接点处两条直线之间的转折角，若已知第一条直线的坐标方位角，便可根据上述两种算法依次推算出其他各条直线的坐标方位角。

如图 4-21 所示，已知直线 12 的坐标方位角为 α_{12}，2、3 点的水平转折角分别为 β_2 和 β_3，其中 β_2 在推算路线前进方向左侧，称为左角；β_3 在推算路线前进方向的右侧，称为右角。欲推算此路线上另两条直线的坐标方位角 α_{23}、α_{34}。

根据反方位角计算公式（4-13）式得

$$\alpha_{21}=\alpha_{12}+180°$$

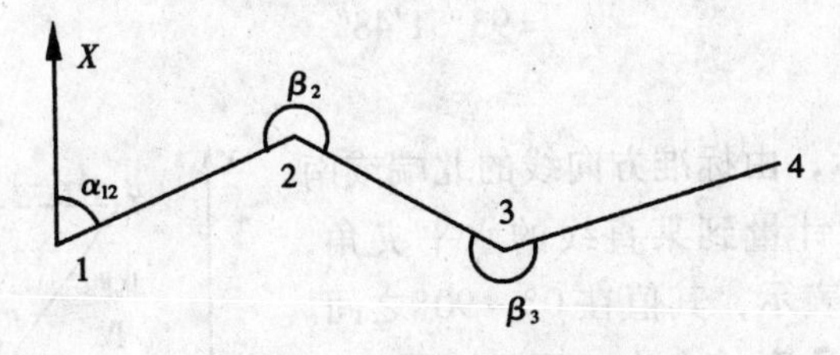

图 4-21 坐标方位角推算

再由同始点直线坐标方位角计算公式（4-15）式可得

$$\alpha_{23}=\alpha_{21}+\beta_2=\alpha_{12}+180°+\beta_2$$

上式计算结果如大于 360°，则减 360°即可。同理可由 α_{23} 和 β_3 计算直线 34 的坐标方位角。

$$\alpha_{34}=\alpha_{23}+180°-\beta_3$$

上式计算结果如为负值，则加360°即可。

上述二个等式分别为推算23和34各直线边坐标方位角的递推公式。由以上推导过程可以得出坐标方位角推算的规律为：下一条边的坐标方位角等于上一条边坐标方位角加180°，再加上或减去转折角（转折角为左角时加，转折角为右角时减），即：

$$\alpha_{下} = \alpha_{上} \begin{matrix} -\beta\ (右) \\ +\beta\ (左) \end{matrix} + 180° \tag{4-16}$$

若结果≥360°，则再减360°；若结果为负值，则再加360°。

【例4-2】 如图4-22所示，直线 AB 的坐标方位角为 $\alpha_{AB} = 36°18'42''$，转折角 $\beta_A = 47°06'36''$，$\beta_1 = 228°23'24''$，$\beta_2 = 217°56'54''$，求其他各边的坐标方位角。

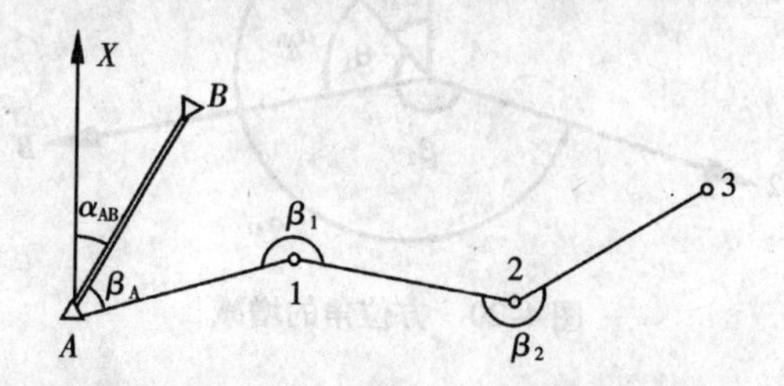

图4-22　坐标方位角推算略图

【解】 根据式（4-15）得

$$\alpha_{A1} = \alpha_{AB} + \beta_A = 36°18'42'' + 47°06'36'' = 83°25'18''$$

根据式（4-16）得

$$\begin{aligned} \alpha_{12} &= \alpha_{A1} + \beta_1 + 180° \\ &= 83°25'18'' + 228°23'24'' + 180°\ (-360°) \\ &= 131°48'42'' \\ \alpha_{23} &= \alpha_{12} - \beta_2 + 180° \\ &= 131°48'42'' - 217°56'54'' + 180° \\ &= 93°51'48'' \end{aligned}$$

四、象限角

如图4-23所示，由标准方向线的北端或南端，顺时针或逆时针量到某直线的水平夹角，称为象限角，用 R 表示，其值在0°～90°之间。角限角不但要表示角度的大小，而且还要注记该直线位于第几象限。象限角分别用北东、南东、南西和北西表示。

象限角一般只在坐标计算时用，这时所说的象限角是指坐标象限角。坐标象限角与坐标方位角之间的关系见表4-2。

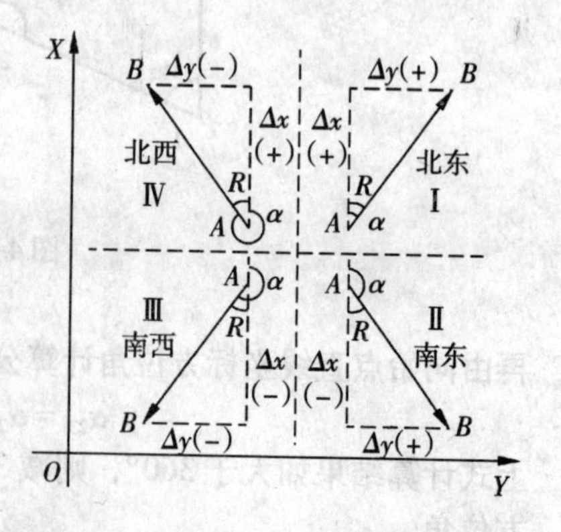

图4-23　象限角与方位角的关系

坐标象限角与坐标方位角关系表　　表 4-2

象　限	方　向	坐标方位角推算方位角	象限角推算坐标方位角
第一象限	北东	$R=\alpha$	$\alpha=R$
第二象限	南东	$R=180°-\alpha$	$\alpha=180°-R$
第三象限	南西	$R=\alpha-180°$	$\alpha=180°+R$
第四象限	北西	$R=360°-\alpha$	$\alpha=360°-R$

思考题与习题

1. 影响钢尺量距精度的因素有哪些？如何提高钢尺量距精度？

2. 若钢尺实际长度比名义长度短，用此钢尺量距，其结果是使距离观测值增大还是减小？

3. 用钢尺量得 AB、CD 两段距离为：$D_{AB往}=126.885\text{m}$，$D_{AB返}=126.837\text{m}$，$D_{CD往}=204.576\text{m}$，$D_{CD返}=204.624\text{m}$。这两段距离的相对误差各为多少？哪段精度高？

4. 什么是视距测量？观测时应读取哪些读数？

5. 设竖角计算公式为 $\alpha=90°-L$，试计算表 4-3 中视距测量各栏数据。

测站：B　　测站高程：82.893m　　仪器高：1.42 m　　表 4-3

点号	视距（Kl）（m）	中丝读数（m）	竖盘读数	竖直角	水平距离（m）	高差（m）	高程（m）	备注
1	48.8	3.84	85°12′					
2	32.7	0.89	99°45′					
3	86.4	2.23	78°41′					

6. 光电测距有什么特点？全站仪测距的基本过程是什么？

7. 标准方向有哪几种？表示直线的方向的方位角有哪几种？

8. 如图 4-24 所示，$\alpha_{12}=236°$，五边形各内角分别为 $\beta_1=76°$，$\beta_2=129°$，$\beta_3=80°$，$\beta_4=135°$，$\beta_5=120°$，求其他各边的坐标方位角和象限角。

9. 如图 4-25 所示，$\alpha_{AB}=76°$，$\beta_1=96°$，$\beta_2=79°$，$\beta_3=82°$，求 α_{B1}，α_{B2}，α_{B3}。

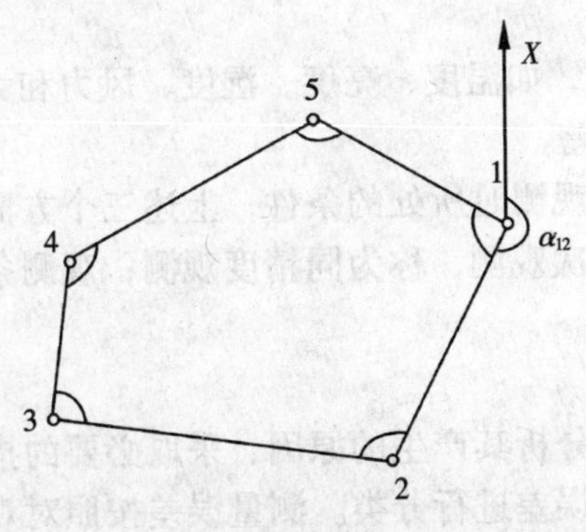

图 4-24

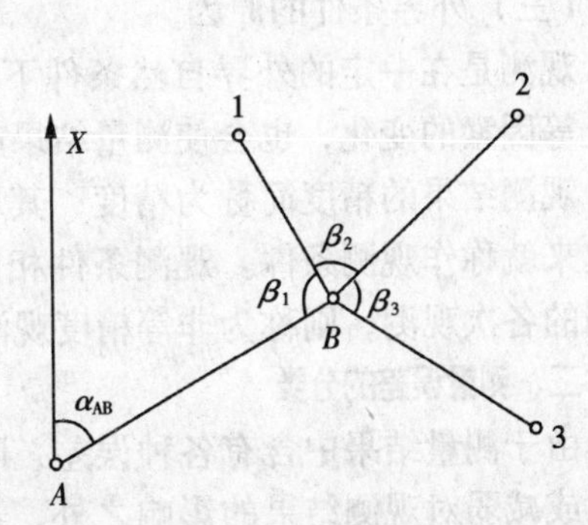

图 4-25

第五章　测量误差的基本知识

第一节　测量误差概述

在测量工作实践中我们发现，不论测量仪器多么精密，观测者多么仔细认真，当对某一未知量，如一段距离，一个角度或两点间的高差进行多次重复观测时，所测得的各次结果总是存在着差异。这些现象说明观测结果中不可避免地存在着测量误差。

研究测量误差的目的是：分析测量误差产生的原因和性质；掌握误差产生的规律，合理地处理含有误差的测量结果，求出未知量的最可靠值；正确地评定观测值的精度。

需要指出的是，错误（粗差）在观测结果中是不允许存在的。例如：水准测量时，转点上的水准尺发生了移动；测角时测错目标；读数时将9误读成6；记录或计算中产生的差错等。所以，含有错误的观测值应舍去不用。为了杜绝和及时发现错误，测量时必须严格按测量规范去操作，工作中要认真仔细，同时必须对观测结果采取必要的检核措施。

一、测量误差产生的原因

测量误差的来源很多，其产生的原因主要有以下三个方面。

（一）仪器的原因

观测工作中所使用的仪器，由于制造和校正不可能十分完善，受其一定精度的限制，使其观测结果的精确程度也受到一定限制。

（二）人的原因

在观测过程中，由于观测者的感觉器官鉴别能力的限制，如人的眼睛最小辨别的距离为0.1mm，所以，在仪器的对中、整平、瞄准、读数等工作环节时都会产生一定的误差。

（三）外界条件的原因

观测是在一定的外界自然条件下进行的，如温度、亮度、湿度、风力和大气折光等因素的变化，也会使测量结果产生误差。

观测结果的精度简称为精度，其取决于观测时所处的条件，上述三个方面综合起来就称作观测条件。观测条件相同的各次观测，称为同精度观测；观测条件不同的各次观测，则称为非等精度观测。

二、测量误差的分类

由于测量结果中含有各种误差，除需要分析其产生的原因，采取必要的措施消除或减弱对观测结果的影响之外，还要对误差进行分类。测量误差按照对观测结果影响的性质不同，可分为系统误差和偶然误差两大类。

（一）系统误差

1. 系统误差

在相同的观测条件下，对某量进行一系列的观测，如果误差出现的符号相同，数值大小保持为常数，或按一定的规律变化，这种误差称为系统误差。例如，某钢尺的注记长度为30m，鉴定后，其实际长度为30.003m，即每量一整尺段，就会产生0.003m的误差，这种误差的数值和符号都是固定的，误差的大小与所量距离成正比。又如，水准仪经检验校正后，水准管轴与视准管轴之间仍会存在不平行的残余误差 i 角，使得观测时在水准尺上读数会产生误差，这种误差的大小与水准尺至水准仪的距离成正比，也保持同一符号。这些误差都属于系统误差。

2. 系统误差消除或减弱的方法

系统误差具有积累性，对测量结果的质量影响很大，所以，必须使系统误差从测量结果中消除或减弱到允许范围之内，通常采用以下方法。

（1）用计算的方法加以改正。对某些误差应求出其大小，加入测量结果中，使其得到改正，消除误差影响。例如，用钢尺量距时，可以对观测值加入尺长改正数和温度改正数，来消除尺长误差和温度变化误差对观测值的影响。

（2）检校仪器。对测量时所使用的仪器进行检验与校正，把误差减小到最小程度。例如，水准仪中水准管轴是否平行于视准轴检校后，i 角不得大于20″。

（3）采用合理的观测方法，可使误差自行消除或减弱。例如，在水准测量中，用前后视距离相等的方法能消除 i 角的影响；在水平角测量中，用盘左、盘右观测值取中数的方法，可以消除视准轴不垂直于横轴和横轴不垂直于竖轴及照准部偏心差等影响。

（二）偶然误差

1. 偶然误差

在相同的观测条件下，对某量进行一系列的观测，如果误差在符号和大小都没有表现出一致的倾向，即每个误差从表面上来看，其符号上或数值上都没有任何规律性，这种误差称为偶然误差。例如，测角时照准误差，水准测量在水准尺上的估读误差等。

由于观测结果中系统误差和偶然误差是同时产生的，但系统误差可以用计算改正或适当的观测方法等消除或减弱，所以，本章中讨论的测量误差以偶然误差为主。

2. 偶然误差的特性

偶然误差就其单个而言，看不出有任何规律，但是随着对同一量观测次数的增加，大量的偶然误差就能表现出一种统计规律性，观测次数越多，这种规律性越明显。例如，在相同的观测条件下，观测了某测区内168个三角形的全部内角，由于观测值存在着偶然误差，使三角形内角观测值之和不等于真值180°，其差值 Δ 称为真误差，可由下式计算，真值用 x 表示。

$$\Delta = l - x \tag{5-1}$$

由上式计算出168个真误差，按其绝对值的大小和正负，分区间统计相应真误差个数，列于表5-1中。

误差个数统计表　　表 5-1

误差区间	正误差个数	负误差个数	总数
0″~0.4″	25	24	49
0.4″~0.8″	21	22	43
0.8″~1.2″	16	15	31
1.2″~1.6″	10	10	20
1.6″~2.0″	6	7	13
2.0″~2.4″	3	3	6
2.4″~2.8″	2	3	5
2.8″~3.2″	0	1	1
3.2″以上	0	0	0
总和	83	85	168

从上表中可以看出，绝对值小的误差比绝对值大的误差出现的个数多，例如误差在0″~0.4″内有49个，而2.8″~3.2″内只有1个。绝对值相同的正、负误差个数大致相等，例如上表中正误差为83个，负误差为85个。本例中最大误差不超过3.2″。

大量的观测统计资料结果表明，偶然误差具有如下特性：

（1）在一定的观测条件下，偶然误差的绝对值不会超过一定的限值。

（2）绝对值较小的误差比绝对值较大的误差出现的机会多。

（3）绝对值相等的正负误差出现的机会相同。

（4）偶然误差的算术平均值，随着观测次数的无限增加而趋近于零，即

$$\lim_{n\to\infty}\frac{[\Delta]}{n}=0 \tag{5-2}$$

式中 n——观测次数；$[\Delta]=\Delta_1+\Delta_2+\cdots+\Delta_n$。

偶然误差的第四个特性是由第三个特性导出的，说明大量的正负误差有互相抵消的可能，当观测次数无限增加时，偶然误差的算术平均值必然趋近于零。事实上对任何一个未知量不可能进行无限次的观测，因此，偶然误差不能用计算改正或用一定的观测方法简单地加以消除。只能根据偶然误差的特性，合理地处理观测数据，减少偶然误差的影响，求出未知量的最可靠值，并衡量其精度。

第二节　衡量精度的标准

精度，就是观测成果的精确程度。为了衡量观测成果的精度，必须建立衡量的标准，在测量工作中通常采用中误差、容许误差和相对误差作为衡量精度的标准。

一、中误差

设在相同的观测条件下，对真值为 x 的某量进行了 n 次观测，其观测值为 l_1，

l_2，…，l_n，由式（5-1）得出相应的真误差为Δ_1，Δ_2，…，Δ_n，为了防止正负误差互相抵消的可能和避免明显的反映个别较大误差的影响，取各真误差平方和的平均值的平方根，作为该组各观测值的中误差（或称为均方误差），以 m 表示，即

$$m = \pm\sqrt{\frac{[\Delta\Delta]}{n}} \tag{5-3}$$

上式表明，观测值的中误差并不等于它的真误差，只是一组观测值的精度指标，中误差越小，相应的观测成果的精度就越高，反之精度就越低。

【例 5-1】设有 A、B 两个小组，对一个三角形同精度的进行了十次观测，分别求出其真误差 Δ 为：

A 组　$-6''$、$+5''$、$+2''$、$+4''$、$-2''$、$+8''$、$-8''$、$-7''$、$+9''$、$-4''$

B 组　$-11''$、$+6''$、$+15''$、$+23''$、$-7''$、$-2''$、$+13''$、$-21''$、$0''$、$-18''$

试求 A、B 两组观测值的中误差。

【解】按式（5-3）得

$$m_A = \pm\sqrt{\frac{\begin{array}{c}(-6)^2+(+5)^2+(+2)^2+(+4)^2+(-2)^2+\\(+8)^2+(-8)^2+(-7)^2+(+9)^2+(-4)^2\end{array}}{10}} = \pm 6.0''$$

$$m_B = \pm\sqrt{\frac{\begin{array}{c}(-11)^2+(+6)^2+(+15)^2+(+23)^2+\\(-7)^2+(+13)^2+(-21)^2+0+(-18)^2\end{array}}{10}} = \pm 13.8''$$

比较 m_A 和 m_B 可知，A 组的观测值的精度高于 B 组。

在观测次数 n 有限的情况下，中误差计算公式首先能直接反映出观测成果中是否存在着大误差，如上面 B 组就受到几个较大误差的影响。中误差越大，误差分布越离散，说明观测值的精度较低。中误差越小，误差分布就越密集，说明观测值的精度较高，如上面 A 组误差的分布要比 B 组密集得多。另外，对于某一个量同精度观测值中的每一个观测值，其中误差都是相等的，如上例中，A 组的十个三角形内角和观测值的中误差都是 $\pm 6.0''$。

二、容许误差

由偶然误差的第一个特性可知，在一定的观测条件下，偶然误差的绝对值不会超过一定的限值。根据大量的实践和误差理论统计证明，在一系列同精度的观测误差中，偶然误差的绝对值大于中误差的出现个数约占总数的 32%；绝对值大于 2 倍中误差的出现个数约占总数的 4.5%；绝对值大于 3 倍中误差的出现个数约占总数的 0.27%。因此，在测量工作中，通常取 2～3 倍中误差作为偶然误差的容许值，称为容许误差，即

$$|\Delta_{容}| = 2|m|$$
$$|\Delta_{容}| = 3|m| \tag{5-4}$$

如果观测值的误差超过了 3 倍中误差，可认为该观测结果不可靠，应舍去不用或重测。现行作业规范中，为了严格要求，确保测量成果质量，常以 2 倍中误差作为容许误差。

三、相对误差

在某些情况下，用中误差还不能完全表达出观测值的精度高低。例如丈量了两段距离，第一段为100m，第二段为200m，它们的中误差都是±0.01m，显然，后者的精度要高于前者。因此，观测量的精度与观测量本身的大小有关时，还必须引入相对误差的概念。相对误差是中误差的绝对值与相应观测值之比。相对误差是个无名数，测量中常用分子为1的分式表示，即

$$K=\frac{|m|}{D}=\frac{1}{\frac{D}{|m|}} \tag{5-5}$$

在上例中

$$K_1=\frac{|m_1|}{D_1}=\frac{0.01}{100}=\frac{1}{10000}$$

$$K_2=\frac{|m_2|}{D_2}=\frac{0.01}{200}=\frac{1}{20000}$$

可直观的看出，后者的精度高于前者。

真误差、中误差、容许误差都是带有测量单位的数值，统称为绝对误差，而相对误差是个无名数，分子与分母的长度单位要一致，同时要将分子约化为1。

第三节　算术平均值及其中误差

一、算术平均值

设在相同精度观测条件下，对某一量进行了 n 次观测，其观测值为 l_1，l_2，…，l_n 算术平均值为 L，未知量的真值为 x，对应观测值的真误差为 Δ_1，Δ_2，…Δ_n，

显然

$$L=\frac{l_1+l_2+\cdots+l_n}{n}=\frac{[l]}{n} \tag{5-6}$$

又

$$\Delta_1=l_1-x$$
$$\Delta_2=l_2-x$$
$$\cdots$$
$$\Delta_n=l_n-x$$

将上面式子取和除以 n 得

$$\frac{[\Delta]}{n}=\frac{[l]}{n}-x$$

顾及式（5-6），得

$$L=\frac{[\Delta]}{n}+x$$

根据偶然误差的第四个特性，当观测次数无限增加时，其偶然误差的算术平均值趋近于零，即

$$\lim_{n\to\infty} L = x \tag{5-7}$$

由上式可知，当观测次数无限增加时，算术平均值就趋近于未知量的真值。但是在实际测量工作中，观测次数 n 总是有限的，通常取算术平均值作为最后结果，它比所有的观测值都可靠，故把算术平均值称为“最可靠值”或“最或然值”。

未知量的最或然值与观测值之差称为观测值的改正数，以 v 表示，即

$$\begin{aligned} v_1 &= L - l_1 \\ v_2 &= L - l_2 \\ &\cdots \\ v_n &= L - l_n \end{aligned}$$

将上面式子两端求和得

$$[v] = 0 \tag{5-8}$$

二、用观测值的改正数计算中误差

由前述可知，观测值的精度主要是由中误差来衡量的，用式（5-3）计算观测值的中误差的前提条件是要知道观测值的真误差 Δ，但是，在大多数的情况下，未知量的真值 x 是不知道的，因而真误差通常也是不知道的。因此，在测量实际工作中，通常利用观测值的改正数计算中误差，下面推导计算公式。

由真误差和改正数的定义可知

$$\left.\begin{aligned} \Delta_1 &= l_1 - x \\ \Delta_2 &= l_2 - x \\ &\cdots \\ \Delta_n &= l_n - x \end{aligned}\right\} \tag{a}$$

$$\left.\begin{aligned} v_1 &= L - l_1 \\ v_2 &= L - l_2 \\ &\cdots \\ v_n &= L - l_n \end{aligned}\right\} \tag{b}$$

将（a）、（b）两式相加得

$$\left.\begin{aligned} \Delta_1 + v_1 &= L - x \\ \Delta_2 + v_2 &= L - x \\ &\cdots \\ \Delta_n + v_n &= l_n - x \end{aligned}\right\} \tag{c}$$

设 $\delta = L - x$，代入上式，移项后（c）式变为

$$\left.\begin{aligned} \Delta_1 &= \delta - v_1 \\ \Delta_2 &= \delta - v_2 \\ &\cdots \\ \Delta_n &= \delta - v_n \end{aligned}\right\} \tag{d}$$

将（d）式两端平方后取和得

$$[\Delta\Delta] = n\delta^2 - 2\delta[v] + [vv]$$

由 $[v]=0$，上式变为

$$[\Delta\Delta]=n\delta^2+[vv] \tag{e}$$

将（e）式两端除以 n 得

$$\frac{[\Delta\Delta]}{n}=\delta^2+\frac{[vv]}{n} \tag{f}$$

再将（d）式取和得 $[\Delta]+[v]=n\delta$

即
$$\delta=\frac{[\Delta]}{n}=\frac{\Delta_1+\Delta_2+\cdots+\Delta_n}{n} \tag{g}$$

将（g）式两端平方得

$$\delta^2=\frac{[\Delta]^2}{n^2}$$

$$=\frac{1}{n^2}(\Delta_1^2+\Delta_2^2+\cdots+\Delta_n^2+2\Delta_1\Delta_2+2\Delta_1\Delta_3+\cdots\cdots)$$

$$=\frac{[\Delta\Delta]}{n^2}+\frac{2}{n^2}(\Delta_1\Delta_2+\Delta_1\Delta_3+\cdots\cdots)$$

上式中，$\Delta_1\Delta_2$，$\Delta_1\Delta_3$……为偶然误差乘积，同样具有偶然误差的性质，当观测次数 n 无限增大时，上式等号右边第二项应趋近于零，并顾及（f）式，则有

$$\frac{[\Delta\Delta]}{n}=\frac{[\Delta\Delta]}{n^2}+\frac{[vv]}{n}$$

由式（5-3）得

$$m^2=\frac{[vv]}{n}+\frac{1}{n}m^2$$

所以得出如下公式

$$m=\pm\sqrt{\frac{[vv]}{n-1}} \tag{5-9}$$

这就是用观测值的改正数计算中误差的公式，称为白塞尔公式。

三、算术平均值的中误差

由式（5-6）算术平均值的计算公式有

$$L=\frac{l_1+l_2+\cdots+l_n}{n}=\frac{1}{n}l_1+\frac{1}{n}l_2+\cdots+\frac{1}{n}l_n$$

上式中$\frac{1}{n}$为常数，而各观测值是同精度的，所以，它们的中误差均为 m，根据误差传播定律，可得出算术平均值的中误差

$$M^2=\frac{1}{n^2}m^2+\frac{1}{n^2}m^2+\cdots+\frac{1}{n^2}m^2=\frac{1}{n^2}nm^2=\frac{m^2}{n}$$

所以

$$M=\pm\frac{m}{\sqrt{n}} \tag{5-10}$$

从上式可知，算术平均值的中误差 M 要比观测值的中误差 m 小$\sqrt{n}$倍，观测次数越多，算术平均值的中误差就越小，精度就越高。适当增加观测次数 n，可以

提高观测值的精度，当观测次数增加到一定次数后，算术平均值的精度提高就很微小，所以，应该根据需要的精度，适当确定观测的次数。

【例 5-2】 对某一段水平距离同精度丈量了 6 次，其结果列于表 5-2，试求其算术平均值、一次丈量中误差、算术平均值中误差及其相对误差。

同精度观测结果 **表 5-2**

序号	观测值 li（m）	改正数 vi（mm）	vv
1	136.658	−3	9
2	136.666	−11	121
3	136.651	+4	16
4	136.662	−7	49
5	136.645	+10	100
6	136.648	+7	49
总和	819.930	0	344

【解】

$$L = \frac{819.930}{6} = 136.655\text{m}$$

$$m = \pm\sqrt{\frac{344}{6-1}} = \pm 8.3\text{mm}$$

$$M = \frac{\pm 8.3}{\sqrt{6}} = \pm 3.4\text{mm}$$

$$K = \frac{1}{\dfrac{136.655}{3.4\times 10^{-3}}} \approx \frac{1}{40000}$$

第四节 误差传播定律

在测量工作中，有一些未知量是不能直接测定，而且与观测值有一定的函数关系，通过间接计算求得。例如：高差 $h = a - b$，是独立观测值后视读数 a 和前视读数 b 的函数。建立独立观测值中误差与观测值函数中误差之间的关系式，测量上称为误差传播定律。

一、线性函数

1. 倍数函数

设函数
$$Z = kx$$

式中，k 为常数；x 为独立观测值；Z 为 x 的函数。当观测值 x 含有真误差 Δx 时，使函数 Z 也将产生相应的真误差 Δz，设 x 值观测了 n 次，则

$$\Delta Z_n = k\Delta x_n$$

将上式两端平方，求其总和，并除以 n，得

$$\frac{[\Delta Z\Delta Z]}{n}=k^2\frac{[\Delta x\Delta x]}{n}$$

根据中误差的定义，则有

$$m_z^2=k^2m_x^2$$

或

$$m_z=km_x \tag{5-11}$$

由此得出结论：倍数函数的中误差，等于倍数与观测值中误差的乘积。

【例5-3】 在1∶500的图上，量得某两点间的距离 $d=51.2$mm，d 的量测中误差 $m_d=\pm0.2$mm。试求实地两点间的距离 D 及其中误差 m_D。

【解】

$$D=\frac{500\times51.2}{1000}=25.6\text{m}$$

$$m_D=\frac{500\times(\pm0.2)}{1000}=\pm0.1\text{m}$$

所以 $D=25.6\pm0.1$m

2. 和差函数

设有函数

$$Z=x\pm y$$

式中 x 和 y 均为独立观测值；Z 是 x 和 y 的函数。当独立观测值 x、y 含有真误差 Δx、Δy 时，函数 Z 也将产生相应的真误差 ΔZ，如果对 x、y 观测了 n 次，则

$$\Delta Z_n=\Delta x_n+\Delta y_n$$

将上式两端平方，求其总和，并除以 n，得

$$\frac{[\Delta z\Delta z]}{n}=\frac{[\Delta x\Delta x]}{n}+\frac{[\Delta y\Delta y]}{n}+\frac{2[\Delta z\Delta z]}{n}$$

根据偶然误差的抵消性和中误差定义，得

$$m_Z^2=m_x^2+m_y^2$$

或

$$m_Z=\pm\sqrt{m_x^2+m_y^2} \tag{5-12}$$

由此得出结论：和差函数的中误差，等于各个观测值中误差平方和的平方根。

【例5-4】 分段丈量一直线上两段距离 AB、BC，丈量结果及其中误差为：$AB=180.15\pm0.01$m，$BC=200.18\pm0.13$m。试求全长 AC 及其中误差。

【解】

$$AC=180.15+200.18=380.33\text{m}$$

$$m_{AC}=\pm\sqrt{0.10^2+0.13^2}=\pm0.17\text{m}$$

若各观测值的中误差相等，即 $m_{x_1}=m_{x_2}=\cdots=m_{x_n}=m$ 时，则有

$$m_z=\pm m\sqrt{n}$$

【例5-5】 在水准测量中，若水准尺上每次读数的中误差为 ±1.0mm，则根据后视读数减前视读数计算所得高差中误差是多少？

【解】 一个测站的高差 $h=a-b$，$m_{读}=\pm1.0$mm，

$$m_h=\sqrt{m_{读}^2+m_{读}^2}=m_{读}\sqrt{2}=\sqrt{2}\times(\pm1.0)=\pm0.14\text{cm}$$

3. 一般线性函数

设有线性函数

$$Z=k_1x_1+k_2x_2+\cdots+k_nx_n$$

式中 x_1，x_2，…，x_n 为独立观测值；k_1，k_2，…，k_n 为常数，根据式（5-11）和（5-12）可得

$$m_Z^2 = (k_1m_1)^2 + (k_2m_2)^2 + \cdots + (k_nm_n)^2$$

$$m_Z = \sqrt{(k_1m_1)^2 + (k_2m_2)^2 + \cdots + (k_nm_n)^2}$$

式中 m_1，m_2，…，m_n 分别是 x_1，x_2，…，x_n 观测值的中误差。

由此得出结论：线性函数中误差，等于各常数与相应观测值中误差乘积的平方和的平方根。

根据上式可导出等精度观测算术平均值中误差的计算公式

$$M = \pm \frac{m}{\sqrt{n}} \tag{5-13}$$

【例 5-6】用测回法观测某一水平角，按等精度观测了 3 个测回，各测回的观测中误差，$m = \pm 8''$，试求 3 个测回的算术平均值的中误差 M。

【解】

$$M = \pm \frac{m}{\sqrt{n}} = \pm \frac{8''}{\sqrt{3}} = \pm 4.6''$$

二、非线性函数

设有函数　　$Z = f(x_1, x_2, \cdots, x_n)$

上式中，x_1，x_2，…，x_n 为独立观测值，其中误差为 m_1，m_2，…，m_n。当观测值 x_i 含有真误差 Δx_i 时，函数 Z 也必然产生真误差 ΔZ，但这些真误差都是很小值，故对上式全微分，并以真误差代替微分，即

$$\Delta Z = \frac{\partial f}{\partial x_1}\Delta x_1 + \frac{\partial f}{\partial x_2}\Delta x_2 + \cdots + \frac{\partial f}{\partial x_n}\Delta x_n$$

上式中 $\frac{\partial f}{\partial x_1}$，$\frac{\partial f}{\partial x_2}$，…，$\frac{\partial f}{\partial x_n}$ 是函数 Z 对 x_1，x_2，…，x_n 的偏导数，当函数值确定后，则偏导数值恒为常数，故上式可以认为是线性函数，于是有

$$m_z = \pm \sqrt{\left(\frac{\partial F}{\partial x_1}\right)m_{x_1}^2 + \left(\frac{\partial F}{\partial x_2}\right)m_{x_2}^2 + \cdots + \left(\frac{\partial F}{\partial x_n}\right)m_{x_n}^2} \tag{5-14}$$

由此得出结论：非线性函数中误差等于该函数按每个观测值所求得的偏导数与相应观测值中误差乘积之和的平方根。

思考题与习题

1. 产生观测误差的原因有哪些？
2. 偶然误差与系统误差有何区别？偶然误差具有哪些特性？
3. 什么叫中误差？容许误差？相对误差？
4. 为什么说观测值的算术平均值是最或然值？
5. 在一组等精度观测中，观测值中误差与算术平均值中误差有什么区别？
6. 在水准测量中，设每一个测站的观测值中误差为 ±5mm，若从已知点到待定点一共测 10 个测站，试求其高差中误差。
7. 设对某直线测量 8 次，其观测结果为：

258. 741、258. 752、258. 763、258. 749、258. 775、258. 770、258. 748、258. 766m。试计算其算术平均值、算术平均值的中误差及相对中误差。

8. 设同精度观测了某水平角 6 个测回，观测值分别为：56° 32′ 12″、56°32′24″、56°32′06″、56°32′18″、56°32′36″、56°32′18″。试求观测一测回中误差、算术平均值及其中误差？如果要算术平均值中误差小于 ±2. 5″，问共需测多少个测回？

第六章　小地区控制测量

第一节　控制测量概述

在第一章绪论中已经提到，测量工作必须遵循“从整体到局部，先控制后碎部”的原则。这里提到的“整体”指控制测量，即在选定测量区域内，确定数量较少且分布大致均匀的一系列对整体有控制作用的点——控制点，并选择合适的测量方法和测量仪器精确测量各控制点的平面坐标以及高程。这种按照规范要求布设的一系列控制点所组成的网状结构称为测量控制网，简称控制网；在一定区域内为地图测绘或工程测量需要而建立控制网并按相关规范要求进行的测量工作称为控制测量。控制测量应由高等级到低等级逐级加密进行，直至最低等级的图根控制测量。控制测量包括测定控制点的平面位置，获得其平面点位坐标（x，y）——平面控制测量以及测定控制点的高程——高程控制测量。

而“局部”指碎部测量，是在完成控制测量后，为测绘地形图而测量地物点或地貌点的位置，或为地籍测量而确定界址点的位置以及为施工放样而对进行现场标定。碎部测量的工作是大量的，但均是建立在控制测量的基础上，以控制点为基础的局部进行，而最终获得的成果仍然符合整体性要求。

本章主要介绍控制测量的相关内容，碎部测量的内容留待后续章节介绍。

一、平面控制测量

我国的平面控制网采用逐级控制分级布设的原则建立起来的。平面控制网的建立方法有全球定位系统（GPS）、三角测量、导线测量、三边测量和边角测量等。

利用全球定位系统（GPS）建立控制网并进行的测量称为GPS控制测量。在地面上选定一系列点构建成连续的三角形，所形成的网状结构称为三角网，测量三角形顶点的各个内角，再根据基准边长（一般为起始边）和方位角以及起始控制点的坐标来求得各个三角形顶点的平面坐标的方法称为三角测量。将地面上选定的一系列点依次首尾相连成折线形，测定各折线的长度以及转折角，再根据起始的控制点数据来求得各点的平面坐标的方法称为导线测量，相应的控制网称为导线网。如前述建立三角网，测定三角形各边边长，或者测量部分边长、部分内角的测量方法称为三边测量或边角测量。

（一）国家平面控制网

在全国范围内建立的平面控制网称为国家平面控制网。它提供全国统一的空间定位基准，是全国各种比例尺测图和工程建设的基本控制，同时也为空间科学、军事等提供点的坐标、距离及方位资料，也可用于地震预报和研究地球形状大小和地球水平形变等。国家平面控制网是用精密的测量仪器与方法并依据国家相关测量规范测量并建立的。

三角测量与导线测量是传统的测量方法。按精度可以分为一、二、三、四等，如图6-1和图6-2所示。其中在全国范围内首先建立一等天文大地三角锁，在全国范围内大致沿经线和纬线方向布设成间距约200km的格网状，在格网中间再用二等连续网填充，他们是国家平面控制网的骨干与基础。三、四等则是在前者基础上进行进一步加密。

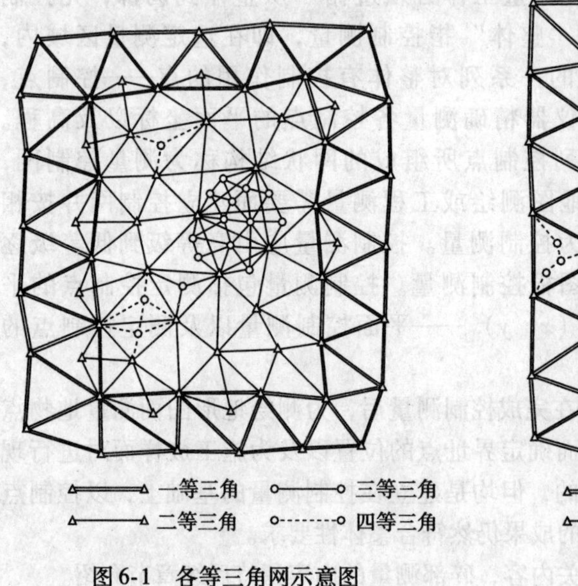

图6-1 各等三角网示意图

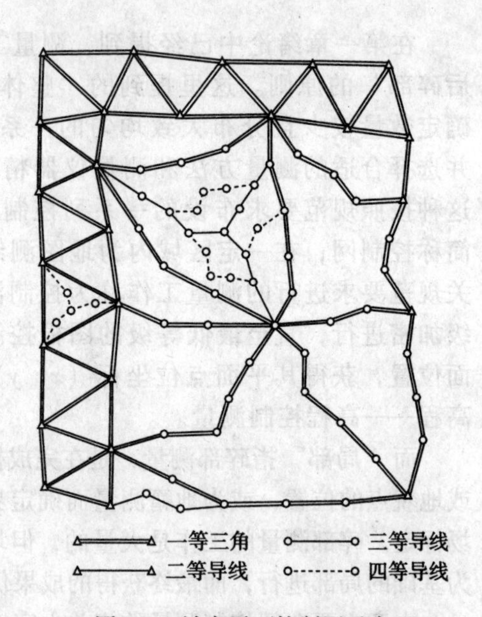

图6-2 城市平面控制网示意

全球定位系统（GPS）测量是随着科技进步以及现代化测量仪器的应用而产生的，三角测量这种传统定位技术已经逐步被GPS取代。我国已经制定了GPS测量规范，并建立了基本适应需要的控制网。

（二）城市平面控制网

城市平面控制网是在城市区域建立的平面控制网，是国家控制网的延伸，属于区域控制网。主要为城市大比例尺地形图测绘、城市规划、工程建设和城市管理提供基本控制点。

建立城市平面控制网的方法主要有GPS测量、三角测量，以及边角组合测量和导线测量。现行《城市测量规范》（GJJ8—99）规定了三角网、边角网和导线网的主要技术要求，详见表6-1～表6-4。

表中所列各等级平面控制网，根据城市规模均可以作为首级控制网，再在首级网下逐级用次级网加密。在条件许可并能满足相应精度要求时，可以越级布设。

城市三角网主要技术要求　　表 6-1

等级	平均边长（km）	测角中误差（″）	起始边边长相对中误差	最弱边边长相对中误差
二等	9	≤ ±1.0	≤1/300000	≤1/120000
三等	5	≤ ±1.8	≤1/200000（首级） ≤1/120000（加密）	≤1/80000
四等	2	≤ ±2.5	≤1/120000（首级） ≤1/80000（加密）	≤1/45000
一级小三角	1	≤ ±5.0	≤1/40000	≤1/20000
二级小三角	0.5	≤ ±10.0	≤1/20000	≤1/10000

城市边角组合网边长和边长测量的主要技术要求　　表 6-2

等级	平均边长（km）	测距中误差（mm）	测距相对中误差
二等	9	≤ ±30	≤1/300000
三等	5	≤ ±30	≤1/160000
四等	2	≤ ±16	≤1/120000
一级	1	≤ ±16	≤1/60000
二级	0.5	≤ ±16	≤1/30000

城市光电测距仪导线的主要技术要求　　表 6-3

等级	闭合或附合导线长度（km）	平均边长（m）	测距中误差（mm）	测角中误差（″）	导线全长相对闭合差
三等	15	3000	≤ ±18	≤ ±1.5	≤1/60000
四等	10	1600	≤ ±18	≤ ±2.5	≤1/40000
一级	3.6	300	≤ ±15	≤ ±5	≤1/14000
二级	2.4	200	≤ ±15	≤ ±8	≤1/10000
三级	1.5	120	≤ ±15	≤ ±12	≤1/6000

城市钢尺量距导线的主要技术要求　　表 6-4

等级	附合导线长度（km）	平均边长（m）	往返丈量较差相对中误差	测角中误差（″）	导线全长相对闭合差
一级	2.5	250	≤1/20000	≤ ±5	≤1/10000
二级	1.8	180	≤1/15000	≤ ±8	≤1/7000
三级	1.2	120	≤1/10000	≤ ±12	≤1/5000

二、高程控制测量

高程控制测量的主要方法有水准测量和三角高程测量。其控制点布设的原则类似平面控制网，也是由高级到低级，先整体再局部。

在全国范围内，由一系列按国家规范要求选定的水准点组成的网称为国家水准网，水准点上设置固定标记，以便长期保存和利用。国家水准网建立主要采用精密水准测量的方法。

国家水准网依次分为一、二、三、四等。一、二等水准测量为精密水准测量，在全国范围内沿主要干道、河流等整体布设完成；三、四等水准测量是前者的补充，依附于一、二等水准测量建立的高级控制点之间，并尽可能交叉，形成闭合环，作为全国各地的高程控制基准。

城市高程控制测量的方法有水准测量和三角高程测量，其中水准测量的等级依次为二、三、四等。应根据城市范围大小以及该区域内国家控制点的分布状况，从某一等级开始布设，但城市首级控制网不应低于三等水准；城市内局部测区可视需要，选用合适等级高程控制作为首级控制。光电测距三角高程测量可以代替四等及以下水准测量，经纬仪三角高程测量则主要用于山区的直接测图高程控制。

城市高程控制网的布设应与城市平面控制网相适应，其首级网应布设成闭合环线，加密网可布设成附合路线、结点网和闭合环；非特殊情况不允许布设水准支线。一个城市应只建立一个统一的高程系统。城市各等级水准测量技术要求见表6-5。

各等水准测量主要技术要求　　表6-5

等级	每千米高差中数全中误差（mm）	路线长度（km）	路线闭合差（mm）		测段往返测高差不符值（mm）	检测已测测段高差之差（mm）
			平原丘陵	山区		
二等	≤±2	400	$\leqslant \pm 4\sqrt{L}$		$\leqslant \pm 4\sqrt{R}$	$\leqslant \pm 6\sqrt{R}$
三等	≤±6	45	$\leqslant \pm 12\sqrt{L}$	$\leqslant \pm 15\sqrt{L}$	$\leqslant \pm 12\sqrt{R}$	$\leqslant \pm 20\sqrt{R}$
四等	≤±10	15	$\leqslant \pm 20\sqrt{L}$	$\leqslant \pm 25\sqrt{L}$	$\leqslant \pm 20\sqrt{R}$	$\leqslant \pm 30\sqrt{R}$
图根	≤±16	—	$\leqslant \pm 30\sqrt{L}$	$\leqslant \pm 45\sqrt{L}$	$\leqslant \pm 30\sqrt{R}$	$\leqslant \pm 40\sqrt{R}$

注：L为附合路线或环线的长度，R为测段的长度，其单位均为km。

三、小地区控制测量概述

在小区域（面积≤15km^2）内建立的控制网——小地区控制网。测定小地区控制网的工作称为小地区控制测量。小地区控制网应尽可能以当地已经建立的国家或城市控制网为基础，或者与其联测，并以国家或城市控制网的数据作为起算和校核。若测区范围附近没有合适的高等级控制点，或虽然存在但不方便联测，也可以建立测区独立控制网。高等级公路或城市道路的控制网，一般应与附近的国家或城市控制点联测。

直接供地图测图用的控制点，称为图根控制点，简称为图根点。是测图使用的平面或高程的依据，宜在城市各等级控制点以下进行加密。测定图根点位置的工作称为图根控制测量。

小地区控制测量也分为平面控制测量与高程控制测量。小地区平面控制网，应根据测区范围大小分级建立测区首级控制和图根控制。首级控制可以参照城市控制测量相关要求；图根控制点的密度取决测图比例尺和地物、地貌的复杂程度，一般地区图根点的密度不宜小于表6-6规定。

平坦地区图根点的密度　　　　表6-6

测图比例尺	1:500	1:1000	1:2000
图根点密度（点/km^2）	150	50	15
每图幅图根点数（50cm×50cm）	8	12	15

小地区高程控制网也应根据测区范围和工程需要采用分级的方法建立。一般以区域内存在的或附近的国家或城市高级高程控制点为基础，在测区内建立三、四等水准路线或水准网作为首级控制，再以此为基础，测定图根点的高程。

在本章主要介绍小地区控制网的建立。主要为用导线测量建立平面控制网，用水准测量建立高程控制网的方法。

第二节　导线测量外业

将相邻的控制点依次用直线段首尾相连而组成的折线形状图形称为导线，构成导线的控制点称为导线点，导线点之间的连线称为导线边。导线测量就是依次测量各导线边的水平距离以及相邻导线边的转折角，然后根据起算数据，推算各导线边的坐标方位角，并进一步求出各导线点的平面坐标。

导线测量是建立小地区平面控制网的一种常用方法，特别适合在建筑物比较密集、视线不十分开阔的地区，他只要求相邻导线点之间通视即可，便于布设和测量，精度比较均匀。

图根导线控制测量的技术要求见表6-7。

图根导线测量的主要技术指标　　　　表6-7

等级	测图比例尺	附合导线长度（m）	平均边长（m）	往返丈量较差相对误差	测角中误差（″）	导线全长相对中误差	测回数		方位角闭合差
							DJ_2	DJ_6	
图根	1:500	500	75	1/3000	±20	1/2000		1	$\pm 60\sqrt{n}$
	1:1000	1000	110						
	1:2000	2000	180						

一、导线的布设形式

根据测区的实际情况与要求，导线布设成以下三种形式。

1. 闭合导线

如图6-3所示，从一个控制点（A）出发，经过若干点，最后仍回到同一个控制点（A），控制点的连线组成一个闭合多边形。导线起始边的方位角和起始平面坐标可以分别测定或假定，但导线附近如存在高等级控制点，应尽量与高等级控制点相连，并通过高等级控制点获得起算数据，使之与高等级控制点连成一个整体。闭合导线本身具有严格的几何条件，具有检验观测成果的作用。闭合导线多用在面状地区控制测量。

2. 附合导线

如图6-3所示，从一个高级控制点（B）出发，经过若干点，最后到达另一个高级控制点（C），控制点的连线形成一条连续的折线。导线首尾点的平面坐标已知，起始高等级控制点的坐标方位角也是已知的。其也具有严格的几何条件，便于进行校核。常用于线路的控制测量以及带状地区的控制测量，也是在高等级控制点下进行控制点加密的最常用方式。

3. 支导线

如图6-3所示，由一个已知点（C）出发，延伸出去的导线最后既未回到起始点，也没有附合到其他已知控制点。由于缺乏必要的校核条件，无法控制精度，故一条支导线上布设的导线点不宜超过2个，最多不得超过4个，仅用于图根控制点的补点使用。

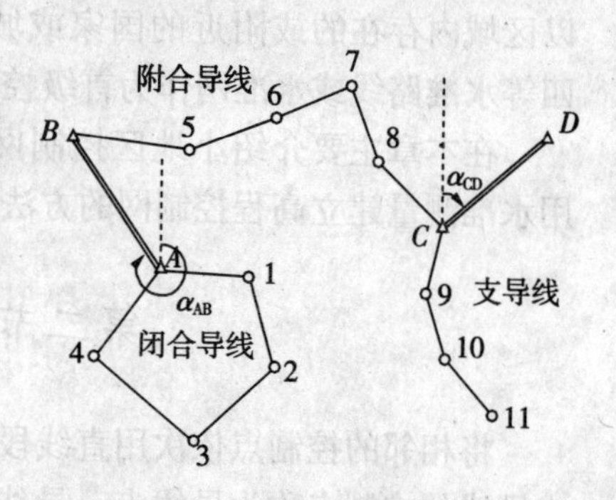

图6-3　导线布设形式

二、导线测量的外业工作

导线测量的外业工作包括：踏勘选点及建立标志、边长测量、角度测量与连接测量。

1. 踏勘选点与建立标志

在开始踏勘选点以前，应先到相关部门收集测量区域内原有地形图和高等级控制点的成果资料，然后在原有地形图上初步设计导线的走向和导线点的位置，再到现场实地踏勘，具体确定各点的位置。当需要分级布设导线时，应首先选定首级导线。

现场选定导线点的位置，应注意以下几个方面：

（1）导线点应选择在土质坚实、便于设置与保存标志并安置仪器的地方，避免设置在车辆频繁出入或容易磕碰地区；也应避免设置在低洼地，以免雨天积水影响使用。

（2）各测点周围视野应开阔，便于测绘周围的地物和地貌。

（3）相邻导线点之间通视良好，便于测角与量距；如采用钢尺量距，则测量沿线应选择地势平缓，没有妨碍量距的障碍物。

（4）导线点在测区内尽量均匀分布，便于控制整个测区，保证精度。点的密度应满足表6-6要求。

（5）导线边长应符合相关规定（表6-2～表6-4、表6-7），最长不超过平均边长的两倍，避免相邻边长相差悬殊，引起局部测量误差过大。

导线点选定后，如在泥地或沙石地面，可以在点位上打入一木桩，木桩顶部钉一小钉表示具体位置；如为沥青路面，可用顶面刻十字交叉纹的大铁钉代替；在硬质地面上，如测点为临时点，也可以用油漆标示，中间凿一十字；当需要长久保存时，应埋设混凝土制成的导线点标石。

导线点应分等级统一按顺序编号，便于测量资料的保存与管理。为便于以后观测时寻找，可在附近房角或电线杆等起指示作用的地物上，用油漆标示导线点位置。同时应为每一导线点绘制表示与周围地物相对关系的点之记，便于以后寻找与使用。

2. 边长测量

导线边长可以用检定的钢尺丈量，一般用往返丈量的方法，其相对误差不应大于1/3000。当钢尺的尺长改正数大于尺长的1/10000、量距时平均温度与检定时温度相差超过±10℃、坡度大于1%时，应进行相应的改正。也可以用光电测距仪测量相应水平距离，如视线倾角超过30′，应进行倾斜改正。

3. 角度测量

角度测量用经纬仪按测回法对转折角进行观测。转折角是相邻两导线边在导线点上形成的水平角，沿导线测量或计算前进方向，水平角度在该方向左侧的称为左角，反之为右角。为了避免后期计算方位角出错，在导线测量时，对附合导线或支导线一般应测量同一侧的转折角。对闭合导线一般测量内角。

4. 连接测量

导线的连接测量是新布设导线与原有高等级控制点之间的联系观测，通过测量与计算，获得新布设导线的起算数据，即起始坐标方位角和起始点的坐标。

现场如已经有高等级控制点，则须测量连接水平角度和连接水平距离，其测量方法与前述角度测量和边长测量方法相同。图6-3所示的闭合导线，应测量连接角$\angle BA1$。

如测区内没有可以利用的控制点，则可以用罗盘仪来确定起始边的坐标方位角并假设其起始点的平面坐标，将其作为起算数据。

完成如上工作并满足相应精度要求后，可以转入内业计算。

第三节　导线测量内业

导线测量内业工作，是在完成并整理相应外业观测资料和根据已知的起算数据，通过对误差按相关要求进行调整，并最后求得各导线点的平面坐标。

在转入内业计算以前，应整理并全面检查外业测量的基础资料，检查数据是否完整，是否有记录错误或计算错误，是否满足精度要求，起算数据是否正确和完整，然后绘制相应导线的平面草图，并将相关数据标示于草图对应部位。

一、闭合导线内业计算

如图6-4所示闭合导线，外业观测各点内角值已经记入表6-8中第2栏，各导线点才之间的水平距离在第6栏，已知直线12的坐标方位角$\alpha_{12}=135°$，1点的坐标为已知（500，500），分别记入表中（加下划线，表示已知的基准值）。求其他各点的坐标。

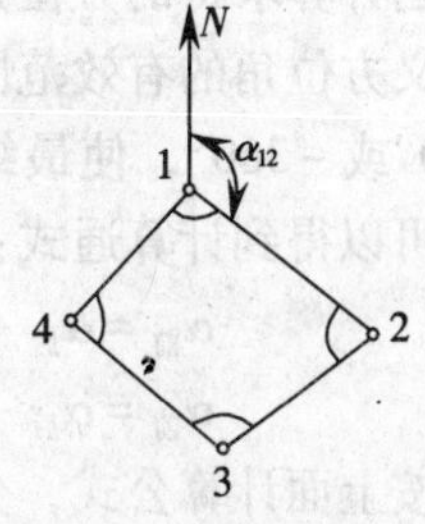

图6-4　闭合导线计算简图

1. 角度闭合差的计算与调整

多边形的内角之和应为（$n-2$）×180°，本题中各内角值β_1、β_2、β_3和β_4之和理论值应为

$$\sum\beta_{理}=(n-2)\times180°=(4-2)\times180°=360°$$

由于角度观测中必然存在误差，因此实际观测的内角之和不可能与理论值正好相等，其差值称为角度闭合差（方位角闭合差）：

$$f_\beta=\sum\beta_{测}-\sum\beta_{理} \tag{6-1}$$

按照导线测量的要求（参见表6-7最后一列），图根导线角度（方位角）闭合差的允许值为

$$f_{\beta容}=\pm60''\sqrt{n} \tag{6-2}$$

本题中在表6-8第2栏最后已经求得，四边形内角的观测值之和为360°01′，则角度闭合差为

$$f_\beta=\sum\beta_{测}-\sum\beta_{理}=360°01'-360°=+1'$$

而$f_{\beta容}=\pm60''\sqrt{n}=\pm60\sqrt{4}=\pm120''>f_\beta$

如计算的精度符合要求，则应按"平均分配，符号相反"的原则将闭合差（角度观测中的误差）平均分配到各观测角，即各角的角度观测值改正数为

$$\Delta_\beta=-f_\beta/n \tag{6-3}$$

本题中改正数为$-60''/4=-15''$，并记入表6-8中第3栏。而第4栏改正后角值为观测角（第2栏）与对应改正数（第3栏）之和。

2. 坐标方位角的计算

为了计算除起点1以外各点的坐标，应首先求得相邻导线点之间连线的坐标方位角和水平距离，进而计算相邻点之间的坐标增量。水平距离已经在外业中测量得到，应计算的是导线点连线的坐标方位角。

如图6-5所示，导线以α_{12}为起始坐标方位角，各转折角（观测内角）β_1、β_2、β_3和β_4均为右角，从图中并根据第四章第四节的方位角推算公式4-23可以得到：

$$\alpha_{23}=\alpha_{12}+180°-\beta_2$$

$$\alpha_{34}=\alpha_{23}+180°-\beta_3$$

$$\alpha_{41}=\alpha_{34}+180°-\beta_4$$

当计算求得的方位角<0°或>360°时，由于按定义方位角的有效范围为0°~360°，则应分别+360°或-360°，使最终计算结果符合要求。在这里可以得到计算通式：

$$\alpha_{前}=\alpha_{后}+180°-\beta_{右} \tag{6-4a}$$

$$\alpha_{前}=\alpha_{后}-180°+\beta_{左} \tag{6-4b}$$

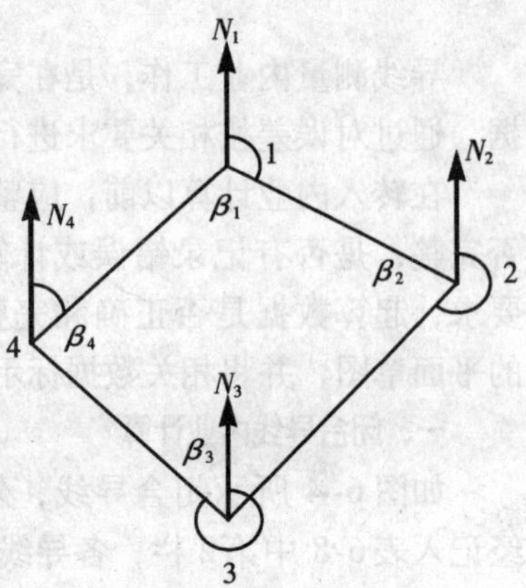

图6-5　导线各边方位角示意

按上面计算公式，分别计算各边的坐标方位角，填入表6-8中第5栏。

闭合导线计算表　　　　　　　　**表 6-8**

点号	观测角 ° ′ ″	改正数 ″	改正后角值 ° ′ ″	坐标方位角 ° ′ ″	距离 D (m)	增量计算值(m) Δx	Δy	改正后增量(m) Δx	Δy	坐标值(m) X	Y	点号
1	2	3	4	5	6	7	8	9	10	11	12	1
1										500.00	500.00	1
				135 00 00	100.33	+1 −70.94	0 70.94	−70.93	70.94			
2	82 46 29	−15	82 46 14							429.07	570.94	2
				232 13 46	78.98	+1 −48.38	0 −62.43	−48.37	−62.43			
3	91 08 23	−15	91 08 08							380.70	508.51	3
				321 05 38	137.22	+2 106.78	−1 −86.18	106.80	−86.19			
4	60 14 04	−15	60 13 49							487.50	422.32	4
				80 51 49	78.68	+1 12.49	0 77.68	12.50	77.68			
1	125 52 04	−15	125 51 49							500.00	500.00	1
				135 00 00								
2												
Σ	360 01 00	−60	360 00 00		395.21	−0.05	+0.01	0	0			

辅助计算：

$f_\beta = \sum\beta_{测} - \sum\beta_{理}$

$= 360°01' - 360° = +1'$

$f_{\beta容} = 120'' > f_\beta$

$\sum\Delta_x = -0.05 \quad \sum\Delta_y = +0.01$

$f_x = -0.05 \quad f_y = +0.01$

$f_D = \pm 0.05$

$K = f_D/D = 0.05/395.21 = 1/7900$

$K_{容} = 1/2000 > K$

简图

在计算坐标方位角时，最后计算回到起点 α_{12}，应与最初的已知值一致，否则有错误，应重新计算。同样在前面的计算中，第 3 栏最后的改正数之和应与计算出的角度闭合差数值相等，而符号相反；同时第 4 栏最后改正后角值之和应与理论值相等。这些可以作为计算过程中的校核。

3. 坐标增量的计算与调整

如图 6-6 所示，如果 1 点的坐标（x_1，y_1）和 12 边的方位角 α_{12} 已知，12 边的水平距离也测量得到。则 2 点的坐标为

$$\begin{cases} x_2 = x_1 + \Delta x_{12} \\ y_2 = y_1 + \Delta y_{12} \end{cases} \tag{6-5}$$

其中：

$$\begin{cases} \Delta x_{12} = D_{12}\cos\alpha_{12} \\ \Delta y_{12} = D_{12}\sin\alpha_{12} \end{cases} \tag{6-6}$$

计算时根据 $\cos\alpha$ 与 $\sin\alpha$ 的符号来得到 Δx 和 Δy 的符号。

根据式（6-6）计算各边的坐标增量分别填入表 6-8 中的 7、8 两栏。

同时闭合导线从 1 点回到 1 点，其坐标增量在 X 和 Y 方向之和均应等于零。即

$$\begin{cases} \sum \Delta x_{理} = 0 \\ \sum \Delta y_{理} = 0 \end{cases}$$

而在测量过程中虽然角度闭合差进行调整，但仍存在一定的残余误差，同时距离丈量也会有一定误差，则实测后计算得到 X 与 Y 方向坐标增量之和不等于零，即存在坐标增量闭合差。

$$\begin{cases} f_x = \sum \Delta_{测} - \sum \Delta x_{理} = \sum \Delta x_{测} \\ f_y = \sum \Delta y_{测} - \sum \Delta y_{理} = \sum \Delta y_{测} \end{cases} \tag{6-7}$$

如图 6-7 所示，由于 f_x 与 f_y 的存在，使导线不能完全闭合，起点 1 与终点 1′ 的长度 1 ~1′称为导线全长闭合差即 f_D，计算如下：

$$f_D = \sqrt{f_x^2 + f_y^2} \tag{6-8}$$

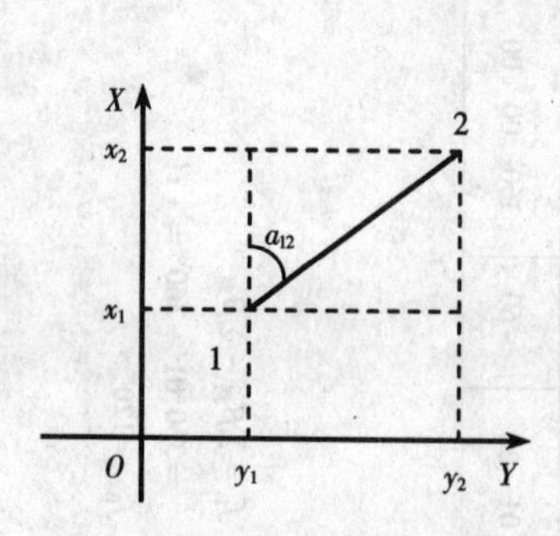

图 6-6　坐标增量计算示意

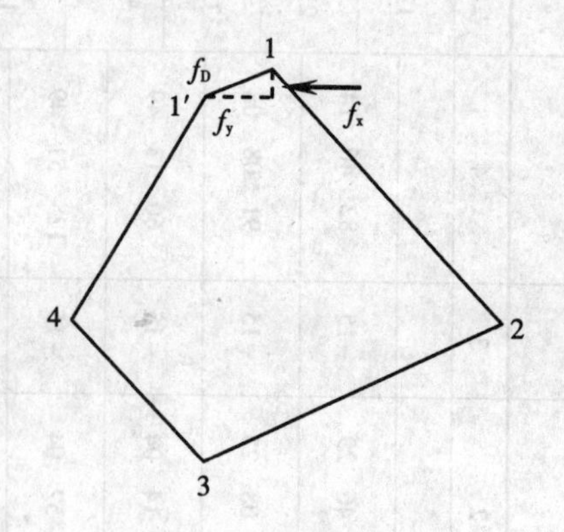

图 6-7　坐标闭合差示意

由于不同导线长度不同，为了判别导线测量的精度，一般用导线全长相对闭合差即导线全长闭合差与导线全长的比值来表示：

$$K = f_D / \sum D = 1 / \sum D / f_D \tag{6-9}$$

其中计算得出的分母越大，即 K 值越小，则精度越高。不同等级导线全长相对闭合差容许值已经列入表6-7 中，如图根导线对应的允许值为1/2000。

本例题中 K 的计算详见辅助计算，显然实测的 K 值 1/7900 是达到 1/2000 以上的，满足规范有关要求，可以进行坐标增量误差的分配。如果达不到要求，由于前面角度已经进行过平差，一般认为是符合要求的，则距离部分应检查是否出错或者重新测量。

当 K 值符合要求以后，应按 X 与 Y 分别进行坐标增量的调整，即按照“成比例，反符号”的原则，将坐标增量闭合差根据距离的长短按比例分别在 X 或 Y 坐标上进行分配，其改正数按下式计算：

$$\begin{cases} v_{xi} = -f_x \times D_i / \sum D_i \\ v_{yi} = -f_y \times D_i / \sum D_i \end{cases} \tag{6-10a}$$

同时

$$\begin{cases} f_x \\ f_y \end{cases} = \begin{matrix} \sum v_{xi} \\ \sum v_{yi} \end{matrix} \tag{6-10b}$$

根据式（6-10a）分别计算导线各边坐标增量的改正数，取值为计算坐标增量取值中最小位，省略小数点，分别填入表6-8 中7、8 栏对应坐标增量上方。

如导线边 12 间的坐标增量在 X 轴上改正数为：

$$v_{x12} = -(-0.05 \times 100.33) / 395.14 = 0.013\text{m}$$

由于计算坐标增量时，图根导线可以只计算到厘米位，则改正数也对应取到厘米位，应表示为0.01m，在表中去掉小数点表示即为 +1（其实际单位为 cm），书写时与坐标增量最后一位对齐，计算中也与最后一位进行加或减。

表中9、10 栏为7、8 栏中计算的坐标增量与对应改正数之和，如前所述，两者在最后一位进行求和。

4. 坐标值计算

在获得坐标增量后，就可以参照式（6-5）来计算各点的坐标，其表达式修改为

$$\begin{cases} x_{前} = x_{后} + \Delta x_{改正后} \\ y_{前} = y_{后} + \Delta y_{改正后} \end{cases} \tag{6-11}$$

计算后填入表6-8 中11、12 两栏。

除了在角度计算和相应误差分配时可以进行校核以外，在坐标增量与坐标计算阶段也应进行必要的校核，如7、8 两栏的坐标增量之和应与坐标增量闭合差值相等，同时也应与改正数之和数值相等而符号相反。而对于闭合导线，改正后高差增量之和应为零，同时，计算坐标时，最后计算得出 1 点坐标应与起点 1 的坐标相同，否则应检查在何处出现错误。

二、附合导线内业计算

附合导线的坐标计算步骤基本与闭合导线一样，但是两者基本形式不同，所

以在角度闭合差与坐标增量闭合差的计算中还是有明显的不同。在这里着重介绍两者不同之处。

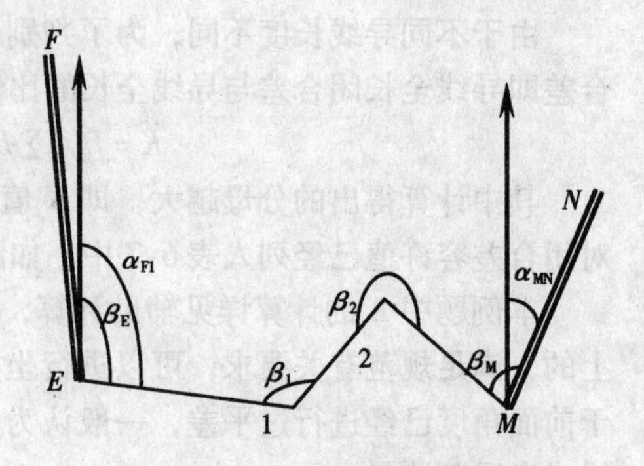

图 6-8 附合导线计算简图

1. 角度闭合差的计算

如图 6-8 所示附合导线，观测转折角为左角，根据前例中公式 6-4 可以依次计算各边的坐标方位角：

$$\alpha_{E1}=\alpha_{FE}+\beta_E-180°$$
$$\alpha_{12}=\alpha_{E1}+\beta_1-180°$$
$$\alpha_{2M}=\alpha_{12}+\beta_2-180°$$
$$+)\ \alpha'_{MN}=\alpha_{2M}+\beta_M-180°$$

$$\alpha'_{MN}=\alpha_{FE}+\sum\beta_{测}-4\times180°$$

用通式表示为 $$\alpha'_{终}=\alpha_{始}+\sum\beta_{测左}-n\times180° \tag{6-12a}$$

或 $$\alpha'_{终}=\alpha_{始}-\sum\beta_{测右}+n\times180° \tag{6-12b}$$

而角度闭合差计算则基本相同：

$$f_\beta=\alpha'_{终}-\alpha_{终} \tag{6-13}$$

计算得到角度闭合差后，同样应与角度闭合差允许值进行比较，计算方法同闭合导线。符合要求后，进行角度闭合差的调整。计算中如为左折角，则改正数符号与角度闭合差 f_β 符号相反；而如果采用右折角，则改正数符号与角度闭合差 f_β 符号相同。改正数在各个观测角度上也是平均分配的。

2. 坐标增量闭合差的计算

在附合导线中，起点与终点的坐标是已知的，因此坐标增量理论值也是确定的，即

$$\begin{cases}\sum\Delta x_{理}=x_{终}-x_{始}\\ \sum\Delta y_{理}=y_{终}-y_{始}\end{cases} \tag{6-14a}$$

而根据实测值计算得到的坐标增量之和由于存在一定的误差，所以无法与理论值一致，其差值即为坐标增量闭合差：

$$\begin{cases}f_x=\sum\Delta x_{测}-\sum\Delta x_{理}=\sum\Delta x_{测}-(x_{终}-x_{始})\\ f_y=\sum\Delta y_{测}-\sum\Delta y_{理}=\sum\Delta y_{测}-(y_{终}-y_{始})\end{cases} \tag{6-14b}$$

在计算了坐标增量闭合差后，同样应计算导线全长闭合差，以及导线全长相对闭合差（K），计算方法同闭合导线，具体可参看表 6-9 中辅助计算。

坐标增量闭合差的调整方法与闭合导线相同，计算改正后坐标增量以及最后的高程的方法也是与闭合导线一致的。在最后的检验中，计算坐标最终值应该与该点已知的坐标一致；同样在计算坐标方位角时最终计算值也应与理论值一致。

附合导线计算表　　　　表 6-9

点号	观测角 ° ′ ″	改正数 ″	改正后角值 ° ′ ″	坐标方位角 ° ′ ″	距离 D (m)	增量计算值(m) Δx	增量计算值(m) Δy	改正后增量(m) Δx	改正后增量(m) Δy	坐标值(m) X	坐标值(m) Y	点号
1	2	3	4	5	6	7	8	9	10	11	12	1
F												F
				149 40 00								
E	168 03 24	−10	168 03 14							1453.84	2709.65	E
				137 43 14	236.02	−9 −174.62	−4 +158.78	−174.71	+158.74			
1	145 20 48	−10	145 20 38							1279.13	2868.39	1
				103 03 52	189.11	−7 −42.75	−4 +184.22	−42.82	+184.18			
2	216 46 26	−10	216 46 16							1236.31	3052.57	2
				139 50 18	147.62	−5 −112.82	−3 +95.21	−112.87	+95.18			
M	49 02 48	−11	49 02 37							1123.44	3147.25	M
				8 52 45								
N												N
Σ	579 13 36	−41	573 12 55		572.75	−330.19	+438.21	−330.400	438.10	−330.40	438.10	

辅助计算

$\alpha_{FE} = 249°40'00'' +) \sum\beta_{测}$

$= 579°13'36''$

$= 728°53'36''$

$-) 4 * 180° = 720°$

α_{MN}(测) $= 8°53'36$

α_{MN}(已知) $= 8°52'45''$

$f_\beta = 41''$

$f_{\beta容} = 120'' > f_\beta$

$\sum\Delta_x = -330.19 \quad \sum\Delta_y = +438.21$

$X_M - X_E = -330.40 \quad Y_M - Y_E = +438.10$

$f_x = +0.21 \quad f_y = +0.11$

$f_D = \pm 0.24$

$K = f_D/D = 0.21/572.75 = 1/2300$

$K_{容} = 1/2000 > K$

简图

具体计算结果见表6-9。

第四节　高程控制测量

小地区高程控制测量一般以三等或四等水准网作为首级高程控制，在地形测量时，再用图根水准测量或三角高程测量来进行加密，三角高程测量主要用于地形起伏较大的区域。三、四等水准点一般应引自附近的一、二等水准点，如附近没有高等级控制点，也可以布设成独立的水准网，这时起算点数据采用假设值。

图根水准测量的方法已经在第二章中进行介绍，本节主要介绍三、四等水准测量的方法和三角高程测量的基本原理。

一、三、四等水准测量

1. 点位布设与技术要求

三、四等水准点一般布设成附合或闭合水准路线。点位应选择在土质坚硬、周围干扰较少、能长期保存并便于观测使用的地方，同时应埋设相应的水准标志。一般一个测区需布设三个以上水准点，以便在其中某一点被破坏时能及时发现与恢复。水准点可以独立于平面控制点单独布设，也可以利用有埋设标志的平面控制点兼作高程控制点，布设的水准点应作相应的点之记，以利于后期使用与寻找检查。

三、四等水准测量主要技术要求见表6-10。

三、四等水准测量的主要技术指标　　**表6-10**

等级	视线长度（m）	水准尺	前后视距差（m）	任一测站上前后视距累积差（m）	红黑面读数差（mm）	红黑面测高差之差（mm）	高差闭合差（mm）	
							平原	山地
三等	≤65	双面	≤3.0	≤6.0	≤2	≤3	$12\sqrt{L}$	$4\sqrt{n}$
四等	≤80	双面	≤5.0	≤10.0	≤3	≤5	$20\sqrt{L}$	$6\sqrt{n}$
图根	≤100	单面	大致相等	—	—	—	$40\sqrt{L}$	$12\sqrt{n}$

2. 三、四等水准观测方法

三、四等水准测量观测应在通视良好、望远镜成像清晰与稳定的情况下进行，应避免在日出前后、日正午及其他气象不稳定状况下进行观测，观测时应避免在测区附近有持续振动干扰源而对水准测量带来影响。

三、四等水准测量一般采用双面尺法，且应采用一对水准尺（两根，一根红面起点4.687m，另一根红面起点4.787m）。下面以一个测站为例介绍双面尺法的观测过程。

先在距离两把水准尺距离大致相等的位置安置水准仪，整平后照准后尺的黑面，按上、中、下顺序读数并记入表6-11中（1）~（3）对应位置；再转动水准仪照准前尺黑面同样按上、中、下顺序读数并记录表6-11中（4）~（6）位置；转动前尺翻转为红面，水准仪瞄准前尺红面并读中丝读数及记录入表6-11中

(7)；同样转动前尺为红面并照准读数然后记入表6-11中(8)。然后进入后一测站，仪器搬站，前尺在原位不变成为下一站的后视，后尺移动到前一点成为下一站的前视，同样方法进行下一站观测。显然在观测中随着测站前移水准尺是交叉移动的。在每一测站上应保证仪器安置点与前尺和后尺的距离大致相等。

三、四等水准观测在一测站中的观测顺序为“后、前、前、后”(黑、黑、红、红)，四等水准时，如测区地面坚实，也可采用“后、后、前、前”(黑、红、黑、红)的顺序来观测以加快观测速度。

四等水准也可以采用改变仪高法进行观测，在改变仪器高度前，读数顺序为后、前，基本上与双面尺法的前半部分相似，即上、中、下三丝均应读数；而改变仪器高度后，读数顺序为前、后，即只读中丝读数，并记入表中相应位置，记录方法与位置与双面尺法相同。

无论采用何种读数方法，在测站上安置好仪器后，水准仪视线应保持在水平状态；如为微倾式水准仪，则在读数以前仪器必须精平，读数完毕后检查是否保持精平。

三(四)等水准测量观测记录表　　　　**表6-11**

日期：＿＿＿＿　地点：自＿＿＿＿到＿＿＿＿　观测：＿＿＿＿

天气：＿＿＿＿　成像：＿＿＿＿　仪器：＿＿＿＿　记录：＿＿＿＿

测站编号	点号	后尺 上丝 / 下丝	前尺 上丝 / 下丝	方向与尺号	水准尺中丝读数 黑面	水准尺中丝读数 红面	K+黑-红	平均高差(m)	备注
		后视距离	前视距离						
		前后视距差	累积视距差						
①	②	③	④	⑤	⑥	⑦	⑧	⑨	⑩
		(1)	(4)	后	(3)	(8)	(14)		
		(2)	(5)	前	(6)	(7)	(13)	(18)	
		(9)	(10)	后-前	(15)	(16)	(17)		
		(11)	(12)						
1	BMA | TP1	1102	1628	后 A	1275	5964	-2		表中列⑤中A、B对应为两把尺编号，尺常数K_A=4687，K_B=4787，单位：mm。表中单元格(9)~(12)、(13)~(14)、(17)~(18)单位为m，其余单元格单位为mm
		1450	1980	前 B	1805	6590	+2	-0.528	
		34.8	35.2	后-前	-0.530	-0.626	-4		
		-0.4	-0.4						
2	TP1 | TP2	1376	1244	后 B	1605	6391	+1		
		1838	1686	前 A	1467	6157	-3	+0.136	
		46.2	44.2	后-前	+0.138	+0.234	+4		
		+2.0	+1.6						
3	TP2 | TP3	1635	1554	后 A	1948	6636	-1		
		2263	2208	前 B	1883	6672	-2	+0.064	
		62.8	65.4	后-前	+0.065	-0.036	+1		
		-2.6	-1.0						
……	……	……	……	……	……	……	……	……	

3. 数据计算与处理

首先检查上表中各点数据（1）~（8）是否准确，在确认正确后，计算视距与视距差，应满足表6-10相应要求。

后视距离（9）=［（1）-（2）］×100

前视距离（10）=［（4）-（5）］×100

前后视距差（11）=（9）-（10）　　　　三等水准小于3m，四等水准小于5m

累积视距差（12）=前一站累积差（12）+本站视距差（11）

三等水准小于6m，四等水准小于10m

然后计算同一标尺黑、红面读数之差，合格后计算本站高差与高差之差，同样应满足表6-10相关要求。

后视标尺黑红读数之差（14）=（3）+K-（8）

前视标尺黑红读数之差（13）=（6）+K-（7）

常数K对于标准水准尺取4.687m或4.787m，而使用其他尺时如果黑红面起始读数一致时，取K为0。计算得到的（13）或（14）三等水准小于2mm，四等水准小于3mm。

黑面高差（15）=（3）-（6）

红面高差（16）=（8）-（7）

高差之差（17）=（15）-（16）±0.100 三等水准小于3mm，四等水准小于5mm

同样（17）=（14）-（13）

平均高差（18）=［（15）+（16）±0.100］/2

计算式中0.100系前后尺红面起点读数之差（即两把尺常数之差）。计算中正负具体取值为：当（15）>（16）时取正；反之取负。

在完成一测站观测后，应立即按前述方法进行相应表格的各项计算并满足限差要求，方能搬站，如此继续，直到测完整条水准路线。然后参照第二章水准测量的要求进行路线的平差，并求取各点的高程。误差分析与平差计算以及最终各点的高程计算请参阅第二章。

二、图根水准测量

图根控制测量可以用于小测区要求较低时的控制点的高程以及图根点的高程，由于其精度一般低于四等水准测量，也称为等外水准测量。

测量与计算方法如采用双面尺法，则基本与四等水准测量的方法相同，而精度要求低于四等水准测量，具体要求见表6-10；如采用单面尺法，则测量方法可参照第二章水准测量的相关要求。

三、三角高程测量

在地形起伏较大的地区采用水准测量，观测速度较慢且测量有一定困难，可采用三角高程测量的方法，但是测区内必须有一定量高等级水准点作为基准点，或用水准测量方式先布设水准点作为三角高程测量的基准点。

1. 三角高程测量基本原理

三角高程测量是利用获得两点之间的水平距离或倾斜距离以及竖直角，然后用三角的几何关系计算求得的，如图6-9所示，A点的高程已知，求AB两点之间的高差h_{AB}，并获得B点的高程。

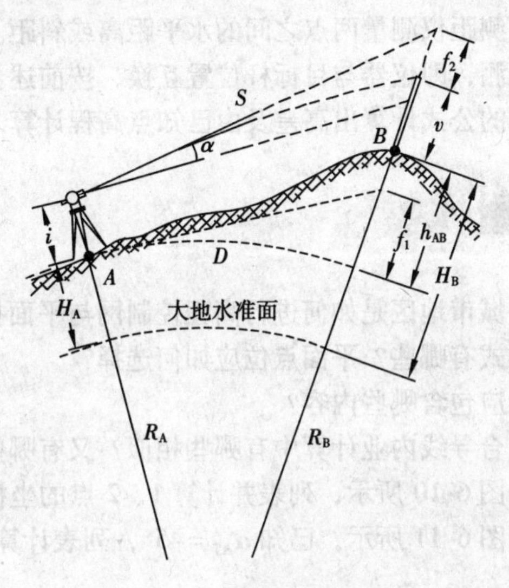

图6-9 三角高程测量示意

在A点安置经纬仪，并量取仪器横轴中心（一般在仪器固定横轴的支架上有一红点）到A点桩顶的高度，称为仪高i，在B点安置标尺或棱镜并量取顶高度，称为觇标高，望远镜十字丝中丝瞄准B点觇标高v对应位置，测得竖直角α，若获得AB两点间的水平距离D_{AB}或斜距S_{AB}（可以用测距仪测得或视距测量获得），则可以计算出AB两点之间的高差及B点高程：

$$h_{AB}=D_{AB}\tan\alpha+i-v$$

或

$$h_{AB}=S_{AB}\sin\alpha+i-v$$

及

$$H_B=H_A+h_{AB}=H_A+D_{AB}\tan\alpha+i-v=H_A+S_{AB}\sin\alpha+i-v$$

计算中竖直角α为仰角时取正值，为俯角时取负值。

2. 三角高程测量的基本技术要求

对于三角高程测量，控制等级分为四级及五级，其中代替四等水准的光电测距高程路线应起闭于不低于三等的水准点上，其边长不应大于1km，且路线最大长度不应超过四等水准路线的最大长度。其具体技术要求见表6-12。

三角高程测量的主要技术指标　　表6-12

等级	仪器	测距边测回数	竖直角测回数		指标差较差（″）	竖直角测回差（″）	对向观测高差较差（mm）	附合路线或环线闭合差（mm）
			三丝法	中丝法				
四等	DJ_2	往返各一次		3	≤7	≤7	$40\sqrt{D}$	$20\sqrt{\sum D}$
五等	DJ_2	1	1	2	≤10	≤10	$60\sqrt{D}$	$30\sqrt{\sum D}$

3. 三角高程测量的方法

（1）在测站上安置仪器（经纬仪或全站仪），量取仪高i；在目标点上安置觇标（标杆或棱镜），量取觇标高 v。

（2）用经纬仪或全站仪采用测回法观测竖直角 α，取平均值为最后计算取值。

（3）用全站仪或测距仪测量两点之间的水平距离或斜距。

（4）采用对向观测，即仪器与目标杆位置互换，按前述步骤进行观测。

（5）应用推导出的公式计算出高差及由已知点高程计算未知点高程。

思考题与习题

1. 在全国范围、城市地区是如何进行高程控制网与平面控制网的布设的？
2. 导线的布设形式有哪些？平面点位应如何选择？
3. 导线外业测量应包含哪些内容？
4. 附合导线与闭合导线内业计算中有哪些相似？又有哪些不同？
5. 某附合导线如图 6-10 所示，列表并计算 1、2 点的坐标。
6. 某闭合导线如图 6-11 所示，已知 $\alpha_{A5}=45°$，列表计算各点的坐标。

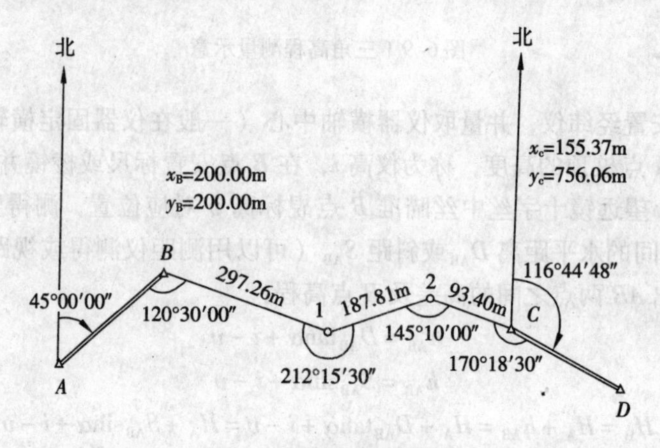

图 6-10　附合导线简图

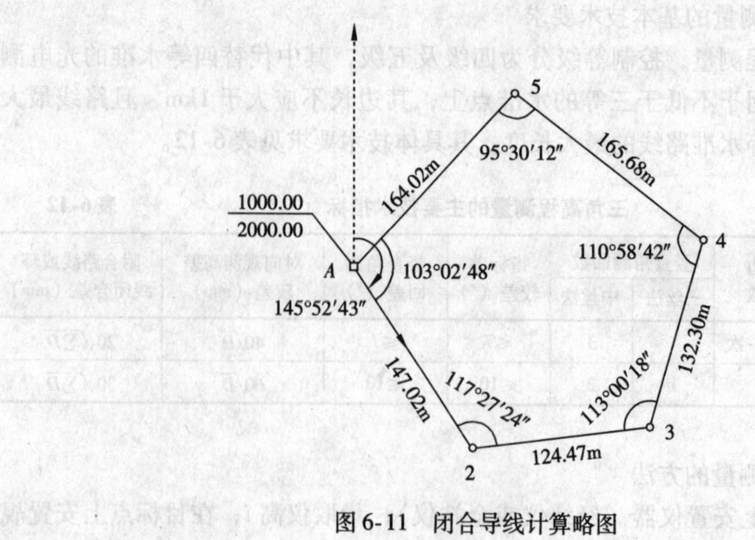

图 6-11　闭合导线计算略图

7. 四等水准测量建立高程控制时，应如何观测，如何记录及计算？

8. 如采用三角高程测量时，如何观测、记录及计算？

9. 如图6-9所示，已知A点的高程25.000m，现用三角高程测量方法进行往返观测，数据见表6-13，计算B点的高程。

三角高程测量数据　　表6-13

测站	目标	直线距离S（m）	竖直角α	仪器高i（m）	标杆高v（m）
A	B	213.634	3°32′12″	1.50	2.10
B	A	213.643	2°48′42″	1.52	3.32

第七章　大比例尺地形图的测绘与应用

第一节　地形图的基本知识

一、地形图与比例尺

地球表面固定不动的物体称为地物，如河流、湖泊、道路、建筑等。地球表面高低起伏的形态称为地貌。地物与地貌合称为地形。

地形图是将一定区域内的地物和地貌用正投影的方法按一定比例尺缩小并用规定的符号及方法表达出来的图形。这种图包括了地物与地貌的平面位置以及他们的高程。如果仅表达地物的平面位置，而省略表达地貌的称为平面图。

（一）比例尺的表示方法

图上一段直线的长度与地面上相应线段真实长度的比值，称为地形图的比例尺。根据具体表示方法的不同可以分为数字比例尺和图示比例尺。

1. 数字比例尺

数字比例尺以分子为1，分母为整数的分数表示，如图上一线段的长度为 d，对应实际地面上的水平长度为 D，则其比例尺可以表示为

$$d/D=\frac{1}{\frac{D}{d}}=1/M$$

式中 M 称为比例尺分母，该值越小即上式分数越大则比例尺越大，图上表示的内容越详细，但是相同图面表达内容的范围越小。数字比例尺通常可以表达为1∶500、1∶1000、1∶2000等，数字比例尺1∶1000 ＜ 1∶500。

2. 图示比例尺

常用的图示比例尺为直线比例尺，图7-1所示为1∶1000直线比例尺，取长度1cm为基本度量单位，标注的数字为该长度对应的真实水平距离，首格又分为十等分，即可以直接读出基本度量单位的1/10，可以估读到基本度量单位的1/100。

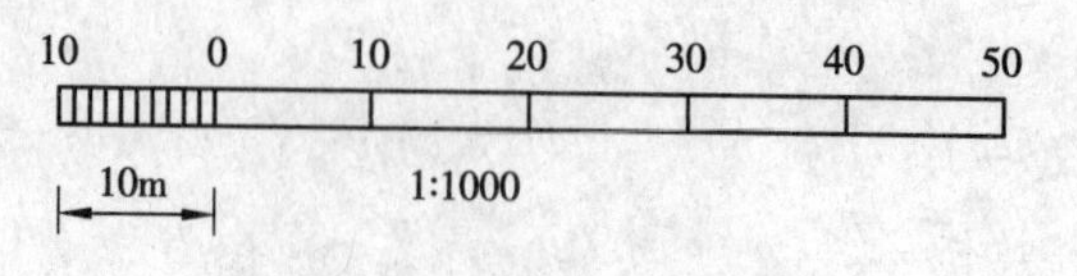

图7-1　图示比例尺示意

图示比例尺一般位于图纸的下方，他随图纸一起印刷或复印，一旦发生变形，图上变形基本相同，故可以直接在图纸上量取，能消除图纸伸缩或变形带

来的影响。

（二）比例尺精度

在正常情况下，人肉眼可以在图上进行分辨的最小距离是0.1mm，当图上两点之间的距离小于0.1mm时，人眼将无法进行分辨而将其认成同一点。因此可以将相当于图上长度0.1mm的实际地面水平距离称为地形图的比例尺精度，即比例尺精度值为0.1M。

表7-1为常用比例尺的比例尺精度。比例尺精度对测图非常重要。如选用比例尺为1:500，对应的比例尺精度为0.05m，在实际地面测量时仅需测量距离大于0.05m的物体与距离，而即使测量的再精细，小于0.05m的物体也无法在图纸上表达，因此可以根据比例尺精度来确定实地量距的最小尺寸。再比如在测图上需反映地面上大于0.1m细节，则可以根据比例尺精度选择测图比例尺为1:1000，即根据需求来确定合适的比例尺。

常见比例尺对应的比例尺精度 **表7-1**

比例尺	1:500	1:1000	1:2000	1:5000	1:10000
比例尺精度（m）	0.05	0.1	0.2	0.5	1.0

二、地形图的分幅、编号与图廓

（一）地形图的分幅与编号

地形图的分幅与编号主要有两种：一种是按经线和纬线划分的梯形分幅与编号，主要用于中小比例尺的国家基本图的分幅；另一种是按坐标格网划分成的矩形分幅与编号，用于大比例尺地形图的分幅与编号。本章仅介绍矩形分幅与编号的方法。

1:500~1:5000的大比例尺地形图通常采用矩形分幅，其中1:5000地形图采用40cm×40cm的正方形分幅，1:500、1:1000和1:2000地形图一般采用50cm×50cm的正方形分幅，或40cm×50cm的矩形分幅。

矩形分幅的编号方法主要有以下三种。

1. 以1:5000地形图图号为基础编号法

正方形图幅以1:5000图作为基础，以该图幅西南角之坐标数字（阿拉伯数字，单位km）作为图号，纵坐标在前，横坐标在后，同时也作为1:2000~1:500图的基本编号。图7-2所示的1:5000地形图的图号为20-30。

在1:5000地形图基本图号的末尾，附加一个子号数字（罗马数字，下同）作为1:2000图的图号。图7-2中将1:5000图作四等分，便得到四幅1:2000地形图，其中阴影所示图编号（左下角）为20-30-Ⅲ。同样将1:2000图四等分，得到四幅1:1000图，而将1:1000图四等分得到四幅1:500图，1:1000或1:500图的图号分别以对应1:2000或1:1000图的图号末尾再附加一罗马数字形成，如图7-2中阴影所示，1:1000图（右上角）编号为20-30-Ⅱ-Ⅰ，1:500图（左上角）编号为20-30-Ⅰ-Ⅰ-Ⅰ。

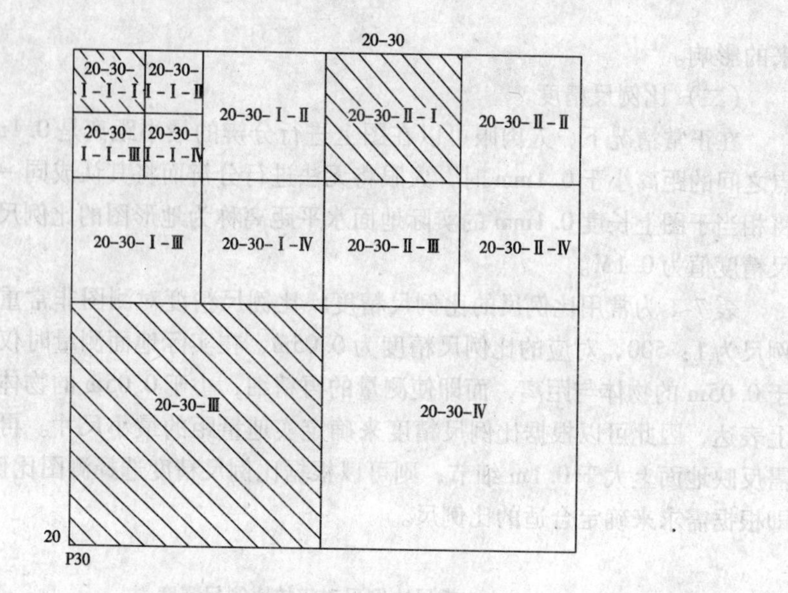

图7-2 大比例尺地形图正方形分幅

2. 按图幅西南角坐标千米数编号法

当采用矩形分幅时，大比例尺地形图的编号，可以采用图幅西南角坐标千米数编号法。如图7-11所示，其西南角的坐标 $x=31.0$km，$y=52.0$km，所以编号为“31.0—52.0”。编号时，比例尺为1:500的地形图坐标值取至0.01km，而1:1000、1:2000的地形图的坐标取值至0.1km。

3. 按数字顺序编号法

对于带状地形图或小面积测量区域，可以按测区统一顺序进行编号，编号时一般按从左到右，从上到下用数字1，2，3……编定。对于特定地区，也可以对横行用代号A，B，C……，从上到下排列，纵列用数字1，2，3……排列来编定，编号时先行后列如B-2。

（二）地形图的图廓

地形图都有内外图廓，内图廓用细实线表示，是图幅的范围线，绘图必须控制在该范围线内；外图廓用粗实线表示，主要起装饰作用。正方形图廓的内图廓同时也是坐标格网线，在内外图廓之间和图内绘有坐标格网的交点，同时在内外图廓之间标注以千米为单位的坐标格网值。

在图廓外，图纸正上方，标注图名和图号。图名即该幅图的名称，以图纸内有代表性的典型地物命名。图纸左上角为接图表，表示本图幅与相邻图幅的关系，其中正中为本图幅位置，周围各格分别为与本图相邻图幅的图名。图纸下方正中为比例尺，标注数字比例尺，部分图纸也在数字比例尺下方绘制直线比例尺。

同时在图纸左下方图廓外应注明测图时间、方法、采用坐标系统以及高程系统等。而在右下侧标注测绘单位与测绘者等信息。

三、地物与地貌在图上的表示方法

为了便于测图与识图，可以用各种简明、准确、易于判断实物的图形或符号，将实地的地物或地貌在图上表示出来，这些符号统称为地形图图式。地形图图式由国家测绘机关编制并颁布，是测绘与识图的重要参考依据。表7-2为国家测绘局颁布的《地形图图式（1∶500、1∶1000、1∶2000）》中部分常用的地物与地貌符号。

（一）地物符号在图上的表示方法

地物在图中用地物符号表示，地物符号可以分为比例符号、半依比例符号、非比例符号和注记。

1. 比例符号

按照测图比例尺缩小后，用规定的符号画出的为比例符号。如房屋、草地、湖泊及较宽的道路等在大比例尺地形图中均可以用比例符号表示。其特点是可以根据比例尺直接进行度量与确定位置。

2. 半依比例符号

对于一些呈长带状延伸的地物，其长度方向可以按比例缩小后绘制，而宽度方向缩小后无法直接在图中表示的符号称为半依比例符号，也称为线性符号。如小路、通讯线路、管道、篱笆或围墙等。其特点是长度方向可以按比例度量。

3. 非比例符号

对于有些地物，其轮廓尺寸较小，无法将其形状与大小按比例缩小后展绘到地形图上，则不考虑其实际大小，仅在其中心点位置按规定符号表示，称为非比例符号。如导线点、水准点、路灯、检修井或旗杆等，见表7-2中编号27~40的符号。

4. 文字或数字注记

有些地物用相应符号表示还无法表达清楚，则对其相应的特性、名称等用文字或数字加以注记。如建筑物层数、地名、路名、控制点的编号与水准点的高程等。

常用部分地形图图式　　表7-2

编号	符号名称	图例	编号	符号名称	图例
1	坚固房屋 4－房屋层数	坚4　1.5	6	草地	1.5　0.8　10.0　10.0
2	普通房屋 2－房屋层数	2　1.5	7	经济作物地	0.8　3.0　蔗　10.0　10.0
3	窑洞 1. 住人的 2. 不住人的 3. 地面下的	1　2.5　2　2.0　3	8	水生经济作物地	3.0　藕　0.5
4	台阶	0.5　0.5　0.5	9	水稻田	0.2　2.0　10.0　10.0
5	花圃	1.5　1.5　10.0　10.0			

续表

编号	符号名称	图例	编号	符号名称	图例
10	旱地	1.0 2.0 10.0 10.0	25	大车路	0.15 0.3 碎石
11	灌木林	0.5 1.0	26	小路	4.0 1.0 0.3
12	菜地	2.0 2.0 10.0 10.0	27	三角点 凤凰山 - 点名 394.486 - 高程	凤凰山 394.468 3.0
13	高压线	4.0	28	图根点 1. 埋石的 2. 不埋石的	1 2.0 N16 84.46 2 1.5 25 62.74 2.5
14	低压线	4.0	29	水准点	2.0 Ⅱ京石 5 32.804
15	电杆	1.0	30	旗杆	1.5 4.0 1.0 1.0
16	电线架		31	水塔	2.0 3.0 1.0 1.2
17	砖、石及混凝土围墙	10.0 0.5 0 10.0	32	烟囱	3.5 1.0
18	土围墙	10.0 0.5			
19	栅栏、栏杆	1.0 10.0	33	气象站（台）	3.0 4.0 1.2
20	篱笆	1.0 10.0	34	消火栓	1.5 1.5 2.0
21	活树篱笆	3.5 0.5 10.0 1.0 0.8	35	阀门	1.5 1.5 2.0
22	沟渠 1. 有堤岸的 2. 一般的 3. 有沟堑的	1 2 0.3 3	36	水龙头	3.5 2.0 1.2
			37	钻孔	3.0 1.0
			38	路灯	3.5 1.0
23	公路	0.3 0.3 沥：砾	39	独立树 1. 阔叶 2. 针叶	1.5 1 3.0 0.7 2 3.0 0.7
24	简易公路	8.0 2.0			

续表

编号	符号名称	图例	编号	符号名称	图例
40	岗亭、岗楼	90° 3.0 1.5	43	高程点及其注记	05·163.2 75.4
			44	滑坡	
41	等高线 1. 首曲线 2. 计曲线 3. 间曲线	0.15 87 1 0.3 85 2 0.15 6.0 1.0 3	45	陡崖 1. 土质的 2. 石质的	1 2
42	示坡线	0.8	46	冲沟	

（二）地貌符号的表示方法

地貌形态比较丰富，对于局部地区可以按地形起伏的大小划分为如下四种类型：地面倾斜角在2°以下的地区称为平坦地；地面倾斜角在2°～6°的地区称为丘陵地；地面倾斜角在6°～25°的地区称为山地；而地面倾斜角超过25°的地区称为高山地。

地形图上表示地貌的主要方法为等高线。

1. 等高线的概念

地面上高程相同的相邻点依次首尾相连而形成的封闭曲线称为等高线。如图7-3所示，有一静止水面包围的小山，水面与山坡形成的交线为封闭曲线，曲线上各点的高程是相等的。随着水位的不断上升，形成不同高度的闭合曲线，将其投影到平面上，并按比例缩小后绘制的图形，即为该山头用等高线表示的地貌图。

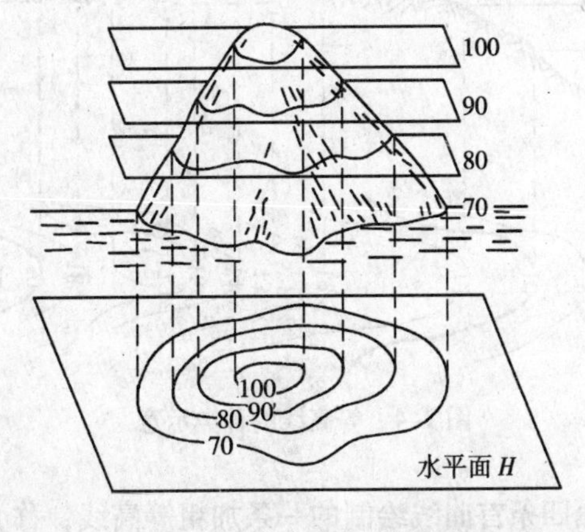

图7-3 等高线形成示意

相邻等高线之间的高差称为等高距，用 h 表示。在同一幅地形图上等高距是相同的，因此也称为基本等高距。相邻等高线之间的水平距离称为等高线平距，用 d 表示。在同一幅地形图上由于等高距是相同的，则等高线平距的大小反映了地面起伏的状况，等高线平距小，相应等高线越密，则对应地面坡度大，即该地较陡；等高线平距越大，相应等高线越稀疏，则对应地面坡度较小，即该地较缓；如果一系列等高线平距相等，则该地的坡度相等。

在一个区域内，如果等高距过小，则等高线非常密集，该区域将难以表达清楚，因此绘制地形图以前，应根据测图比例尺和测区地面坡度状况，按照规范要求参考表7-3选择合适的基本等高距。

地形图的基本等高距（m）　　表7-3

比例尺 / 地形类别	1:500	1:1000	1:2000
平地	0.5	0.5	0.5、1
丘陵地	0.5	0.5、1	1
山地	0.5、1	1	2
高山地	1	1、2	2

2. 等高线的种类

等高线可以分为基本等高线和辅助等高线等，如图7-4所示。

按选定的基本等高距绘制的等高线，称为首曲线，是基本等高线的一部分，用0.15mm宽的细实线表示。

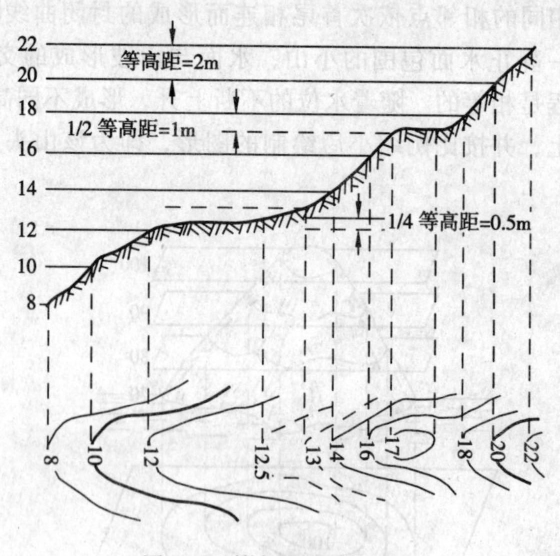

图7-4　等高线的种类示意

从零米开始，每隔四条首曲线绘制的一条加粗等高线，称为计曲线，也是基本等高线的一部分。主要为便于读取等高线上的高程，用0.3mm宽的粗实线表示。

当局部区域比较平缓，用基本等高线无法完全表达时，可以在两条基本等高线中间插入一条辅助等高线，将等高线之间的高差变成 1/2 等高距，称为间曲线，用 0.15mm 宽的长虚线表示。当插入间曲线还是无法清楚表达时，可以再插入描绘 1/4 等高距的等高线，使相邻等高线之间的高差为基本等高距的 1/4，称为助曲线。用 0.15mm 宽的短虚线表示。间曲线与助曲线均为辅助等高线。

3. 典型等高线

地面上的地貌是多种多样的，在这里仅介绍主要的几种，如图 7-5 所示。

（1）山头与洼地

图 7-5 左上角所示分别为山头与洼地的等高线。它们投影到水平面上均为一组封闭的曲线。从高程注记可以区分山头与洼地。中间高四周低的是山头，而洼

图 7-5 典型等高线

地正好相反。也可以在等高线上加示坡线来表示，示坡线方向指向低处。

（2）山脊与山谷

山脊的等高线为一组凸出向低处的曲线，各条曲线方向改变处的连线即山脊线。山谷正好相反，等高线为一组凸向高处的曲线，各曲线方向改变处的连线为山谷线。

在山脊上，雨水以山脊线为界分别流向山脊的两侧，故也称为分水线，山脊线是该区域中坡度最缓的地方。山谷线是雨水汇集后流出的通道，因此也称为集水线，是该区域内坡度最陡的。

（3）鞍部

典型的鞍部是处于两个相邻的山头之间的山脊与山谷的会聚处，由于形状类似马鞍而得名。在山区选定越岭道路时，通常从鞍部通过，如图7-5左上角所示。

（4）悬崖绝壁与陡崖

陡崖是坡度在70°以上的陡峭崖壁，由于坡度较陡，等高线在该区域非常密集，因此可以用锯齿状的断崖符号表示。而当局部区域的崖壁近乎直立且下部向内凹时，等高线会发生重叠，即上部的等高线将部分下部等高线遮盖，看不见部分以虚线表示。

4. 等高线的特性

（1）同一条等高线上点的高程都相等。

（2）等高线是一条封闭的曲线，不能中断，如不能在同一图幅内封闭，也必然在图外或其他图幅内封闭。

（3）不同高程的等高线不得相交。在特殊地貌，如悬崖等是用特殊符号表示其等高线重叠而非相交。

（4）同一地形图中的等高距相等，等高线平距越大，则该地区坡度愈缓，反之亦然。

（5）等高线与山脊线或山谷线正交。

第二节　大比例尺地形图的测绘

一、测图前的准备工作

在完成图根控制测量，求得图根控制点的平面坐标与高程以后，就可以开始碎部测量，然后绘制测区的地形图，在开始测图以前，应完成如下准备工作。

1. 图纸的选择

可以选择的图纸有白纸或聚脂薄膜。目前通常选用的是厚度为0.07～0.1mm的经热定型处理的聚脂薄膜，其伸缩率小于0.2‰。该图纸的缺点是易燃、怕折；优点为透明度较高，耐磨耐潮，图纸弄脏后可以水洗，便利野外作业，在上墨后可以直接晒蓝图或制版印刷。使用时可直接用胶带或铁夹固定在图板上即可。为了绘制时能看清楚图上线条，应在图板上先垫一张浅色纸再固定聚脂薄膜。

2. 坐标格网的绘制

采用聚脂薄膜测图时，可以购买已经印刷好格网的图纸，其分幅通常为

40cm×40cm 和 50cm×50cm 两种，使用前应对格网的印刷精度进行检查，合格后方可使用。

如果使用空白的聚脂薄膜或白纸，则需要在聚脂薄膜或白纸上绘制精确的坐标格网，一般每个方格的尺寸为 10cm×10cm。绘制的方法有对角线法和坐标格网尺法等，在这里仅介绍对角线法。

如图 7-6 所示，首先用铅笔轻轻在图纸上绘制两条大致垂直的对角线，设相交于 *M* 点，以该点为圆心，取合适的半径画圆与对角线分别交于 *A*、*B*、*C*、*D* 点，连接后得矩形 *ABCD*，再沿各边依次截取 10cm 设点，并将对应各点分别连接，即成坐标格网。

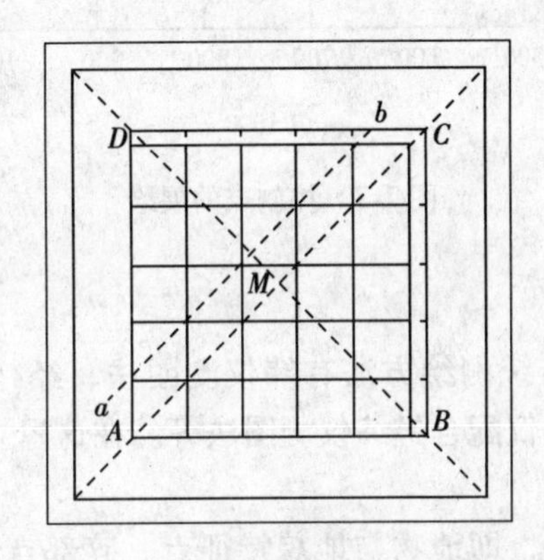

图 7-6　对角线法绘制坐标格网

为了保证坐标格网的精度，不论是购买的图纸还时自己绘制的图纸，在坐标格网绘制完成后，应先进行检查，合格后方可使用。如图 7-6 所示，用直尺任意连接一对角线 *ab*，其连线应通过对应方格角点，偏离不应超过 0.2mm；检查各个方格的对角线长度，理论值为 14.14cm，测量值与理论值之差不超过 0.2mm；用直尺沿各方格边丈量实测值与理论值（每格 10cm）偏差不超过 0.2mm；图廓对角线丈量值与理论值之差不超过 0.3mm。如果超过限差，应查明原因并纠正，待完全正确后方可使用。

3. 控制坐标点的展绘

根据图根平面控制点的坐标，将其点位在图纸上标出，称为控制点的展绘。在展绘以前，应根据地形图分幅及测区具体位置，将坐标格网线的坐标值标于相应格网线外侧，处于内外图廓之间。

展绘控制点时，应先根据该点的坐标值，确定该点在格网中的具体方格，如图 7-7 中 *A* 点即在 *lmnp* 方格中，从 *p* 和 *n* 分别沿 *pl* 和 *nm* 量取超出整数的坐标值定出 *c*、*d* 两点，用直线连接后该线即对应 *A* 点纵坐标值，同样可以从 *l* 和 *p* 分别丈量确定 *a*、*b* 两点，连线即为 *A* 点横坐标值，*ab* 与 *cd* 的交点为该控制点 *A* 在图中的位置。可以用同样的方法依次将各控制点 1~4 展绘在图纸上。

展绘完成后，应进行检查，用比例尺丈量相邻点之间的水平距离，实测值与理论值的差值不超过图上距离 0.4mm，否则应重新展绘。

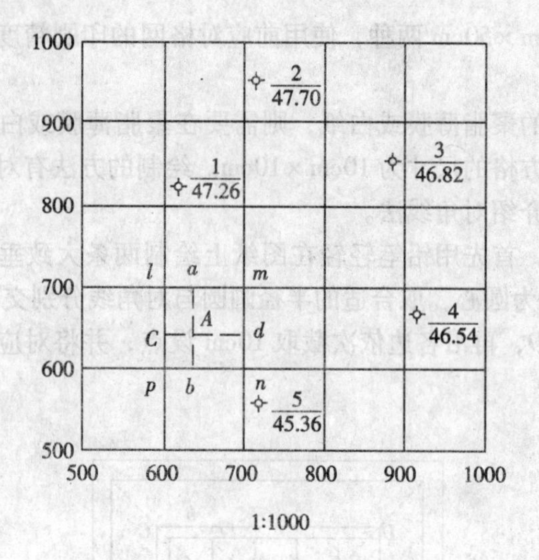

图 7-7 控制点的展绘

二、经纬仪测图

大比例尺地形图的传统测绘方法有纬仪测图法、经纬仪配合测距仪测图法、大平板仪测图法与小平板仪配合经纬仪测图法等。在这里主要介绍经纬仪测图法。

（一）碎部点的选择

碎部点也称为地形点，即地物与地貌特征点。碎部点选择关系到测图的速度及质量。选择具体碎部点应根据比例尺及测区内部地物和地貌具体状况，选定能反映地物或地貌特征变化的点。

地物特征点一般为地物轮廓线或边界线的交叉或转折点。如建筑物等平面状地物的棱角点或转角点；道路、河流等地物交叉、转折点；电线杆、独立树等点状较小地物的中心点等。如果部分地物形状不规则，则主要地物凹凸变化在图上大于0.3mm时应表示，反之可以采用直线直接相连。

地貌特征点为等高线上坡度或方向变化点，如山脊（分水）线、山谷（集水）线、山腰线、山脚线等，只要选择这些转折点或轮廓变化点，就能将不同坡度线段表示，并据此绘制等高线，表示地形。

为了保证测图质量，在平坦地区地面坡度无明显变化时，也应测绘一定数量碎部点，而距离测量时，误差随距离增加而增大，表7-4中规定了碎部点的最大间隔与距离丈量的长度。

碎部点的间距及距离丈量最大间隔 **表 7-4**

测图比例尺	碎部点间隔（m）	视距最大长度（m）		测距最大长度（m）	
		地物点	地形点	地物点	地形点
1:500	15	–	70	80	150
1:1000	30	80	120	160	250
1:2000	50	150	200	300	400

（二）碎部测量

经纬仪碎部测量是按照极坐标法定位原理，利用经纬仪测量水平角、水平距离与高程。然后利用各种作图方法绘制成图。其中水平距离也可以采用钢尺或光电测距仪测量，高程可采用水准仪测量。

1. 观测

如图7-8所示，A、B两点为已知控制点，在A点安置经纬仪，量取仪器的高度i，瞄准另一已知点B，配置度盘读数为0°00′00″，在碎部点1、2、3上依次树立标杆，分别测定A点与碎部点连线与已知直线AB之间的水平角β_1、β_2、β_3等，同时用视距测量方法测量竖直角与上、中、下丝读数，计算水平距离和测点高程，视距测量与计算的具体方法请参阅前述相关章节，如图7-8中水平距离分别为D_1、D_2和D_3。水平距离也可以用钢尺进行丈量，高程也可以用水准仪测量。有了相关碎部点的测量数据后，即可选择合适的方法绘图了。在用经纬仪测图时，需要现场将测量数据记录和计算，如表7-5为经纬仪碎部测量的记录表。

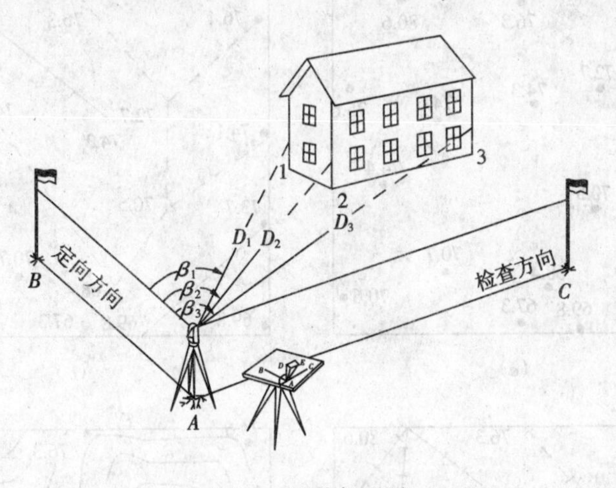

图7-8　经纬仪测图

经纬仪碎部测量记录与计算表　　　　表7-5

测站点：______ 后视点：______ 仪高i______ 指标差x______ 测站点高程______

碎部点	视距丝间隔（m）	中丝读数a（m）	竖盘读数（°′）	竖直角（°′）	$i-a$（m）	高差h（m）	水平角β（°′）	水平距离D（m）	高程H（m）	备注

2. 平面点展绘与地物描绘

在记录并计算相关数据后，可以在测站旁开始平面点的展绘，常采用极坐标法。将量角器中心对准图上对应安置仪器的测站点，零边对准已知边，根据测量水平角度β定出方向线，再在该方向线上用比例尺丈量对应水平距离D确定碎部点。重复上述步骤可以将各点均展绘出来。

为了便于展点，可采用测图专用的量角器，该量角器中心有一个小孔，可钉在图板上相应的测站点上，角度是逆时针刻划的，只要将水平角度 β 所对应的刻划线对准已知边，则零边或 180°边（$\beta > 180°$时）即为测点所在的图上方向线，再根据水平距离 D 的图上长度，在量角器零边或 180°边上定点。

如果条件允许，尽量在现场进行展绘，便于与实际对照。也可以根据测量数据计算出各点的坐标，再参照展绘控制点的方法将各碎部点展绘出来，同时在边上用铅笔标注该点编号。

地物应按照地形图图式中相关规定的符号表示。房屋等轮廓线直接用直线相连，道路、河流等弯曲的曲线部分可以用光滑曲线将相关各点依次相连，不能按比例描绘的地物，如旗杆、路灯等按规定的非比例符号表示。

3. 等高线的绘制

绘制等高线前，先检查各点位置是否基本正常，然后用铅笔轻轻勾绘出山脊线、山谷线等特征线如图 7-9 所示，再根据各点高程勾绘等高线。

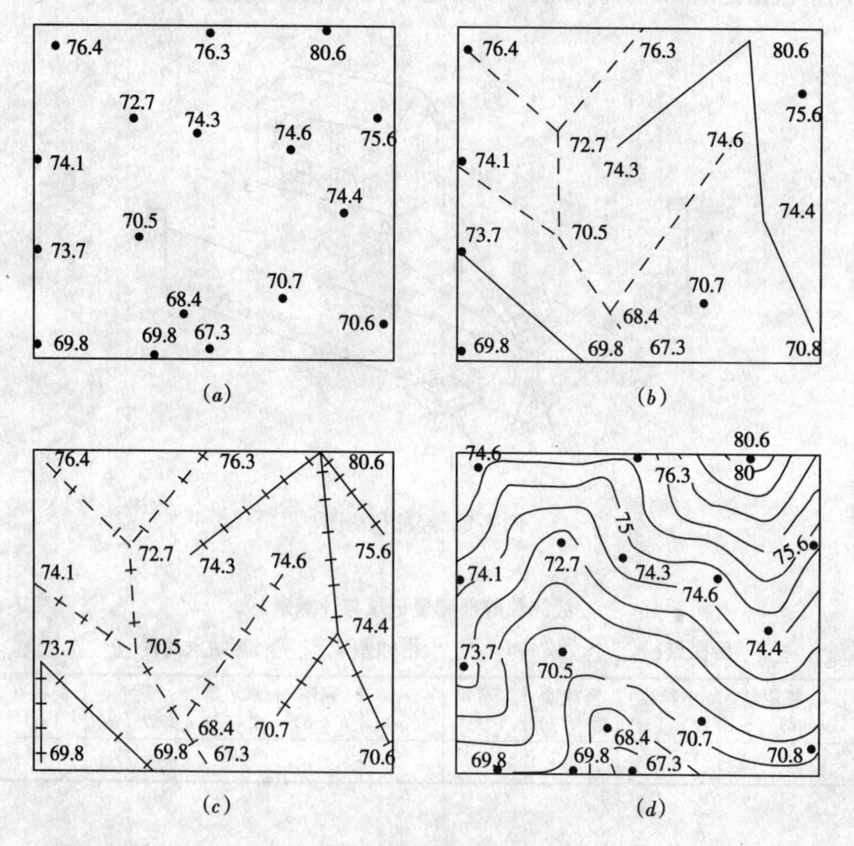

图 7-9　等高线的绘制

在测量时，选择碎部点为地面坡度变化处，则相邻点之间可以认为坡度是均匀的，这样，可以在相邻点连接直线上，按平距与高差成正比例关系，内插各高程整数点的位置如图 7-9（c）所示，再将高程相等的点依次首尾相连即成等高线，如图 7-9（d）所示。对于悬崖、裂缝等可以按相应符号表示。绘制完成后应与实际进行对照。

三、地形图的拼接、检查与整饰

1. 地形图的拼接

当测区面积较大或选用比例尺较大时，整个测区可能划分为若干幅图进行测量与绘制，这时，由于测量误差与绘图误差的存在，在相邻图幅的连接处，无论地物轮廓线或等高线均可能无法吻合。

而由图 7-10 可知，两幅图对应相同坐标网格线重叠拼接时，图中建筑、等高线或河流等存在连接错位差。如误差小于表 7-6 规定的 $2\sqrt{2}$倍时，可以将误差平均分配，即可以在拼接处粘贴一透明纸，在错位处取两边中间点（在两幅图上各修正一半），再将附近各点重新连接，连接时应保证地物、地貌点相互位置或走向的正确性。如超过限差，应到实地检查并纠正。

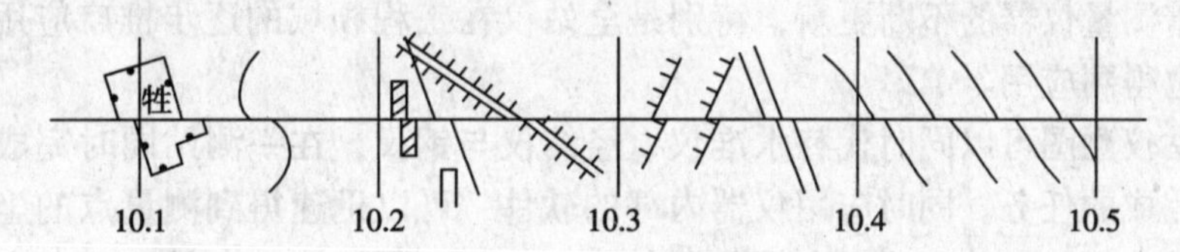

图 7-10 地形图的拼接

碎部点平面及高程中误差 表 7-6

地区分类	图上点位中误差（mm）	图上相邻地物点间距中误差（mm）	等高线高程中误差（等高距）			
			平地	丘陵地	山地	高山地
建筑区、平地或丘陵	0.5	0.4	1/3	1/2	2/3	1
山地或旧街坊内部	0.75	0.6				

2. 地形图的检查

为了保证质量，除了在测量与绘图时加强检查外，在测绘完成后，作业人及测量组应进行成果、资料的自查与互查，尽量减少误差及避免错误。检查包括内业检查与外业检查。

内业检查主要是核对原始资料、数据记录计算是否正确，控制点密度及展绘是否符合要求；计算中各项较差、闭合差是否在规定范围内；地物、地貌点的选择是否合适，数量能否满足要求，测绘数据是否正确、齐全；地形图图廓、方格网精度是否满足要求；各碎部点的展绘、连接是否达到要求，图式符号是否应用合适正确；接边精度是否合格，原始资料是否完备等。

根据内业检查的结果，确定外业巡查的路线，将图纸与实地状况进行对照，检查是否有遗漏，等高线是否与实际一致，符号、注记是否正确等，将相邻地物点间距、地物长宽等用卷尺实量，检查的问题应及时在图上补充或修正。完成后应对部分内容进行实地设站检查，看原图是否符合要求，一般仪器复查量为每幅图内容的10%左右。在外业检查发现问题后，应查明原因并及时在图上加以修正，及补充数据，并对原始记录错误部分加以说明。

3. 地形图的整饰

地形图经过上述拼接、检查与修正后，基本完成，最后，用进行清绘与整饰，使图面干净、清晰与美观，并提交保存。清绘地形图时应将仅供测量与绘图用的辅助点与辅助线擦去，仅保留地物与地貌符号，图廓内的坐标格网仅保留格网的交点，并且其不得与其他图线相交，将多余直线擦去。

地形图整饰按下列顺序进行：先图框内，后图框外；先地物，后地貌；先注记，后符号。在等高线经过注记或地物处应断开，不得相交。图上注记、地物、符号或等高线应按相应图式要求进行描绘或书写，一般字头指向北向。在图框外应标注：图名与图号，比例尺，坐标与高程系统，测绘单位人员与日期。

四、数字化测图简介

随着测量仪器的不断更新，特别是全站仪在工程领域的逐步推广应用，数字化测图也得到应用。

全站仪测图可以同时代替水准仪、经纬仪与钢尺，在一测站同时完成上述仪器分别完成的任务。同时应用仪器内部的软件，可以迅速得到测量点的坐标与高程，相关数据以文件形式保存在仪器的记忆体中，通过RS232接口可以方便地将数据传递到相应的电脑，应用专用软件如南方公司CASS等可以方便调用与编辑直接获得基于AutoCAD的绘图文件，应用常规绘图软件可以方便进行编辑与应用。全过程无纸化，便于修改更新又节省大量人力物力。

第三节　地形图的应用

一、地形图的识读

为了正确应用地形图，首先应先读懂地形图，即识图。在识读地形图时，一般按如下顺序进行。

1. 图廓外的注记

如图7-11所示，在识读地形图时，首先应阅读图廓外的注记，以对该图有一个基本的认识。主要是看正上方的图名与图号，正下方的比例尺，左上方的接图表，以及左下方测图方法、坐标系的选用与高程基准、等高距及采用地形图图式。以及测量单位、测量人员和测量日期，本图为节选部分，所以表示不完整，部分标在右下角。

2. 地物分布

在先阅读图外注记及熟悉有关地物符号的基础上，可以进一步识读地物，如图7-11所示，图纸西南部为黄岩村，村北面有小良河自东向西流过，村西测有一便道，通过一座小桥跨过该河，村子西侧和南侧有电线通过，该村建筑以砖房为主，个别为土房。村子四周有控制点Ⅰ12、A10、A11和B17，其中第一点为埋石的，其他各点为不埋石的，该地区标高大致在287m。村子东侧为菜地与水稻田，北面的山地，上面是树林。山地的东侧与东北侧有采石场。

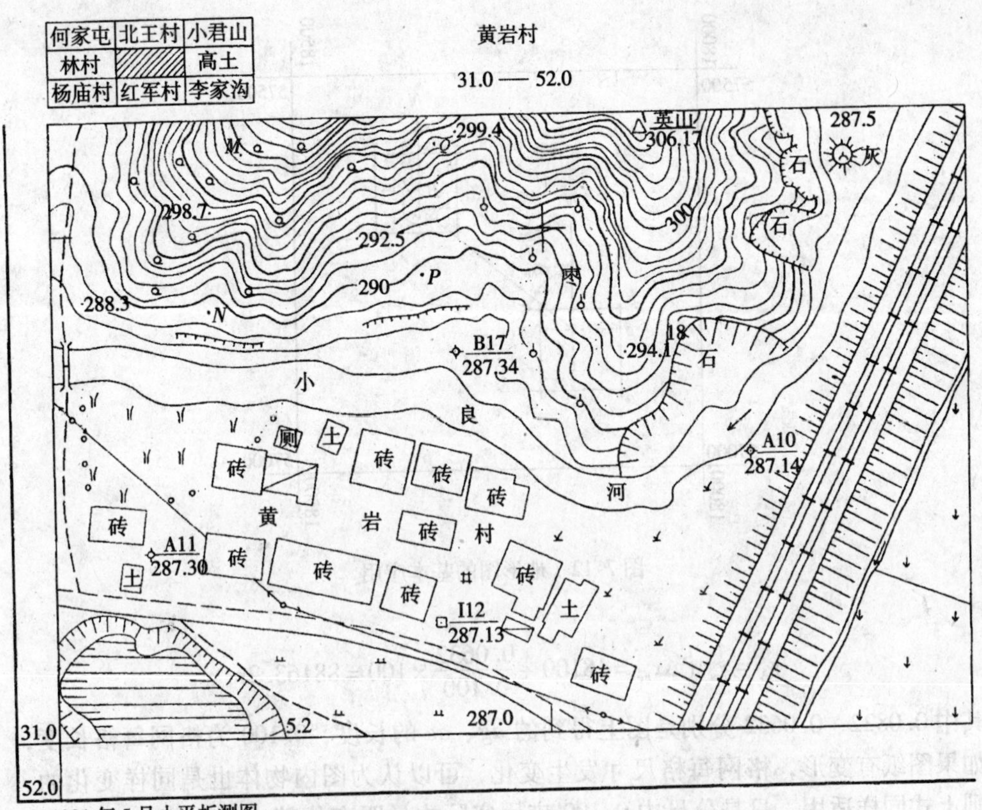

图 7-11 地形图的识读

3. 地貌分布与植被

根据等高线的分布，山地为南侧低、北侧高，其中一个山峰为英山，顶面标高 306.17m。其山脊线向南延伸，在北部格网交点附近为山谷线位置，西北侧还有一山峰在图幅外，南部西侧有一洼地。村子东、南侧为经济作物地，其中南侧为旱地。山上作物比较稀疏。

二、地形图的基本应用

1. 求图上某点的坐标

如图 7-12 所示，图中 A 点的坐标，可以根据地形图中坐标格网的坐标值确定，A 点在 $abcd$ 所围成的坐标格网中，其西南点 a 的坐标为

$$x_a = 57100\text{m}$$

$$y_a = 18100\text{m}$$

过 A 点作方格的平行线，与格网边分别交于 g、e 点，丈量图上 ag、ae 的长度，可以求得

$$x_A = x_a + \Delta x_{ag} = 57100 + \frac{0.0822}{0.100} \times 100 = 57182.2\text{m}$$

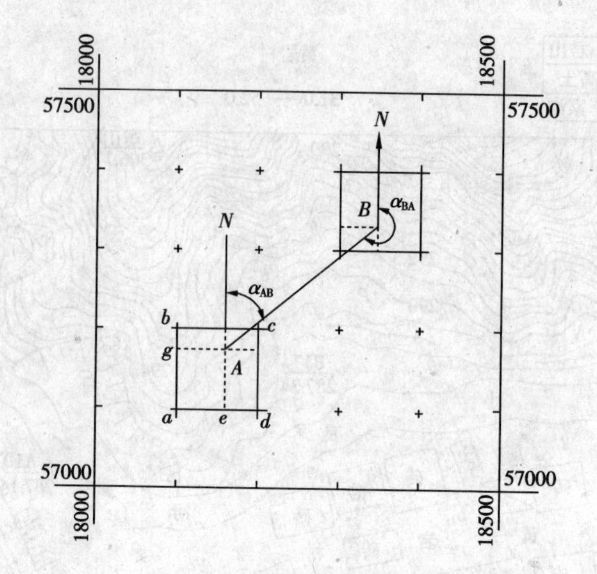

图 7-12　地形图的基本应用

$$y_A = y_a + \Delta x_{ae} = 18100 + \frac{0.0632}{0.100} \times 100 = 88163.2\text{m}$$

其中 0.0822、0.0632 分别是图上得到的 ag、ae 的长度，0.100 为格网每格长度，如果图纸有变形，格网每格尺寸发生变化，可以认为图内物体也是同样变化的，则上式同样适用，只是分母中 0.100 应用实际丈量距离代替。而 100 为每一格的实际长度。同样可以得到 B 点的坐标。我们可以得到考虑图纸变形的坐标计算式

$$\begin{cases} x_A = x_a + \dfrac{ag}{ab} \times l_{ab} \times M \\ y_A = y_a + \dfrac{ae}{ad} \times l_{ad} \times M \end{cases} \tag{7-1}$$

式中 l_{ab}，l_{ad} 为图上格网理论长度，一般为 10cm，M 为比例尺分母。

2. 图上两点间的水平距离

如图 7-12 所示，求 AB 两点之间的水平距离，可以采用图解法或解析法。图解法为直接从图中量出 AB 两点之间直线的长度，再乘比例尺分母 M 即为该点的水平距离。而解析法则是在求得 A、B 两点的坐标后，用公式计算：

$$D_{AB} = \sqrt{(x_B - x_A)^2 + (y_B - y_A)^2} = \sqrt{\Delta x_{AB}{}^2 + \Delta y_{AB}{}^2} \tag{7-2}$$

3. 坐标方位角的量测

如图 7-12 所示，过 A、B 分别作 x 坐标的平行线，然后用量角器分别量出角值 α'_{AB} 和 α'_{BA}，并取其平均值为结果。

$$\alpha_{AB} = \frac{1}{2}\left(\alpha'_{AB} + \alpha'_{BA} \pm 180°\right) \tag{7-3}$$

也可以先求得 A、B 两点坐标，然后用公式计算：

$$\alpha_{AB} = \arctan\frac{\Delta y_{AB}}{\Delta x_{AB}} = \arctan\frac{y_B - y_A}{x_B - x_A} \tag{7-4}$$

4. 图上点高程的确定

如图7-13所示，如果某一点刚好在某条等高线上，如 m、n 点，则该等高线的高程即为该点的高程，图上 m、n 点的高程分别为17m和18m。

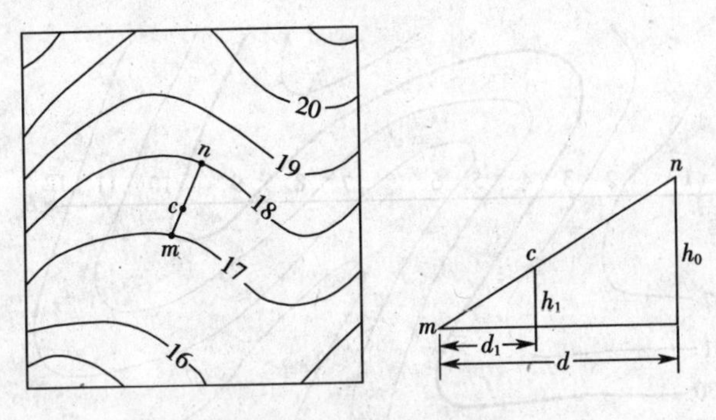

图7-13　求点的高程

如果某点位置不在一条等高线上，如 c，则应应用内插法求该点的高程。过 c 点作线段 mn 大致垂直于相邻两条等高线，在相邻等高线之间可以认为坡度是均匀的，则量出 mc 和 mn 的长度分别为 d_1 与 d，则 c 点的高程为：

$$H_C = H_m + \Delta h_{mc} = H_m + h_1 = H_m + \frac{d_1}{d}h_0 \tag{7-5}$$

式中 h_0 为相邻等高线之间的高差，即等高距。

5. 确定图上直线的坡度

直线两点之间的高差与该两点之间的水平距离的比值即为该直线的坡度，即

$$i_{AB} = h_{AB} / D_{AB} \tag{7-6}$$

由于高差一般有正负号，而距离恒为正，则坡度的符号即为高差的符号，如图7-12中 i_{AB} 和 i_{BA} 是不同的，两者符号相反。坡度一般用百分率（%）或千分率（‰）表示。

如果该两点在两条相邻等高线上或以内，则一般认为其坡度是均匀的，而如果该两点跨越了几条等高线，一般他们是有起伏的，而按上式计算得出的是平均坡度。

三、地形图在工程建设中的应用

（一）沿指定方向绘制纵断面图

在道路、管线等工程设计与施工前，为了合理确定路线的坡度，及平衡挖填方量，需要详细考虑沿线的路面纵坡。因此需要根据等高线图来绘制路面的纵断面图。

如图7-14所示，首先在等高线图正下方绘制直角坐标系，其纵轴 H 为高程，横轴代表水平距离，一般与地形图的比例尺相同，而为了更好反映地面起伏，可以将纵轴比例尺取为横轴的10～20倍，然后在纵轴上按基本等高距与对应高程标注高程，高程范围比等高线图中涉及范围略大，同时分别作水平辅助线。将 AB 用直线相连，与等高线的交点分别依次用1、2……等标注，将各交点到 A 点的距离

分别量取到坐标横轴上，其中横轴起点即为 A 点，依次在横轴上分别做 1、2……等点的垂线与水平辅助线分别相交，交点的纵坐标为该点的高程，最后用光滑曲线将各交点依次相连，即成。

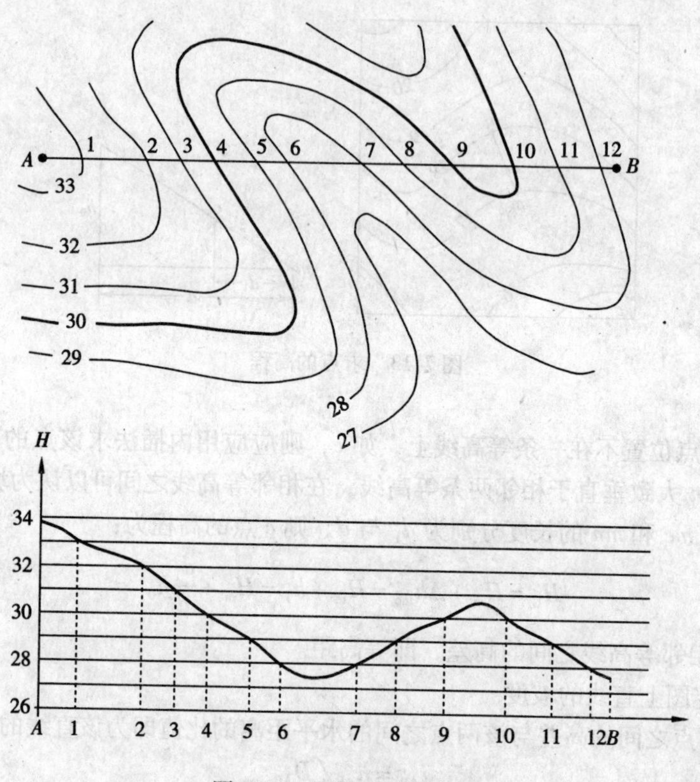

图 7-14　纵断面图的绘制

如果坐标系选取在等高线图正下方，也可以从等高线图直接向坐标系投影，同样投影线应与辅助线正交，交点确定同上，最后用光滑曲线连接。这时，除非该方向线正好与横坐标平行，否则横坐标（水平距离）的比例尺一般与图上比例尺不同。

（二）在图上按指定坡度选定最短路线

在道路与管线工程设计与选线时，当经过山地或丘陵地区时，有时要选择一条坡度不超过一定限值的最短路线。

如图 7-15 所示，需要从 A 点到 B 点确定一条路线，该路线的坡度要求不超过 5%，图中等高距为 1m，比例尺为 1∶1000，则根据式（7-6）可以求得相邻等高线之间的最短水平距离为（式中 1000 为比例尺分母 M）

$$d = h/(i \times M) = 1/(5\% \times 1000) = 0.02\text{m} = 2\text{cm}$$

即从 A 点出发先以 A 点为圆心取半径为 2cm 画圆与相邻等高线相交，交点为 a、a'；在分别以 a、a'为圆心，半径 2cm 画圆与下一条等高线相交，交点分别为 b、b'，依次前进，最后必有一条最接近或通过 B 点，对应的相邻交点分别依次用

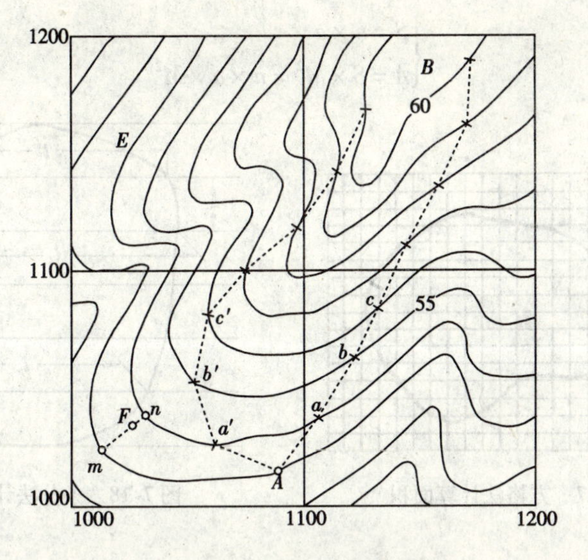

图 7-15　等坡度线的绘制

直线相连成的折线即为等坡度线。

如果从某点出发与相邻等高线有两个交点，如图中 a、a'，则连线 Aa、Aa' 的坡度相同，$a \sim a'$之间任意点与 A 点的连线坡度大于要求，其余各点与 A 点连线坡度小于要求；如果只有一个交点，则该交点为坡度满足要求点，与前点连线坡度最大；而如果没有交点，说明该相邻等高线之间的坡度均小于要求值，这是可以取相邻等高线之间的最短距离（垂直距离）来定线。

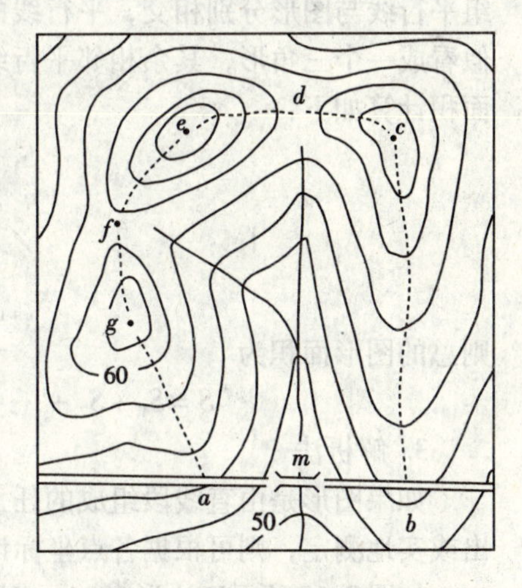

图 7-16　汇水面积的确定

（三）汇水面积的确定与面积计算

当有一条路线跨越河谷时，需要建设桥梁或者涵洞以保证水流通过，首先要确定将来通过的水量。而水流量是根据当地的年最大降雨量及汇水面积来进行计算的。

如图 7-16 所示，为了确定汇水面积，首先应在地形图上画出山脊线与山谷线等特征线，山谷线用实线表示，与路线交于 m 点，即桥涵建设地点；山脊线为分水线，用虚线表示，雨水以山脊线为界，分别流向山脊两边，图中虚线围成区域 *agfedcba* 即为汇水区域，确定相关区域后，就可以计算该区域的面积。面积计算的方法很多，在这里仅简单介绍几种。

1. 透明方格纸法

如图 7-17 所示，用透明方格纸覆盖在图形上，然后分别数出图形内的方格数，边缘不满一格的均按半格计，则数出的方格数 n 与单位格面积 a 的乘积，即为图上面积 S，而考虑比例尺后，可以求得实际面积 A。

$$\begin{cases}S = n \times a \\ A = S \times M^2 = n \times a \times M^2\end{cases} \tag{7-7}$$

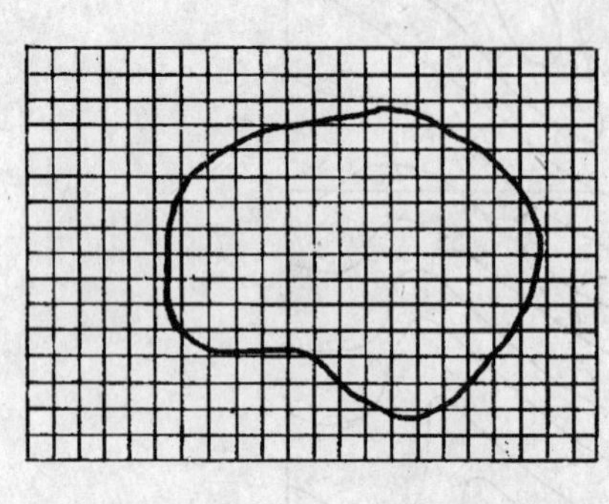

图 7-17　方格法计算面积

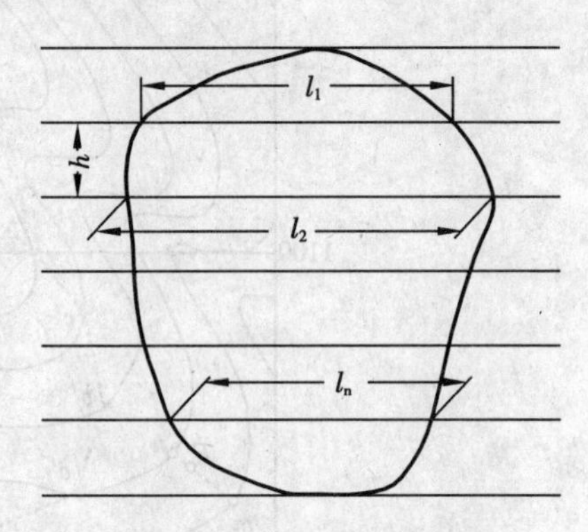

图 7-18　条分法计算面积

2. 条分法

由于透明方格法计数非常麻烦，故也可以采用条分法，如图 7-18 所示。用一组平行线与图形分别相交，平行线的上下边分别与图形相切，则图形端部可以近似看成一个三角形，其余相邻平行线与图形相交围成的近似可看作一个梯形，其面积计算如下：

$$S_1 = (0 + l_1)\ h/2$$
$$S_2 = (l_1 + l_2)\ h/2$$
$$\cdots$$
$$S_{n+1} = (l_n + 0)\ h/2$$

则总的图形面积为

$$S = S_1 + S_2 + \cdots + S_{n+1} = (l_1 + l_2 + \cdots + l_n)\ h \tag{7-8}$$

3. 解析法

如果图形是由直线段组成的任意多边形，而且各顶点的坐标已经在图上丈量出或实地测定，则可根据各点坐标计算图形的面积。

如图 7-19 所示四边形 1234，各顶点坐标已知，则四边形的面积可以如下计算：

$$S_{23X_2X_3} = (Y_2 + Y_3) \times (X_2 - X_3)/2$$
$$S_{34X_3X_4} = (Y_3 + Y_4) \times (X_3 - X_4)/2$$
$$S_{21X_2X_1} = (Y_2 - Y_1) \times (X_2 - X_1)/2$$
$$S_{14X_1X_4} = (Y_1 + Y_4) \times (X_1 - X_4)/2$$
$$S_{1234} = S_{23X_2X_3} + S_{34X_3X_4} - S_{21X_2X_1} - S_{14X_1X_4}$$

得到：$2A = Y_1\ (X_4 - X_2) + Y_2\ (X_1 - X_3) + Y_3\ (X_2 - X_4) + Y_4\ (X_3 - X_1)$

表达为通式

$$S = \frac{1}{2}\sum_{i=1}^{n} Y_i(X_{i-1} - X_{i+1}) \tag{7-9a}$$

其中 $i = 1$ 时，X_{i-1} 用 X_n。

同样也可以表达为

$$S = \frac{1}{2}\sum_{i=1}^{n} X_i(Y_{i+1} - Y_{i-1}) \tag{7-9b}$$

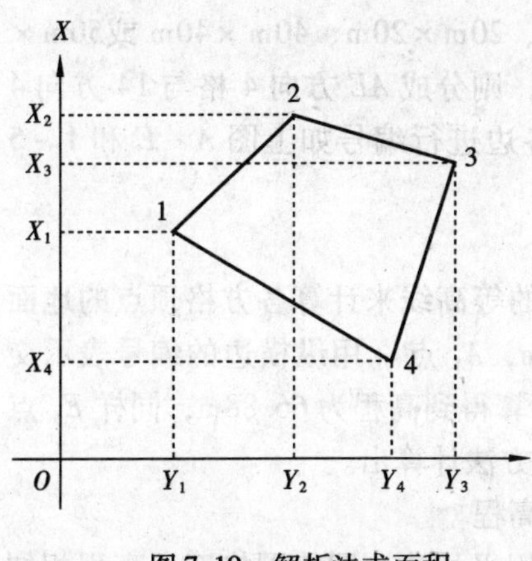

图 7-19　解析法求面积

其中 $i=1$ 时，Y_{i-1} 用 Y_n。

4. 求积仪法

求积仪是一种专门供图上量算面积的仪器，现在广泛采用的数字求积仪操作简单，速度快捷，可以用于曲线图形的面积量算。

由于求积仪种类繁多，故不在这里作专门介绍，在使用时请仔细阅读相关仪器的使用说明书，即可对照操作。

（四）场地平整与挖填计算

1. 格网法场地平整计算

在工程建设中，经常要进行场地平整，其设计主要是利用地形图进行。场地的平整，最终形成的可能是一个水平面，也可能是一个倾斜的平面以利于排水，两者的原理基本相似，在本节中着重介绍场地整理成水平面的挖填计算。

如图 7-20 所示，场地尺寸为 80m × 80m，根据等高线可知场地地形起伏不大，坡度比较平缓，因此可以采用方格网法估算土方挖填量。

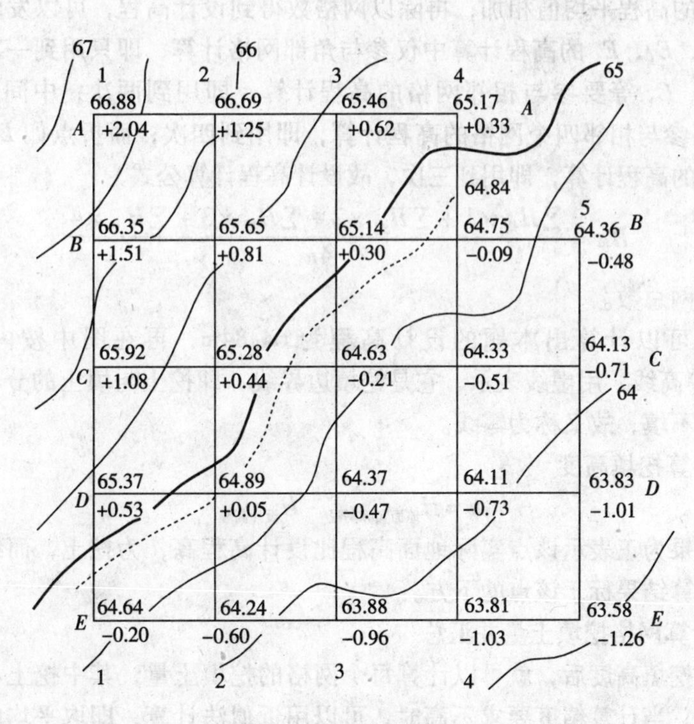

图 7-20　场地平整计算

（1）划分方格网

在划分时使方格网尽量与施工区的纵、横坐标一致，再根据要求的精度和场地的大小，将方格网的边长取为 10m×10m、20m×20m、40m×40m 或50m×50m 等。如本题中方格网边长取为 20m×20m，则分成 AE 方向 4 格与 14 方向 4 格组成的格网，其中东北角一格去除，并对各边进行编号如上图 $A \sim E$ 和 $1 \sim 5$ 所示。

（2）计算格网顶点高程

在方格网划分完成后，可以根据地形图中的等高线来计算各方格顶点的地面高程，并标注在该点上方。图中等高距为 0.5m，A_1 点（用纵横边的编号表示交点）的高程在 66.5m 与 67m 之间，用内插法计算得到高程为 66.88m，同样 E_5 点的高程 63.58m。其余各点的高程均可以用相同方法计算出。

（3）计算方格网网格平均高程与确定设计高程

在方格网内计算网格的平均高程时，一般用平均法，即将网格四角高程相加再除以 4 得到平均值，如左上角的网格 $A_1A_2B_2B_1$ 的平均高程为

$$\overline{H}=\frac{(H_{A_1}+H_{A_2}+H_{B_2}+H_{B_1})}{4}=\frac{(66.88+66.69+66.35+66.65)}{4}=66.64\text{m}$$

同样可以计算其他各个网格的场地实际平均高程。

在计算好各网格的平均高程后，可以计算确定设计高程。其原则是挖填基本平衡，即挖土方量与填土方量要大致相等。在这里是取网格平均值的算术平均值，即将各网格的高程平均值相加，再除以网格数得到设计高程，可以发现，角点如 A_1、A_4、B_5、E_1、E_5 的高程计算中仅参与角部网格计算，即只用到一次；边点如 A_2、A_3、B_1、C_1 等要参与相邻网格的高程计算，即用到两次；中间点 B_2、B_3、C_2、C_3 等要参与相邻四个网格的高程计算，即用到四次；而折点如 B_4 参与了相邻三个网格的高程计算，即用到三次，故设计高程计算公式为

$$H_{设}=\frac{\sum H_{角}\times 1+\sum H_{边}\times 2+\sum H_{折}\times 3+\sum H_{中}\times 4}{4n} \tag{7-10}$$

式中 n 为格网总数。

按上式可以计算出本题的设计高程为 64.84m，再在图中按内插法绘出 64.84m 的等高线，用虚线表示，它是挖填边界线，即挖土与填土的分界线，该线上既不挖也不填，故又称为零线。

（4）计算挖填高度

$$h=H_{地面实际高程}-H_{设计高程} \tag{7-11}$$

计算结果为正表示该点实际地面高程比设计高程高，为挖土，而结果为负则为填土，计算结果标于该点的下方。

（5）计算网格挖填土量并汇总

在求得挖填高度后，就可以计算每个网格的挖填土量，其中挖土与填土方量应分别计算。当计算精度要求不高时，可以用近似法计算，即取平均的挖土或填土高度乘以该部分地面面积求得近似挖土量。

如图中左上角 $A_1A_2B_2B_1$ 围成的方格，为全部挖土，则该网格的挖土方量为

$$V_{1挖}=\frac{1}{4}\ (2.04+1.25+1.51+0.81)\times 20\times 20=561\text{m}^3$$

右下角 $D_4D_5E_5E_4$ 围成的方格，为全部填土，则该网格的填土方量为

$$V_{2填}=\frac{1}{4}(-0.73-1.01-1.03-1.26)\times20\times20=-403m^3$$

中间挖填边界线（虚线）通过的网格则既有挖方，也有填方，应分别计算，如 $B_3B_4C_4C_3$ 围成的方格，左上角部分为挖土，而右边部分为填土，挖土与填土部分的水平投影面积可以按前面讲述的方法从图上丈量得到，如本题中假设填土部分面积 $300m^2$，挖土部分面积 $100m^2$，则可以分别计算挖填方量：

$$V_{3挖}=\frac{1}{3}(0.30+0+0)\times100=10m^3$$

$$V_{3填}=\frac{1}{5}(-0.21-0.51-0.09-0-0)\times300=-48.6m^3$$

在这里挖土部分可以近似按三边形计算，填土部分按五边形计算，与零线相交的交点挖填高度为0。

最后，在每个格网的土方量均计算完成后，将土方量按挖方和填方分别汇总，则得到总的挖填土方总量。计算中正值为挖方，而负值为填方。

上题中计算土方量时是取各个角点的挖填高度的平均值乘以面积来近似计算土方量的，在格网内挖填边界近似为一条直线，则也可以按表7-7来计算土方量。

常用方格网的挖填土方计算 表7-7

项目（分类）	简　图	计算公式
一点填方或挖方（三角形部分）		$V=\frac{1}{2}bc\frac{\sum h}{3}=\frac{bch_3}{6}$ 当 $b=c=a$ 时，$V=\frac{a^2h_3}{6}$
二点填方或挖方（梯形）		$V_{挖}=\frac{d+e}{2}a\frac{\sum h}{4}=\frac{a}{8}(d+e)(h_2+h_4)$ $V_{填}=\frac{b+c}{2}a\frac{\sum h}{4}=\frac{a}{8}(b+c)(h_1+h_3)$
三点填方或挖方（五边形部分）		$V=(a^2-\frac{bc}{2})\frac{\sum h}{5}=(a^2-\frac{bc}{2})\frac{h_1+h_2+h_4}{5}$ 三角形部分按第一行计算
四点填方或挖方（正方形）		$V=a^2\frac{\sum h}{4}=\frac{a^2(h_1+h_2+h_3+h_4)}{4}$

2. 地面整理成倾斜地面

上题中整理完成的地面是一个水平面，即设计高程为一个确定不变的值。在很多工程中，由于排水等方面的需要，完成后的地面是一个倾斜的平面，如图 7-21 所示，则计算方法基本与水平地面类似，在这里主要提出两者的差异之处：首先划分方格网确定原地面高程，两者的计算是基本一致的，本题中方格网尺寸为 20m×20m，按内插法分别计算各交点的高程，并标于图上；然后确定设计高程，如本题中假设坡度 -5%，以 *AB* 线为基准，向南侧倾斜（已知假设），则 *AD* 两点的设计高差为

$$h_{AD} = D_{AD} \times i_{AD} = 100 \times (-5\%) = -5\text{m}$$

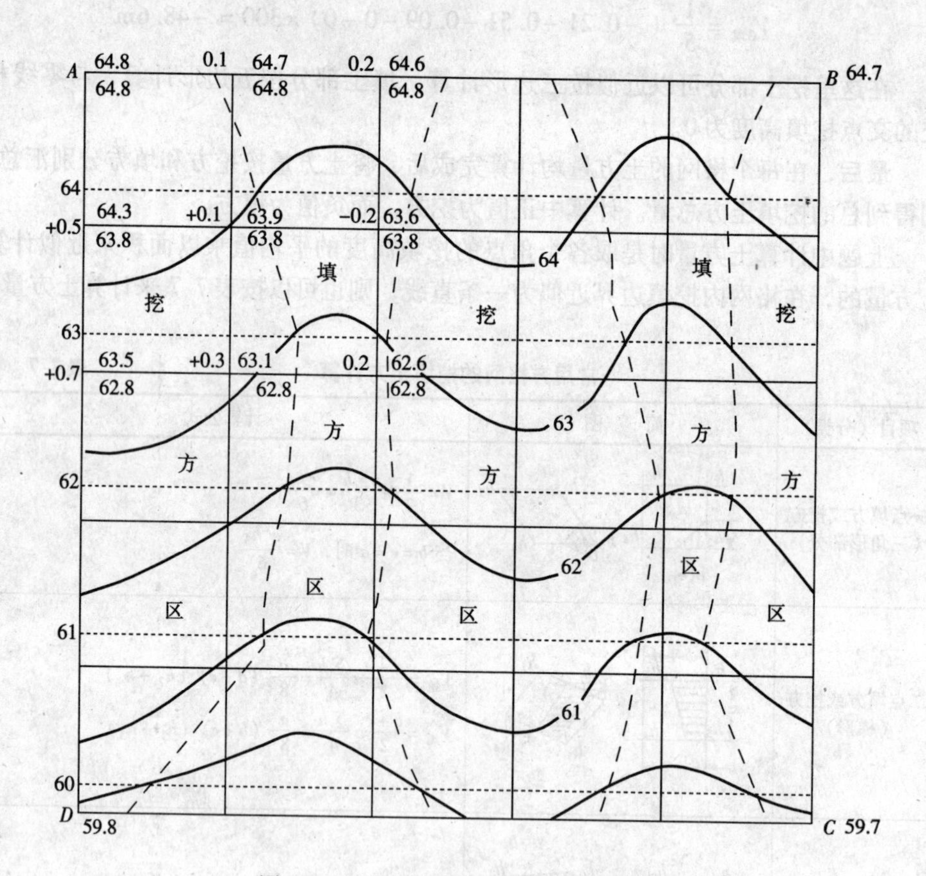

图 7-21　整理成倾斜地面土方挖填计算

当 *A* 点高程（64.8m）不变时，*D* 点的设计高程为 64.8 - 5 = 59.8m，同样，如果 *B* 点的高程（64.7m）不变，则 *C* 点的设计高程为 64.7 - 5 = 59.7m，再用插值法求出各格网交点的设计高程，一般图上该点右侧上部数据为该点的实际高程，而其下面的数据为设计高程；接着确定挖填边界，本题中设计平面为一倾斜平面，等高线为一组平行线均平行 *AB*，可以根据比例尺、坡度计算出设计平面的等高线平距，然后作出该组平行线，相邻线的图上间隔即为等高线平距，图 7-21 中用水平虚线表示，其与原等高线（实线）交点为边界点，依次将边界点用光滑线相连

即为挖填边界线，同时可以计算各格网交点的设计高程以及挖填高度，该值可以记录于图中该点左侧。

最后计算挖填方量并汇总，这与前面的计算是一样的。

思考题与习题

1. 什么是地形图？地形图主要包含哪些内容？地形图如何分类？
2. 什么是地物？什么是地貌？
3. 什么是等高线、等高线平距与等高距？等高线的分类及特性有哪些？
4. 地形图测绘前的准备工作有哪些？
5. 碎部点的选择有什么要求？
6. 经纬仪测图的主要工作内容有哪些？
7. 地形图绘图中应注意的问题有哪些？地形图的拼接应注意哪些问题？
8. 如何求地形图中点的坐标、高程？如何求水平距离和坡度？
9. 绘制纵断面图应考虑的问题有哪些？
10. 如何确定挖填平衡线？如何计算体积？
11. 如何确定汇水面积？如何计算面积？
12. 请绘制图7-22的等高线图。
13. 地形如图7-23所示，求：

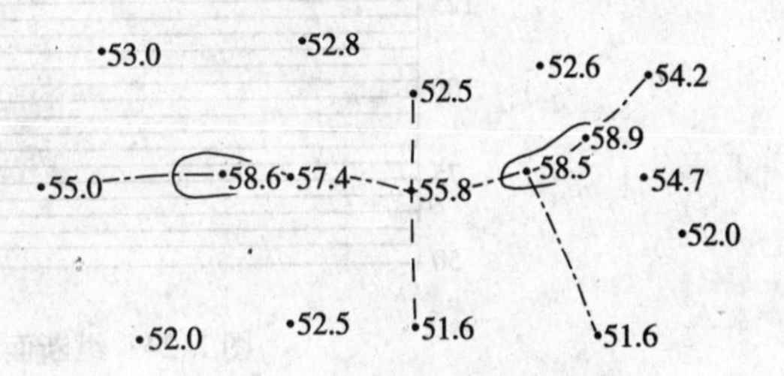

图7-22　绘制等高线

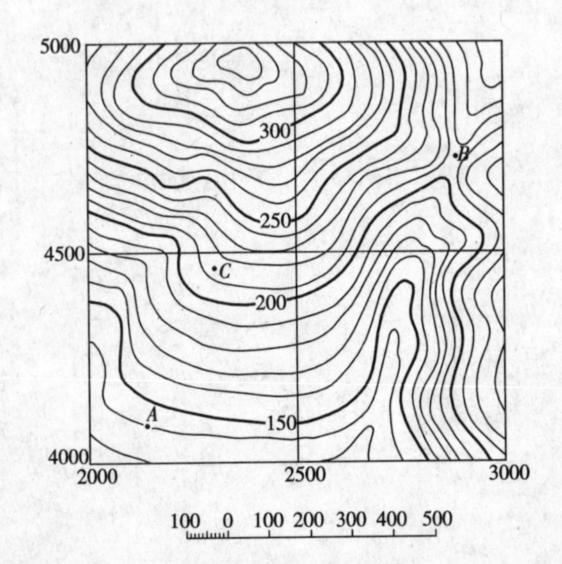

图7-23　地形图应用计算题

(1) *A*、*B*、*C* 点坐标，高程。

(2) *AB*、*BC*、*AC* 的水平距离，方位角，坡度。

(3) 画出山谷线。

14. 请绘制图 7-24 中 *AB* 连线的纵断面图。

15. 请将图 7-20 所示的场地，整理成一个平面（挖填平衡），绘制挖填平衡线，并计算土方量。

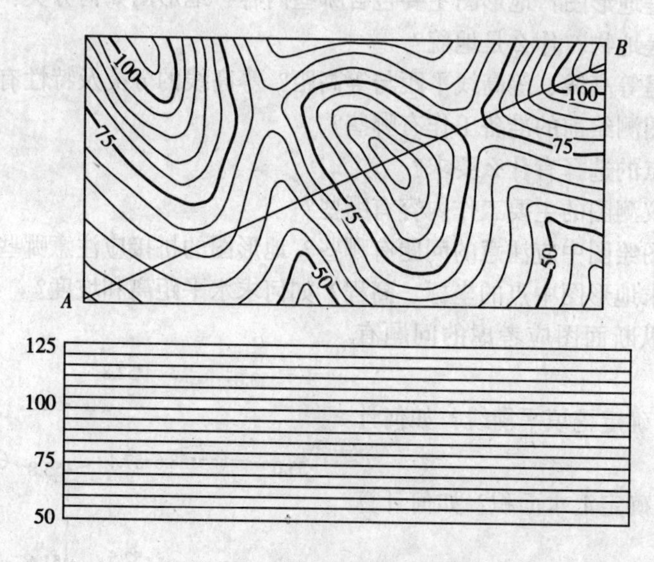

图 7-24　纵断面图绘制计算题

第八章　施工测量的基本工作

第一节　施工测量概述

一、概述

道路、桥梁和管道工程在施工阶段所进行的测量工作称为施工测量。

施工测量的任务是根据施工需要将设计图纸上的建（构）筑物的平面和高程位置，按一定的精度和设计要求，用测量仪器测设在地面上，作为施工的依据，并在施工过程中进行一系列的测量工作，以衔接和指导各工序间的施工。

施工测量是施工的先导，贯穿于整个施工过程中。内容包括从施工前的场地平整，施工控制网，到建（构）筑物的定位和基础放线；以及工程施工中各道工序的细部测设，构件与设备安装的测设工作；在工程竣工后，为了便于管理、维修和扩建，还需进行竣工测量，绘制竣工平面图；有些高大和特殊的建（构）筑物在施工和运营（使用）期间进行变形观测，以便积累资料，掌握变形规律，为工程设计、维护和使用提供资料。

在施工现场，由于各种建（构）筑物分布面较广，往往又不是同时开工兴建，为了保证各个建（构）筑物在平面位置和高程上的精度都能符合设计要求，互相连成统一的整体，施工测量和测绘地形图一样，必须遵循“从整体到局部，先控制后细部”的原则。即先在施工现场建立统一的平面控制网和高程控制网，然后以此为基础、测绘出工程建（构）筑物的细部。

二、施工测量的特点

施工测量和地形测图就其程序来讲恰好相反。地形测图是将地面上的地物、地貌测绘在图纸上，而施工测量是将图纸上所设计的建（构）筑物、按其设计位置测设到相应的地面上。其本质都是确定点的位置。与测图相比较，施工测量精度要求高。其误差大小将直接影响建（构）筑物的尺寸和形状。测设精度的要求又取决于建（构）筑物的大小、结构形式、材料、用途和施工方法等因素。如桥梁工程的测设精度高于道路工程；钢结构构筑物的测设精度高于钢筋混凝土结构的构筑物；装配式建筑物的测设精度高于非装配式的建筑物。

施工测量与施工有着密切的联系，它贯穿于施工的全过程，是直接为施工服务的。测设的质量将直接影响到施工的质量和进度。测量人员除应充分了解设计内容及对测设的精度要求、熟悉图上设计建筑物的尺寸、数据以外，还应于施工单位密切配合，随时掌握工程进度及现场变动情况，使测设精度和速度能满足施工的需要。

施工现场工种多，交叉作业、干扰大，地面变动较大并有机械的振动，易使测量标志被毁。因此，测量标志从形式、选点到埋设均应考虑便于使用、保管和检查，如有损坏，应及时恢复。在高空或危险地段施测时，应采取安全措施，以防止事故发生。

第二节　测设的基本工作

道路、桥梁和管道的测设工作实质上是根据已建立的控制点或已有的建筑物，按照设计图纸的要求，将工程构筑物的特征点标定在实地上。测设的基本工作主要包括测设已知水平距离、测设已知水平角和测设已知高程。

一、测设已知水平距离

已知水平距离的测设，就是根据地面上给定的直线起点，沿给定的方向，定出直线上另外一点，使得两点间的水平距离为给定的已知值。例如，经常要在施工现场，把房屋的轴线的设计长度在地面上标定出来；经常要在道路管线的中线上，按设计长度定出一系列点等。

1. 钢尺测设法

如图 8-1 所示，设 A 为地面上已知点，D 为设计的水平距离，要在地面上沿给定 AB 方向上测设水平距离 D，以定出线段的另一端点 B。具体做法是从 A 点开始，沿 AB 方向用钢尺边定线边丈量，按设计长度 D 在地面上定出 B' 点的位置。若建筑场地不是平面时，丈量时可将钢尺一端抬高，使钢尺保持水平，用吊垂球的方法来投点。往返丈量 AB' 的距离，若相对误差在限差以内，取其平均值 D'，并将端点 B' 加以改正，求得 B 点的最后位置。改正数 $\Delta D = D - D'$。当 ΔD 为正时，向外改正；反之，向内改正。

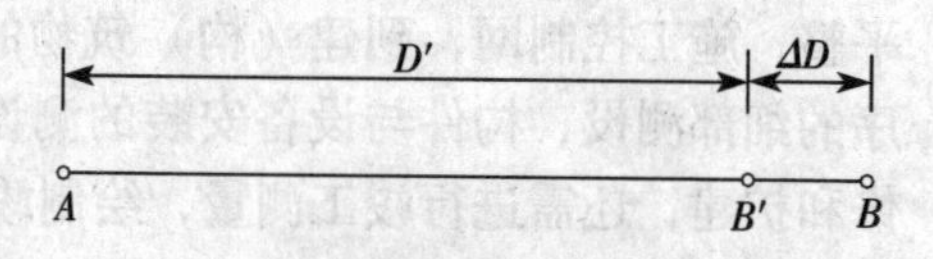

图 8-1　钢尺测设水平距离

2. 全站仪测设法

目前水平距离的测设，尤其是长距离的测设多采用全站仪。如图 8-2 所示，安置全站仪于 A 点，瞄准 AB 方向，指挥反光棱镜左右位于视线上，测量 A 点至棱镜的水平距离 D'，若 D' 大于设计距离 D，则棱镜沿视线往 A 方向移动距离 $\Delta D = D' - D$，然后重新进行测量，直至符合规定限差为止。

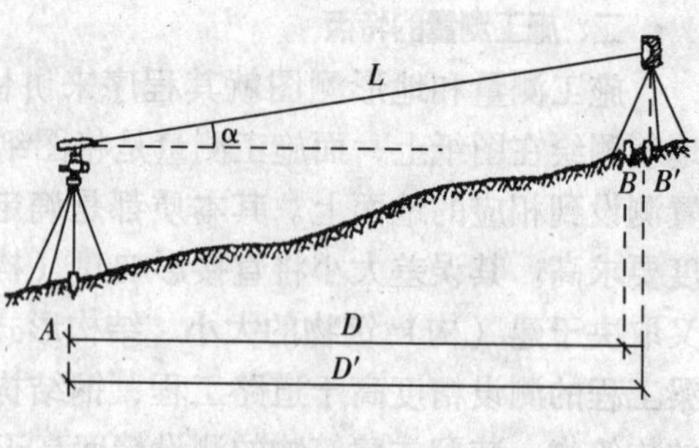

图 8-2　测距仪测设水平距离

二、测设已知水平角

测设已知水平角是根据一地面点和给定的方向，利用经纬仪或全站仪定出另外一个方向，使得两方向间的水平角为给定的已知值。根据精度要求不同，测设方法有以下两种。

1. 一般测设法

如图 8-3 所示，设地面上已有 OA 方向线，测设水平角 $\angle AOC$ 等于已知角值

β。测设时将经纬仪安置在 O 点，用盘左瞄准 A 点，松开水平制动螺旋，旋转照准部，当度盘读数增加 β 角值时，在视线方向上定出 C' 点。然后用盘右重复上述步骤，测设得另一点 C''，取 C' 和 C'' 的中点 C，则 $\angle AOC$ 就是要测设的 β 角，OC 方向就是所要测设的方向。这种测设角度的方法通常称为正倒镜分中法。

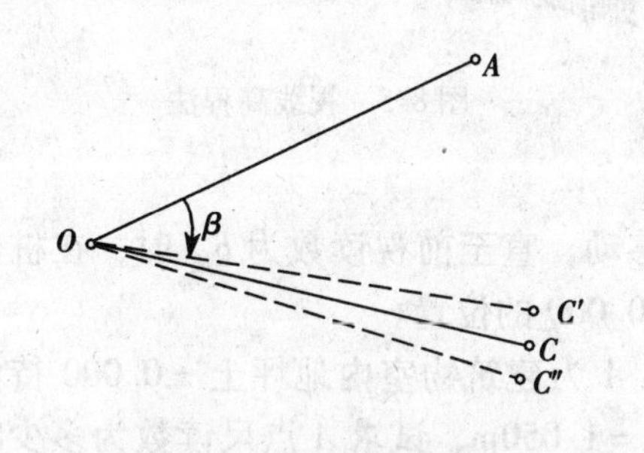

图 8-3　直接测设水平角

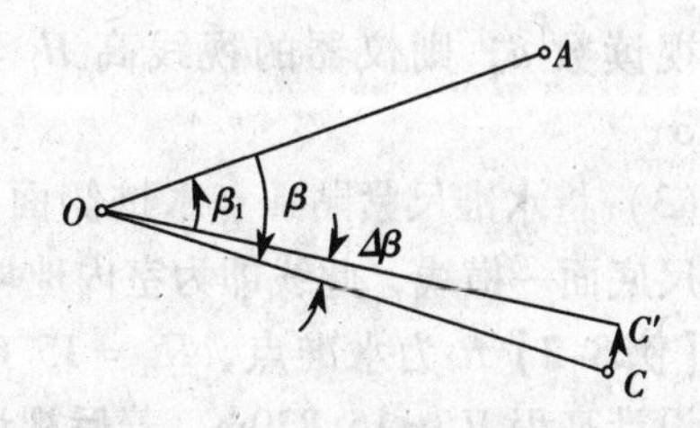

图 8-4　精确测设水平角

2. 精确测设法

当测设水平角的精度要求较高时，应采用作垂线改正的方法，如图 8-4 所示。在 O 点安置经纬仪，先用一般方法测设 β 角值，在地面上定出 C' 点，再用测回法观测 $\angle AOC'$ 几个测回（测回数由精度要求决定），取各测回平均值为 β_1，即 $\angle AOC'=\beta_1$，当 β 和 β_1 的差值 $\Delta\beta$ 超过限差（$\pm 10''$）时，需进行改正。根据 $\Delta\beta$ 和 OC' 的长度计算出改正值 CC'，即

$$CC' = OC' \times \tan\Delta\beta = OC' \times \frac{\Delta\beta}{\rho} \tag{8-1}$$

式中，$\rho = 206265''$；$\Delta\beta$ 以秒（$''$）为单位。

过 C' 点作 OC' 的垂线，再以 C' 点沿垂线方向量取 CC'，定出 C 点。则 $\angle AOC$ 就是要测设的 β 角。当 $\Delta\beta=\beta-\beta_1>0$ 时，说明 $\angle AOC'$ 偏小，应从 OC' 的垂线方向向外改正；反之，应向内改正。

【例 8-1】 已知地面上 A、O 两点，要测设直角 AOC。

【解】 在 O 点安置经纬仪，盘左盘右测设直角取中数得 C' 点，量得 $OC'=50\text{m}$，用测回法观测三个测回，测得 $\angle AOC'=89°59'30''$。

$$\Delta\beta = 90°00'00'' - 89°59'30'' = 30''$$

$$CC' = OC' \times \frac{\Delta\beta}{\rho} = 50 \times \frac{30''}{206265''} = 0.007\text{m}$$

过 C' 点作 OC' 的垂线 $C'C$ 向外量 $C'C=0.007\text{m}$ 定得 C 点，则 $\angle AOC$ 即为直角。

三、测设已知高程

测设已知高程就是根据地面上已知水准点的高程和设计点的高程，采用水准仪将设计点的高程标志线测设在地面上的工作。

1. 视线高程法

如图 8-5 所示，欲根据某水准点的高程 H_R，测设 A 点，使其高程为设计高程

H_A。则 A 点尺上应读的前视读数为

$$b_{应} = (H_R + a) - H_A \quad (8\text{-}2)$$

测设方法如下：

(1) 置水准仪于 R，A 中间，整平仪器；

(2) 后视水准点 R 上的立尺，读得后视读数 a，则仪器的视线高 $H_i = H_R + \alpha$；

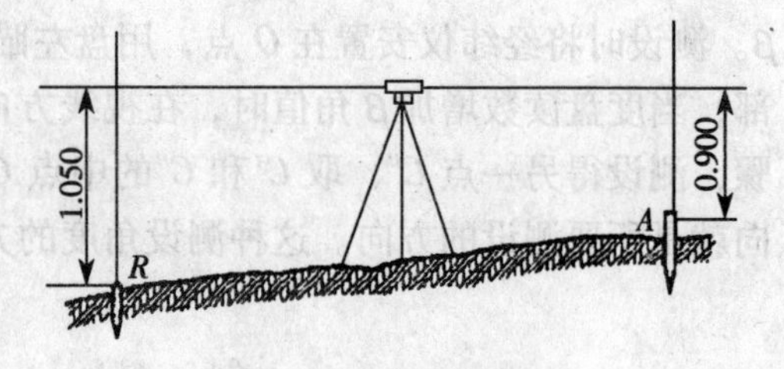

图 8-5 视线高程法

(3) 将水准尺紧贴 A 点木桩侧面上下移动，直至前视读数为 $b_{应}$ 时，在桩侧面沿尺底面一横线，此线即为室内地坪土 ±0.000 的位置。

【例 8-2】R 为水准点，$H_R = 15.670\text{m}$，A 为建筑物室内地坪土 ±0.000 待测点，设计高程 $H_A = 15.820\text{m}$，若后视读数 $\alpha = 1.050\text{m}$，试求 A 点尺读数为多少时尺底就是设计高程 H_A。

【解】 $b_{应} = H_R + \alpha - H_A = 15.670 + 1.050 - 15.820 = 0.900\text{m}$

如果地面坡度较大，无法将设计高程在木桩顶部或一侧标出时，可立尺于桩顶，读取桩顶前视，根据下式计算出桩顶改正值：

桩顶改正数 = 桩顶前视 − 应读前视

假如应读前视读数是 1.600m，桩顶前视读数是 1.150m，则桩顶改正数为 −0.450m，表示设计高程的位置在自桩顶往下量 0.450m 处，可在桩顶上注“向下 0.450m”即可。如果改正数为正，说明桩顶低于设计高程，应自桩顶向上量改正数得设计高程。

2. 高程传递法

当开挖较深的基槽，或将高程引测到构筑物的上部或安装桥面空心板、箱梁时，由于测设点与水准点的高差很大，只用水准尺无法测定点位的高程，应采用高程传递法。即用钢尺和水准仪将地面水准点的高程传递到低处或高处上所设置的临时水准点，然后再根据临时水准点测设所需的各点高程。

如图 8-6 所示，为深基坑的高程传递，将钢尺悬挂在坑边的木杆上，下端挂 10kg 重锤，在地面上和坑内安各置一台水准仪，分别读取地面水准点 A 和坑内水准点 B 的水准尺读数 a 和 d，并读取钢尺读数 b 和 c，则可根据已知地面水准点 A 的高程 H_A，按下式求得临时水准点 B 的高程 H_B：

$$H_B = H_A + a - (b - c) - d \quad (8\text{-}3)$$

为了进行检核，可将钢尺位置变动 10 ~ 20cm，同法再次读取这四个数，两次求得的高程相差不得大于 3mm。

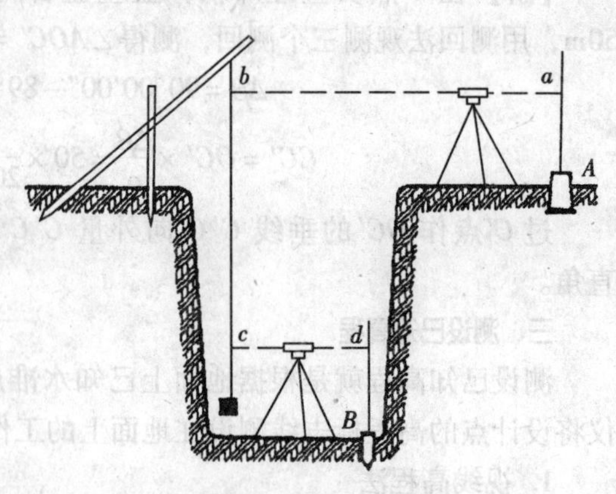

图 8-6 高程传递法

当需要将高程由低处传递至高处时，可采用同样方法进行，由下式计算

$$H_A = H_B + d + (b - c) - \alpha \tag{8-4}$$

第三节　测设平面点位的方法

测设点的平面位置，就是根据已知控制点，在地面上标定出一些点的平面位置，使这些点的坐标为给定的设计坐标。例如，在工程建设中，要将构筑物的平面位置标定在实地上，其实质就是将构筑物的一些轴线交叉点、拐角点在实地标定出来。

根据设计点位与已有控制点的平面位置关系，结合施工现场条件，测设点的平面位置的方法有直角坐标法、极坐标法、前方交会法和距离交会法等。

一、直角坐标法

当施工场地有彼此垂直的建筑基线或建筑方格网，待测设的建（构）筑物的轴线平行而又靠近基线或方格网边线时，常用直角坐标法测设点位。

如图8-7（*a*）、（*b*）所示，Ⅰ、Ⅱ、Ⅲ、Ⅳ点是建筑物方格网顶点，其坐标值已知，1、2、3、4为拟测设的构筑物的四个角点，在设计图纸上已给定四角的坐标，现用直角坐标法测设建筑物的四个角桩。测设步骤如下：

首先根据方格顶点和构筑物角点坐标，计算出测设数据。然后在Ⅰ点安置经纬仪，瞄准Ⅱ点，在ⅠⅡ方向上以Ⅰ点为起点分别测设 $D_{1a} = 20.00\text{m}$，$D_{ab} = 60.00\text{m}$，定出 *a*、*b* 点。搬仪器至 *a* 点，瞄准Ⅱ点，用盘左盘右测设90°角，定出 *a*4 方向线，在此方向上由 *a* 点测设 $D_{a1} = 32.00\text{m}$，$D_{14} = 36.00\text{m}$，定出1、4点。再搬仪器至 *b* 点，瞄准Ⅰ点，同法定出房角点2、3。这样构筑物的四个角点位置便确定了，最后要检查 D_{12}、D_{34} 的长度是否为60.00m，房角4和3是否为90°，误差是否在允许范围内。

直角坐标法计算简单，测设方便，精度较高，应用广泛。

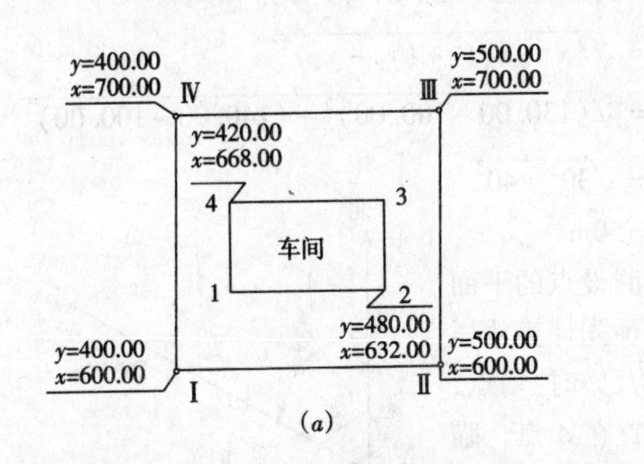

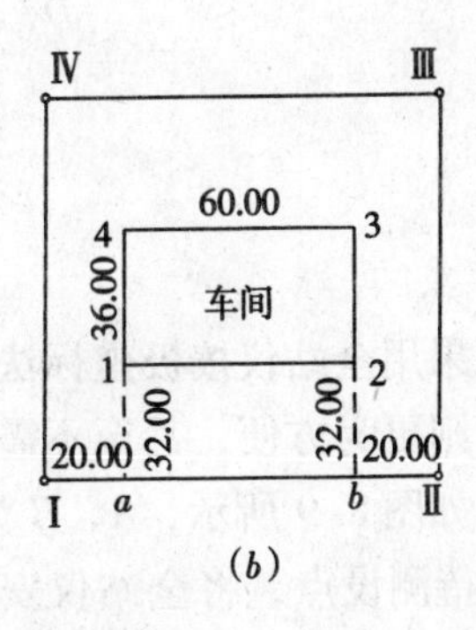

图8-7　直角坐标法

（*a*）直角坐标法设计图纸；（*b*）直角坐标法测设数据

二、极坐标法

极坐标法是在控制点上测设一个角度和一段距离来确定点的平面位置。此法

适用于测设点离控制点较近且便于量距的情况。若用全站仪测设则不受这些条件限制，测设工作方便、灵活，在市政、高速公路等工程中被广泛使用。如图 8-8 所示，A、B 为控制点，其坐标 x_A、y_A、x_B、y_B 为已知，P 为设计的管线主点，其坐标 x_P、y_P 可在设计图上查得。现欲将 P 点测设于实地，先按下列公式计算出测设数据水平角 β 和水平距离 D_{AP}；

$$\left.\begin{aligned}\alpha_{AB} &= \arctan\frac{y_B - y_A}{x_B - x_A} \\ \alpha_{AP} &= \arctan\frac{y_P - y_A}{x_P - x_A} \\ \beta &= \alpha_{AB} - \alpha_{AP}\end{aligned}\right\} \tag{8-5}$$

$$D_{AP} = \sqrt{(x_P - x_A)^2 + (y_P - y_A)^2} \tag{8-6}$$

测设时，在 A 点安置经纬仪，瞄准 B 点，采用正倒镜分中法测设出 β 角以定出 AP 方向，沿此方向上用钢尺测设距离 D_{AP}，即定出 P 点。

【例 8-3】 如图 8-8 所示。已知 $x_A = 100.00\text{m}$，$y_A = 100.00\text{m}$，$x_B = 80.00\text{m}$，$y_B = 150.00\text{m}$，$x_P = 130.00\text{m}$，$y_P = 140.00\text{m}$。求测设数据 β、D_{AP}。

【解】 将已知数据代入式（8-5）和式（8-6）可计算得

$$\begin{aligned}\alpha_{AB} &= \arctan\frac{y_B - y_A}{x_B - x_A} = \arctan\frac{150.00 - 100.00}{80.00 - 100.00} \\ &= \arctan\frac{-5}{2} = 111°48'05''\end{aligned}$$

$$\begin{aligned}\alpha_{AP} &= \arctan\frac{y_P - y_A}{x_P - x_A} = \arctan\frac{140.00 - 100.00}{130.00 - 100.00} \\ &= \arctan\frac{4}{3} = 53°07'48''\end{aligned}$$

$$\beta = \alpha_{AB} - \alpha_{AP} = 111°48'05'' - 53°07'48'' = 58°40'17''$$

$$\begin{aligned}D_{AP} &= \sqrt{(x_P - x_A)^2 + (y_P - y_A)^2} \\ &= \sqrt{(130.00 - 100.00)^2 + (140.00 - 100.00)^2} \\ &= \sqrt{30^2 + 40^2} \\ &= 50\text{m}\end{aligned}$$

如果用全站仪按极坐标法测设点的平面位置，则更为方便，甚至不需预先计算放样数据。如图 8-9 所示，A、B 为已知控制点，P 点为待测设点，将全站仪安置在 A 点，瞄准 B 点，按提示分别输入待测点 A，后视点 B 及待测设点 P 的坐标后，仪器即自动显示测设数据水平角 β 及水平距离 D。水平转动仪器直至角度显示为 0°0′00″，此时视线方向即为需测设的方向。在此视线方向上指挥

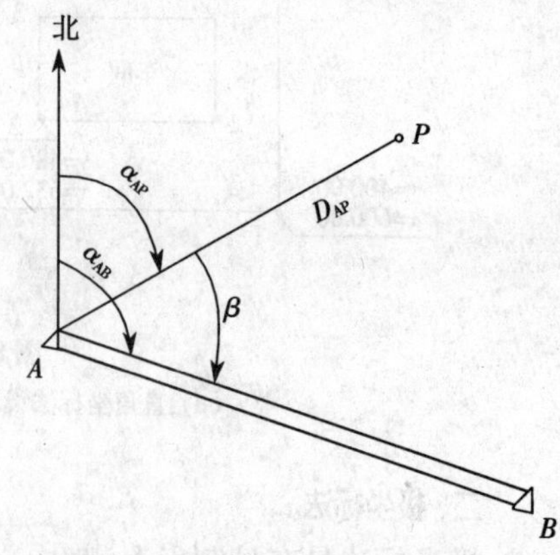

图 8-8　极坐标法

持棱镜者前后移动棱镜，直到距离改正值显示为零，则棱镜所在位置即为 P 点。

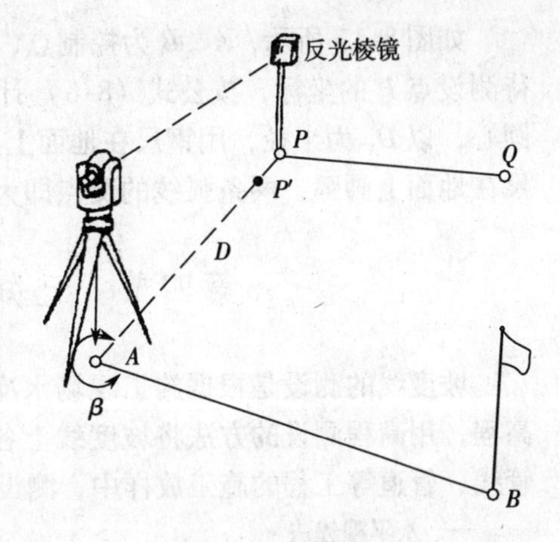

图 8-9　全站仪测设法

三、前方交会法

前方交会法是在两个控制点上用两台经纬仪测设出两个已知数值的水平角，交会出点的平面位置。为提高放样精度，通常用三个控制点三台经纬仪进行交会。此法适用于待测设点离控制点较远或量距较困难的地区。在全站仪未普及时桥梁等工程放样常采用此法，目前应用较少。

如图 8-10（a）、（b）所示。A、B、C 为已有的三个控制点，其坐标为已知，需放样点 P 的坐标也已知。先根据控制点 A、B、C 的坐标和 P 点设计坐标，计算出测设数据 β_1、β_2、β_4，计算公式见式（8-5）。

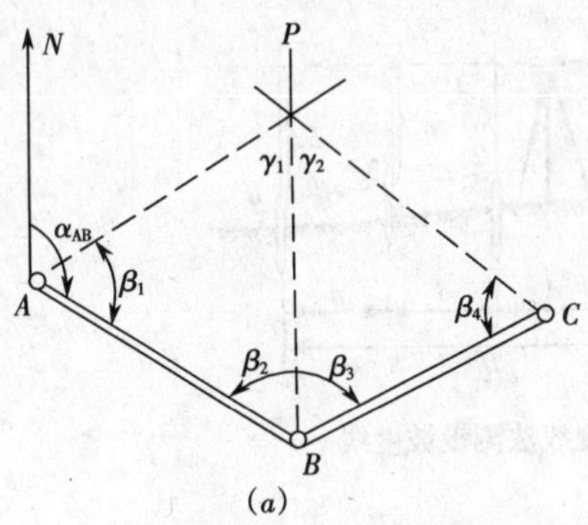

图 8-10　角度交会法

（a）角度交会观测法；（b）示误三角形

测设时，在 A、B、C 点各安置一台经纬仪，分别测设 β_1、β_2、β_4 定出三个方向，其交点即为 P 点的位置。由于测设有误差，往往三个方向不交于一点，而形成一个误差三角形，如果此三角形最长边不超过 3～4cm，则取三角形的重心作为 P 点的最终位置。

应用此法放样时，宜使交会角 γ_1、γ_2 在 30°～150°之间，最好接近 90°，可以提高交会精度，减少误差的影响。

四、距离交会法

距离交会法是在两个控制点上各测设已知长度交会出点的平面位置。距离交会法适用于场地平坦，量距方便，且控制点离待测点的距离不超过一整尺长的地区。

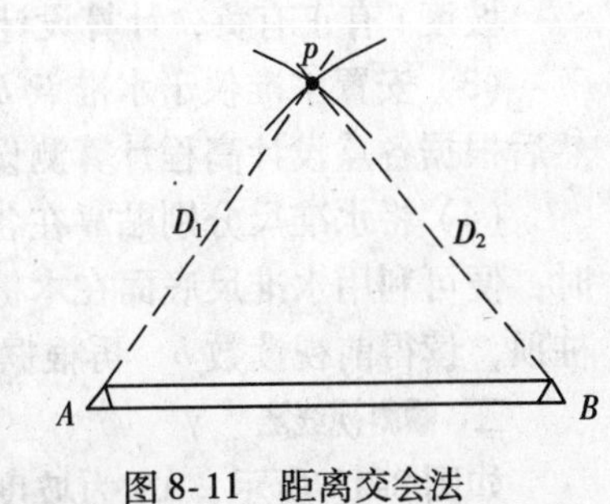

图 8-11　距离交会法

如图 8-11 所示，A、B 为控制点，P 为待测设点。先根据控制点 A、B 坐标和待测设点 P 的坐标，按公式（8-6）计算出测设距离 D_1，D_2。测设时，以 A 点为圆心，以 D_1 为半径，用钢尺在地面上画弧；以 B 点为圆心，以 D_2 为半径，用钢尺在地面上画弧，两条弧线的交点即为 P 点。

第四节　已知坡度直线的测设

坡度线的测设是根据施工现场水准点的高程、设计坡度和坡度线端点的设计高程，用高程测设的方法将坡度线上各点的设计高程，标定在地面上。它应用于管线、管道等工程的施工放样中，测设方法有水平视线法和倾斜视线法两种。

一、水平视线法

如图 8-12 所示，A、B 为设计坡度线的两端点，其设计高程分别为 H_A 和 H_B，AB 设计坡度为 i，在 AB 方向上，每隔距离 d 定一木桩，要求在木桩上标定出坡度为 i 的坡度线。施测方法如下：

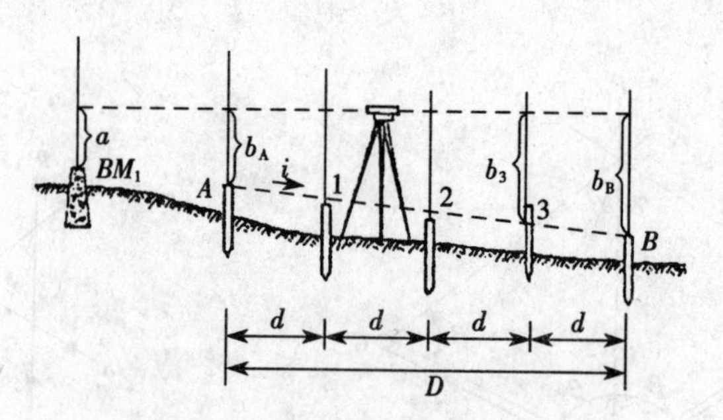

图 8-12　水平视线法测设坡度线

（1）沿 AB 方向，桩定出间距为 d 的中间点 1、2、3 的位置；

（2）计算各桩点的设计高程

$$\left.\begin{aligned}&\text{第1点的设计高程：} H_1 = H_A + i \cdot d\\&\text{第2点的设计高程：} H_2 = H_1 + i \cdot d\\&\text{第3点的设计高程：} H_3 = H_2 + i \cdot d\\&B\text{点的设计高程：} H_B = H_3 + i \cdot d\\&\text{或} \quad H_B = H_A + i \cdot D\ \text{（检核）}\end{aligned}\right\}\quad(8\text{-}7)$$

坡度 i 有正有负，计算设计高程时，坡度应连同其符号一并运算。

（3）安置水准仪于水准点 BM_1 附近，后视读数 a，得仪器视线高 $H_i = H_1 + a$，然后根据各点设计高程计算测设各点的应读前视尺读数 $b_{应} = H_i - H_{设}$；

（4）将水准尺分别贴靠在各木桩的侧面，上、下移动尺子，直至尺读数为 $b_{应}$ 时，便可利用水准尺底面在木桩上面一横线，该线即在 AB 的坡度线上。或立尺于桩顶，读得前视读数 b，再根据 $b_{应}$ 与 b 之差，自桩顶向下画线。

二、倾斜视线法

如图 8-13 所示，AB 为坡度线的两端点，其水平距离为 D，设 A 点的高程为

H_A，要沿 AB 方向测设一条坡度为 i 的坡度线，则先根据 A 点的高程、坡度 i 及 A、B 两点间的距离计算 B 点的设计高程，即

$$H_B = H_A + i \cdot D$$

再按测设已知高程的方法，将 A、B 两点的高程测设在相应的木桩上。然后将水准仪（当设计坡度较大时，可用经纬仪）安置在 A 点上，使基座上一个脚螺旋在 AB 方向上，其余两个脚螺旋的连线与 AB 方向垂直，量取仪器高 i，再转动 AB 方向上的脚螺旋和微倾螺旋，使十字丝横丝对准 B 点水准尺上等于仪器高 i 处，此时，仪器的视线与设计坡度线平行，然后在 AB 方向的中间各点 1、2、3 的木桩侧面立尺，上、下移动水准尺，直至尺上读数等于仪器高 i 时，沿尺子底面在木桩上面画一红线，则各桩红线的连线就是设计坡度线。

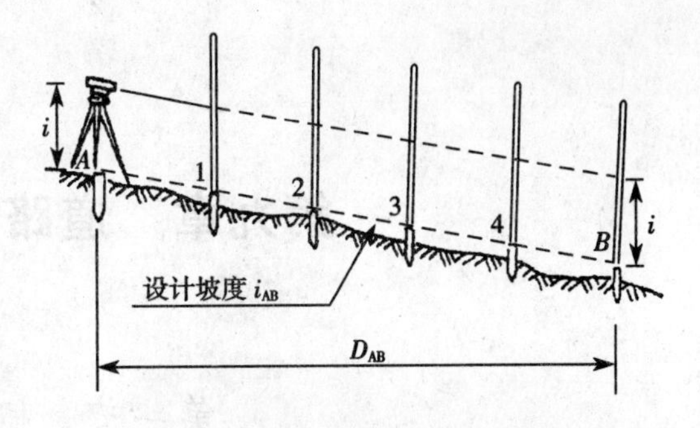

图 8-13　倾斜视线法测设坡度线

思考题与习题

1. 测设的基本工作是什么？

2. 测设已知数值的水平距离、水平角及高程是如何进行的？

3. 测设点位的方法有哪几种？各适用于什么场合？放样数据如何计算？

4. 如何用水准仪测设已知坡度的坡度线？

5. 欲在地面上测设：直角 $\angle AOB = 90°$，先用一般方法测设出该直角，再精确测量其角值 $\angle AOB' = 89°58'54''$，已知 OB' 的距离 $D = 180$m，试计算 B 点的调整量并绘图说明。

6. 利用高程为 18.800m 的水准点 A，欲测设出高程为 18.180m 标高。安置水准仪于 A、B 点中间，读取 A 点尺上后视读数为 0.888m，问在 B 点木桩上的水准尺前视读数应为多少时尺底标高为 18.180m？并绘图说明。

7. 设 A、B 为控制点，已知

$X_A = 158.27$m，$y_A = 160.64$m，$X_B = 115.49$m，$y_B = 185.72$m，P 点的设计坐标为 $X_P = 160.00$m，$y_P = 210.00$m，试分别用极坐标法、角度交会法和距离交会法测设 P 点所需的放样数据，并绘出测设略图。

第九章　道路工程测量

第一节　概　述

市政工程一般由路线、桥涵、管道及各种附属设施等构成。兴建道路之前，为了选择一条既经济又合理的路线，必须对沿线进行勘测。

一般地讲，路线以平、直最为理想，但实际上，由于受到地物、地貌、水文、地质及其他等因素的限制，路线的平面线型必然有转折，即路线前进的方向发生改变。为了保证行车舒适、安全，并使路线具有合理的线型，在直线转向处必须用曲线连接起来，这种曲线称为平曲线。平曲线包括圆曲线和缓和曲线两种，如图 9-1 所示。圆曲线是具有一定曲率半径的圆的一部分，即一段圆弧。缓和曲线是在直线与圆曲线之间加设的一段特殊的曲线，其曲率半径由无穷大逐渐变化为圆曲线半径。

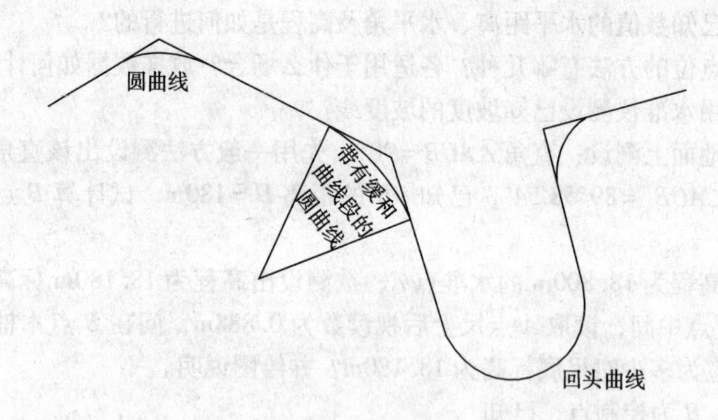

图 9-1　道路中线

由上可知，路线中线一般是由直线和平曲线两部分组成。中线测量是通过直线和曲线的测设，将道路中心线的平面位置用木桩具体地标定在现场上，并测定路线的实际里程。中线测量完成以后必须进行道路纵、横断面测量。

在市政道路的建设中，施工测量工作必须先行，而施工测量有施工前和施工过程中两部分测量工作。施工测量就是研究如何将设计图纸中的各项元素按规定的精度要求，准确无误地测设于实地，作为施工的依据；同时在施工过程中应进行一系列的测量工作，以保证施工按设计要求进行，主要包括路基放线、施工边桩测设、竖曲线测设、路面测设及侧石与人行道的测量放线等。

第二节 道路中线测量

一、交点和转点的测设

(一) 交点的测设

道路中线改变方向时，两相邻直线段延长后相交的点，称为路线交点，通常用符号 JD 表示，它是中线测量的控制点。对于一阶段勘测，路线交点在选线阶段在实地位置标定；而对于两阶段勘测，先是在地形图上定点，再根据图上点位于实地进行标定。根据定位条件和现场地形的不同，测设方法有以下两种：

1. 放点穿线法

放点穿线法是以初测时测绘的带状地形图上的导线点为依据，按照地形图上设计的道路中线与导线之间的距离和角度的关系，在实地将道路中线的直线段测定出来，然后将相邻两直线段延长相交得到路线交点，具体测设步骤如下：

(1) 放点

常用的方法有支距法和极坐标法两种。

如图 9-2 所示，欲将图纸上定出的两段直线 $JD_2 \sim JD_3$ 和 $JD_3 \sim JD_4$ 测设于实地，只需定出直线上 1、2、3、4、5、6 等临时点即可，这些临时点可以选择支距法，也可选择极坐标法测设。本图中采用支距法测设的为 1、2、6 三点。

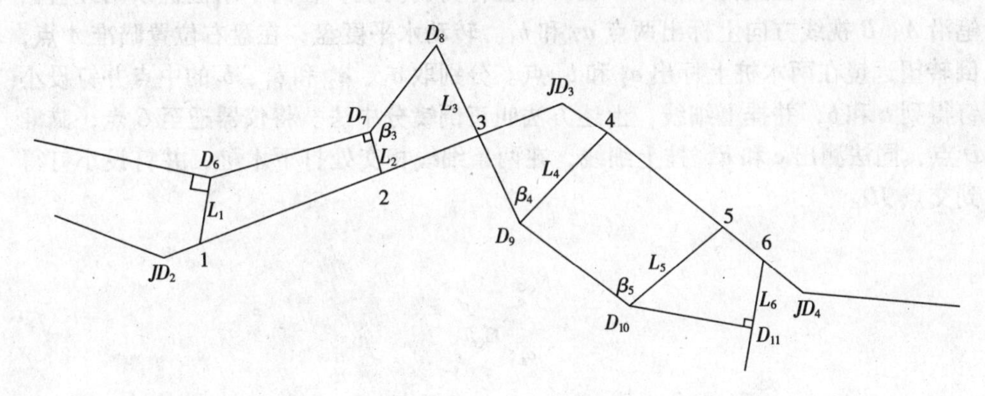

图 9-2 放点

即在图上以导线点 D_6、D_7、D_{11} 为垂足，作导线边的垂线，交路线中线点 1、2、6 为临时点，根据比例尺量出相应的距离 L_1、L_2、L_6，在实地用经纬仪或方向架定出垂线方向，再用皮尺量出支距，测设出各点。

上图中 3、4、5 点为采用极坐标法测设的，在图纸上用量角器和比例尺分别量出或根据坐标反算方位角计算出 β_3、β_4、β_5 及距离 L_3、L_4、L_5 的数值，在实地放点时，如在导线点 D_9 安置经纬仪，后视 D_8，水平度盘归零，拨角 β_4 定出方向，再用皮尺量距 L_4 定出 4 点，迁站 D_8、D_{10} 可测出 3 点和 5 点。

上述方法放出的点为临时点，这些点尽可能选在地势较高，通视条件较好的位置，便于测设和后视工作，采用哪种方法进行测设临时点，既要根据现场地形、地貌等客观情况而定，还要考虑施测方便及为后续工作提供便利。

（2）穿线

由于图解数据和测量误差及地形的影响，在图上同一直线上的各点放到地面后，一般不在一条直线上，这些点的连线只能近似一条直线，如图9-3所示1、2、3、4在图纸上为一条直线上的点，放到实地上没有共线。这时可根据实际情况，采用目估法或经纬仪法穿线，通过比较和选择，定出一条尽可能多地穿过或靠近临时点的直线*AB*。在*A*、*B*或其方向上打下两个或两个以上的方向桩，随即取消临时点，这种确定直线位置的工作称为穿线。

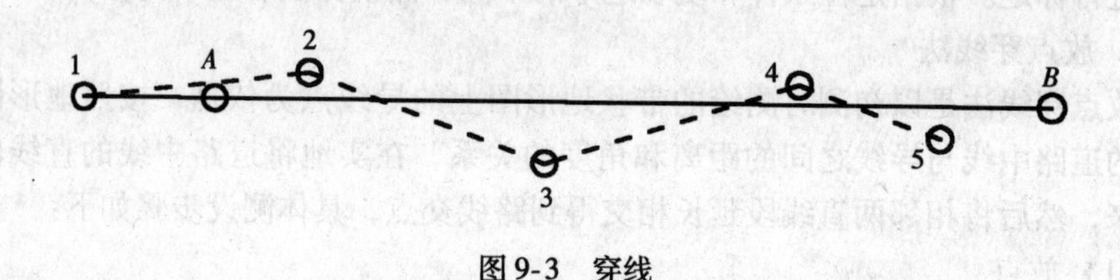

图9-3 穿线

（3）定交点

如图9-4所示，当相邻两条直线*AB*、*CD*在地面上确定后，即可延长直线进行交会定出交点。首先将经纬仪安置于*B*点，盘左位置瞄准*A*点，倒镜后在交点*JD*的前后位置打下两个木桩，该桩称为骑马桩，在两个木桩桩顶用红蓝铅笔沿*A*、*B*视线方向上标出两点a_1和b_1。转动水平度盘，在盘右位置瞄准*A*点，倒转望远镜在两木桩上标出a_2和b_2点。分别取a_1、a_2和b_1、b_2的中点并钉设小钉得到*a*和*b*，并挂上细线，上述方法叫正倒镜分中法。将仪器迁至*C*点，瞄准*D*点，同法测出*c*和*d*，挂上细线，在两条细线相交处打下木桩，并钉设小钉得到交点*JD*。

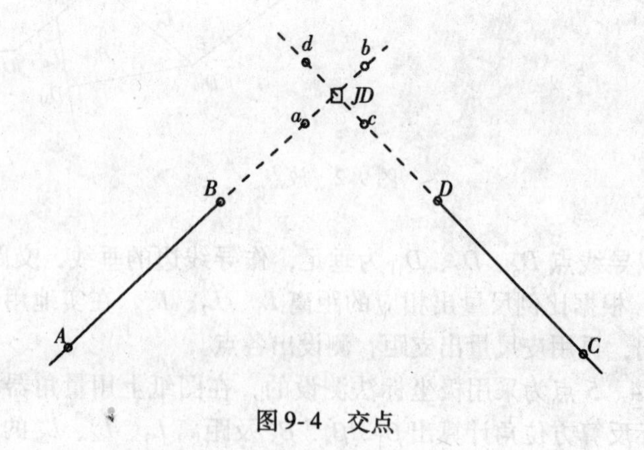

图9-4 交点

2. 拨角放线法

首先根据地形图量出纸上定线的交点坐标，再根据坐标反算计算相邻交点间的距离和坐标方位角，之后由坐标方位角算出转角。在实地将经纬仪安置于路线中线起点或交点上，拨转角，量距，测设各交点位置。如图9-5所示，D_1、D_2……为初测导线点，在D_1安置经纬仪（D_1为路线中线起点）后视并瞄准D_2，拨角β_1，量距S_1，定出JD_1。在JD_1安置经纬仪，拨角β_2，量距S_2，定出JD_2，同法依次定出其余交点。

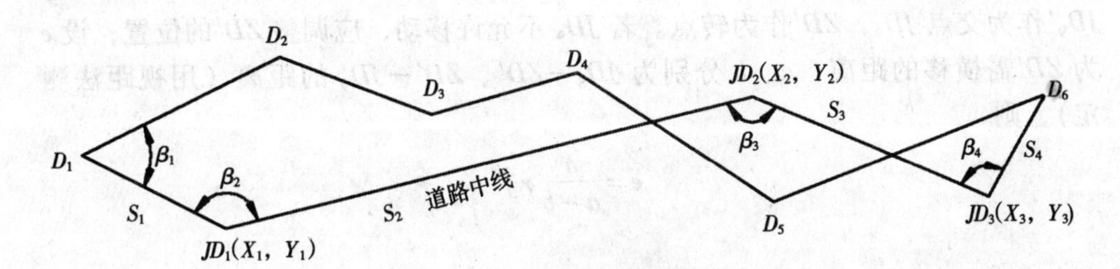

图9-5 拨角放线法

这种方法操作简单，工作效率高，拨角放线法一般适用于交点较少的线路。若测设的交点越多，累积误差越大。需每隔一定距离将测设的中线与初测导线或测图导线连测，检查导线的角度闭合差和导线长度相对闭合差，进行校核满足限差要求，进行调整，若超限，应查明原因进行纠正或重测。而新的交点又重新以初测导线点进行测设，减少误差累积，保证交点位置符合纸上定线的要求。

（二）转点的测设

在路线中线测量时，由于地形起伏或地物阻挡致使相邻交点互不通视时（或者距离较远时），需要在两交点间或其延长线上加一点或数点，供测角、量距延长直线时瞄准之用，这样的点称为转点，一般用 ZD 表示。

1. 在两交点间设置转点

如图9-6所示，JD_5、JD_6为相邻不通视的两交点，ZD'为初定转点，为了检核ZD'是否在两交点连线上，安置经纬仪于ZD'，用正倒镜分中法延长直线JD_5—ZD'于JD'_6，若JD'_6与JD_6重合或偏差f在容许范围内，则转点位置为ZD'，可将JD_6移至JD_6'，并在桩顶上钉下小钉表示交点JD_6位置。

当偏差f超过容许范围或JD_6不允许移动时，只有调整ZD'。设e为ZD'应横向移动的距离，a、b分别为JD_5—ZD'、ZD'—JD_6的距离，该距离用视距测量方法测出，则

$$e=\frac{a}{a+b}\times f$$

将ZD'沿偏差f的相反方向横移e至ZD。将仪器安置于ZD，延长直线JD_5—ZD看是否通过JD_6或偏差值f是否小于容许值，否则应重设转点，

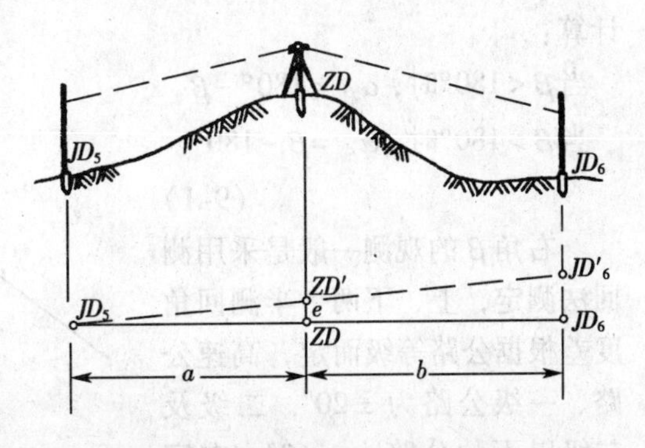

图9-6 两不通视的交点间设置转点

直至符合要求为止。

2. 在两交点延长线上设置转点

如图9-7所示，JD_8、JD_9互不通视，ZD'为延长线上初定转点，经纬仪安置于ZD'，盘左瞄准JD_8，在JD_9处定出一点，盘右瞄准JD_8，在JD_9处又定出一点，取两点的中点得JD_9'。若JD_9'与JD_9重合或偏差f在容许范围内，即可将JD_9'作为交点JD_9，ZD'作为转点。若JD_9不允许移动，应调整ZD'的位置，设e为ZD'需横移的距离，a、b分别为JD_8—ZD'、ZD'—JD_9的距离（用视距法测定），则

$$e=\frac{a}{a-b}\times f$$

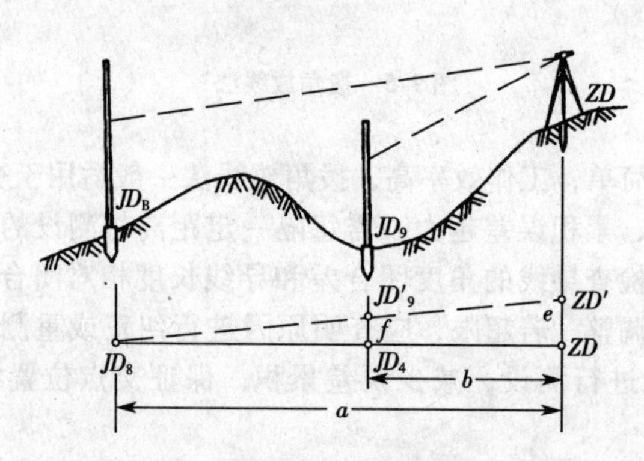

图9-7　两不通视的交点的延长线上设置转点

将ZD'沿与f相反方向移动e，即得到新转点ZD。在ZD安置经纬仪，重复上述方法，直至f值小于容许值为止，用木桩将转点ZD位置标定在地面上。

二、测定路线的转折角

道路中线由一个方向偏转为另一个方向时，偏转后的方向与原方向之间的夹角称为转折角，也称转角或偏角，常以α表示。如图9-8所示，转角有左、右之分，按路线前进方向，偏转后的方向在原方向的左侧称为左转角，以$\alpha_{左}$（α_z）表示；反之为右转角，以$\alpha_{右}$（或α_y）表示。在道路中线转弯处，为了设置曲线，需要测定转角，通常是观测路线前进方向的右角$\beta_{右}$，转角按下式进行计算：

当$\beta<180°$时，$\alpha_{右}=180°-\beta$

当$\beta>180°$时，$\alpha_{左}=\beta-180°$

(9-1)

右角β的观测一般是采用测回法测定，上、下两个半测回角度差根据公路等级而定，高速公路、一级公路为$\pm 20''$，二级及二级以下的公路为$\pm 60''$。在容

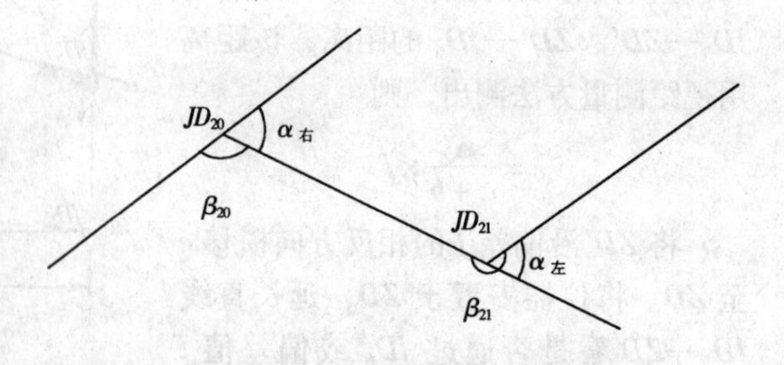

图9-8　路线的转角和右角

许范围内，可取两个半测回的平均值作为观测成果。

根据曲线测设的需要，当右角β测定后，在保持水平度盘位置不变的情况下，需要在路线设置曲线的一侧把角平分线标出。如图9-9（*a*）所示，$\beta_{右}$已测定，仪器处于盘左位置，后视读数为a，前视方向读数为b，角平分线（分角线）方向度盘读数为c。则

$$c = b + \frac{\beta}{2} = \frac{a+b}{2} \tag{9-2}$$

测设时，转动仪器的照准部，当水平度盘读数为$\frac{a+b}{2}$，此时望远镜方向即为分角线方向。在该方向打桩标定，当$\beta_{右}$大于180°时，将c加上180°为角平分线的方向，如图9-9（*b*）所示，为了保证测角精度，还要进行路线角度闭和差的校核，当路线导线与国家控制点可联测时，可按附合导线的计算方法计算角度闭合差，进行检核和调整。当路线导线与国家控制点无法联测时，以每天测设距离为一段，每天作业开始与收工时，用罗盘仪测起始边磁方位角，通过推算的磁方位角与实测的磁方位角进行核对，其误差不超过2°，若超过限度，要查明原因并予纠正。

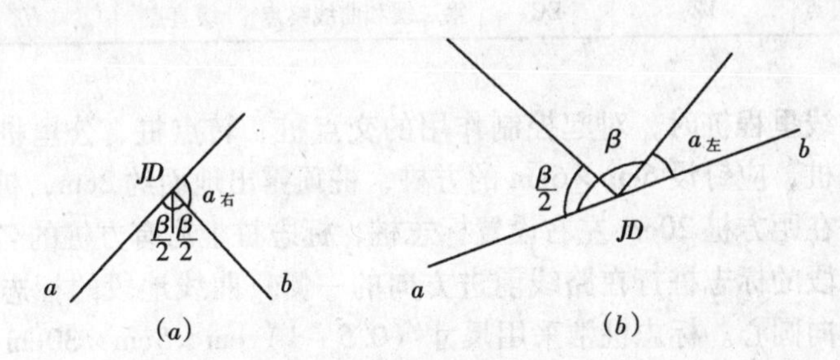

图9-9　标定角平分线

（*a*）$\beta<180°$；（*b*）$\beta>180°$

三、钉设中线里程桩和加桩

为了确定路线中线的位置和长度，满足纵横断面测量的需要，必须由路线的起点开始每隔一定距离（20m或50m）设桩标记，称为里程桩。里程桩也称中桩，里程桩分为整桩和加桩两种。每个桩均有一个桩号，一般写在桩的正面，桩号表示该桩点至路线起点的里程数，如果桩距路线起点的距离为21434.52m，则桩号为K21+434.52。

1. 整桩

整桩是按规定每隔一定距离（20m或50m）设置，桩号为整数（为要求桩距的整数倍）里程桩，如百米桩、公里桩和路线起点等均为整桩。

2. 加桩

加桩分为地形加桩，地物加桩，曲线加桩，关系加桩和断链加桩等。

（1）地形加桩：指沿路线中线在地面地形突变处，横向坡度变化处以及天然河沟处所置的里程桩。

（2）地物加桩：指沿路线中线在人工构筑物，如拟建桥梁、涵洞、隧道挡墙

处，路线与其他公路、铁路、渠道、高压线、地下管线交叉处、拆迁建筑物等处所设置的里程桩。

（3）曲线加桩：指曲线上的起点、中点、终点桩。

（4）关系加桩：指路线上的转点桩和交点桩。

（5）断链加桩：由于局部改线或事后发现距离错误等致使路线的里程不连续，桩号与路线的实际里程不一致，为说明情况而设置的桩。

在钉设中线里程桩时，需要书写里程桩桩号及其含义，应先写其缩写名称，再写其桩号。目前我国公路上采用汉语拼音的缩写名称，见表9-1。

路线主要标志桩名称表　　表9-1

标志桩名称	简称	汉语拼音缩写	英文缩写	标志桩名称	简称	汉语拼音缩写	英文缩写
转角点	交点	*JD*	IP	公切点	—	*GQ*	CP
转点	—	*ZD*	TP	第一缓和曲线起点	直缓点	*ZH*	TS
圆曲线起点	直圆点	*ZY*	BC	第一缓和曲线终点	缓圆点	*HY*	SC
圆曲线中点	曲中点	*QZ*	MC	第二缓和曲线起点	圆缓点	*YH*	CS
圆曲线终点	圆直点	*YZ*	EC	第二缓和曲线终点	缓直点	*HZ*	ST

在钉设中线里程桩时，对起控制作用的交点桩、转点桩、公里桩、重要地物桩及曲线主点桩，应钉设6cm×6cm的方桩，桩顶露出地面约2cm，桩顶钉一小钉表示点位，并在距方桩20cm左右设置标志桩，标志桩上写有方桩的名称、桩号及编号。直线地段的标志桩打在路线前进方向的一侧；曲线地段的标志桩打在曲线外侧，字面朝向圆心。标志桩常采用尺寸（0.5～1）cm×5cm×30cm的竹片桩或板桩，钉桩时一半露出地面。其余的里程桩一般使用板桩，尺寸为（2～3）cm×5cm×30cm即可，一半露出地面，钉桩时字面一律背向路线前进方向。

道路中线里程桩的设置是在中线丈量的基础上进行的，一般情况下是边丈量边设置。目前，随着电子全站仪的普及，市政道路、高速公路大多是采用电子全站仪定线测距，也有部分工程采用GPS RTK技术进行中线桩测设。

第三节　圆曲线的主点测设和详细测设

汽车在公路上行驶时，由一个方向转到另一个方向时，为了行车安全，必须用曲线进行连接。曲线的形式很多，圆曲线是最常用的一种。圆曲线又称单曲线，是由一定半径的圆弧线构成。圆曲线的测设一般分两步进行，先测设曲线的主点，即曲线起点（*ZY*）、曲线终点（*YZ*）和曲线中点（*QZ*）；然后在主点间进行加密，按设计、施工需要桩距测设曲线的其他各点，称为曲线的详细测设。

市政道路、桥梁、管线等线型工程，其中线投影在平面的曲线称为平曲线；其中线投影在竖面的曲线，称为竖曲线。

一、圆曲线测设元素的计算

如图9-10，转角α和半径R为已知，则

切线长 $T=R\cdot\tan\dfrac{\alpha}{2}$

曲线长 $L=R\cdot\alpha\cdot\dfrac{\pi}{180}$ (9-3)

外矢矩 $E=R\left(\sec\dfrac{\alpha}{2}-1\right)$

切曲差 $q=2T-L$

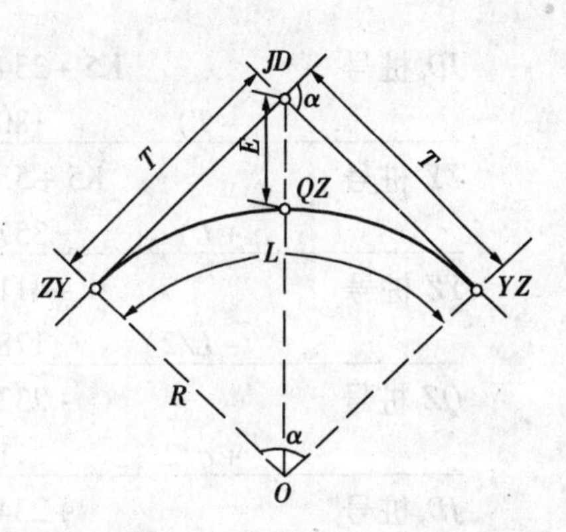

图 9-10 圆曲线主点测设

其中

JD——路线转角点，称交点；

ZY——圆曲线起点，称直圆点；

YZ——圆曲线终点，称圆直点；

QZ——圆曲线中点，称曲中点；

ZY、*YZ*、*QZ* 三点总称为圆曲线的主点；

T、*L*、*E* 三者总称为圆曲线的要素；

α——路线的转角 ；

R——圆曲线半径。

上式中 R 由设计给出，α 是设计给出或是经实地测出，在实际工作中，曲线要素可直接从曲线测设用表中查得，也可用计算器按上述公式直接计算。

【例 9-1】 已知 $\alpha=20°30'$，$R=1000\text{m}$，求曲线各要素。

【解】 按（9-3）式计算得：

切线长 $T=R\cdot\tan\dfrac{\alpha}{2}=1000\times\tan20°30'=180.83\text{m}$

曲线长 $L=R\cdot\alpha\cdot\dfrac{\pi}{180}=1000\times20°30'\times\dfrac{\pi}{180°}=357.79\text{m}$

外矢矩 $E=R\left(\sec\dfrac{\alpha}{2}-1\right)=1000\times\left(\sec\dfrac{20°30'}{2}-1\right)=16.22\text{m}$

切曲差 $q=2T-L=2\times180.83-357.79=3.87\text{m}$

二、圆曲线主点桩号的计算

放样曲线时，先定出主点，然后再详细放样曲线上其他各点。路线中线是由曲线及曲线间的直线组成，里程是沿路线中线由起点累计，交点 *JD* 一般不在中线上，严格地说没有里程桩号，交点的所谓里程桩号是由上一个曲线终点桩号加上该曲线终点到交点的长度而得，其长度由实地测量而得。

根据圆曲线要素即可计算圆曲线上各主点的里程桩号。

ZY 桩号 = *JD* 桩号 − 切线长 *T*

YZ 桩号 = *ZY* 桩号 + 曲线长 *L*

QZ 桩号 = *YZ* 桩号 − *L*/2

校核：*JD* 桩号 = *QZ* 桩号 + $\dfrac{q}{2}$

【例 9-2】 设前例中交点为 JD_8，里程桩号为 K5 +234.78，求主点桩号。

JD_8桩号	K5 +234.78
−T)	180.83
ZY 桩号	K5 +53.95
+L)	357.79
YZ 桩号	+411.74
−L/2)	178.90
QZ 桩号	+232.84
+q/2	1.94
JD_8桩号	+234.78

校核无误

三、圆曲线主点的测设

在交点 JD 安置经纬仪，瞄准后视相邻交点或转点定向，从交点 JD 沿后视方向量取切线长 T，得曲线起点 ZY，打下木桩并用小钉暂时标记。再由 ZY 点丈量到直线上最后一个中桩的距离，它应等于两桩桩号之差，校核无误后重新标记。

将仪器照准部瞄准前视相邻交点或转点方向，沿前视方向从交点 JD 量取切线长 T，得曲线终点 YZ 打下木桩，订设小钉。之后沿后视、前视方向所形成角度的中线（即角平分线方向）从交点 JD 向曲线侧量取外矢矩 E，得到 QZ 点，打下木桩并钉设小钉标记。

曲线主点作为曲线控制点，应长期保存，在其附近设标志桩，将桩号写在标志桩上。

四、圆曲线的详细测设

（一）偏角法

实质就是极坐标法，如图 9-11，它是以曲线起点或终点至曲线上任一点 P 的弦线与切线 T 之间的弦切角（偏角）和弦长 C 来确定 P 点位置的方法。

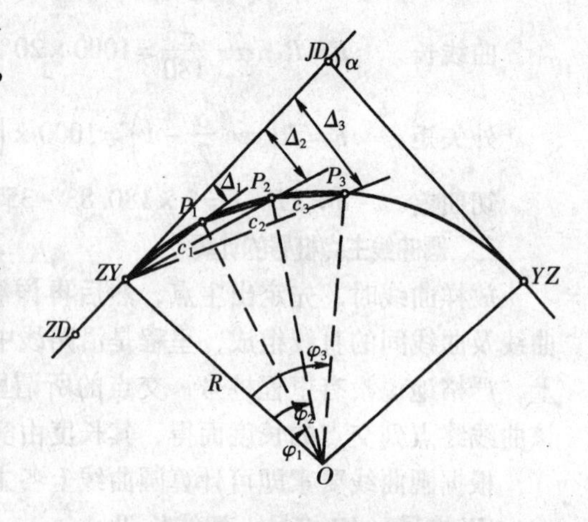

图 9-11 偏角法测设圆曲线

1. 偏角的计算

偏角法测设曲线，通常采用整桩号设桩，由几何原理可知，偏角 δ 等于相应弧（弦）所对圆心角的一半，即

$$\delta = \frac{\Phi}{2} = \frac{l}{2R} \cdot \frac{180}{\pi} \quad (9\text{-}4)$$

曲线上其他各整桩号上的偏角为

$$\delta_1 = \frac{l_1}{2R} \cdot \frac{180}{\pi} = \delta$$

$$\delta_2 = 2\delta$$

$$\cdots$$

$$\delta_n = n\delta \quad (9\text{-}5)$$

弦长

$$C = 2R \cdot \sin\delta = l - \frac{l^3}{24R^2}$$

弧弦差
$$\Delta C = l - C = \frac{l^3}{24R^2} \tag{9-6}$$
式中 l 为弧长，一般为20m，当半径 R 较小时，l 取10m。由此可知，只要曲线半径 R 和曲线桩号至曲线起点（或终点）的弧长 l 已知，就可以算出弦切角 δ 和弦长 C，从而可以定出曲线上的桩号。

【例9-3】 已知 $\alpha_Y = 50°25'$，$R = 200m$，JD 里程桩号为K15+234.02，计算曲线要素和主点里程，曲线上加桩间隔为20m，试计算详细测设数据。

【解】 曲线要素 $T = 94.15m$，$L = 175.99m$，$E = 21.05m$，其他数据见表9-2。

偏角法测设圆曲线计算表 **表9-2**

桩号	相邻点曲线长（弧长）	弦长	偏角值	偏角累计值（正拨）	偏角累计值（反拨）
ZY K15+139.87			0°00′00″	0°00′00″	334°47′31″
+160	20.13	20.12	2°53′00″	2°53′00″	337°40′31″
+180	20	19.99	2°51′53″	5°44′53″	340°32′24″
+200	20	19.99	2°51′53″	8°36′46″	343°24′17″
+220	20	19.99	2°51′53″	11°28′39″	346°16′10″
QZ +227.87	7.87	7.87	1°07′38″	12°36′17″	347°23′48″
+240	12.13	12.13	1°44′15″	14°20′32″	349°08′03″
+260	20	19.99	2°51′53″	17°12′25″	351°59′56″
+280	20	19.99	2°51′53″	20°04′18″	354°51′49″
+300	20	19.99	2°51′53″	22°56′11″	357°43′42″
YZ +315.86	15.86	15.86	2°16′18″	25°12′29″	0°00′00″
+340	175.99				

2. 偏角的测设方法

对于同一条曲线在不同的主点安置经纬仪测设辅点时，因照准部转动方向不同，有正拨和反拨之分。当顺时针方向转动，即依次测设曲线各加密点（辅点）度盘数逐个增加，称为正拨，反之称为反拨。

由上例可知，路线右转时，在 *ZY* 点安置仪器，角度为正拨，其测设步骤如下：

（1）在 *ZY* 点安置仪器，瞄准交点 *JD*，水平度盘配盘为0°00′00″，此方向即切线方向。

（2）转动照准部，使水平度盘读数为2°53′00″，在此方向自 *ZY* 点量距

20.12m，得桩号为 K15 +160。

（3）继续转动照准部，使水平度盘读数为 5°44′53″，自桩号 K15 +160 起量距 19.99m（弦长），与视线相交的点即为桩号 K15 +180。

依次类推测出曲线其余各桩号。

当测至曲中点 *QZ* 点和 *YZ* 点时，应与曲线主点测的 *QZ* 点重合，若不重合，闭合差一般不超如下规定：

纵向（切线方向）$\pm\frac{l}{1000}$ m（L 为曲线长）

横向（法线方向）±10cm

否则，应查明原因，进行纠正或重测。实际测设中，为了提高测设精度，一般从曲线起点 *ZY* 点和终点 *YZ* 点上分别测设曲线的一半，在曲线中点 *QZ* 处检核。

偏角法计算、操作均较简单，灵活且可自行闭合，自行校核，但其量距误差容易积累，影响精度。

（二）切线支距法

切线支距法又称直角坐标法。它是以曲线起点（*ZY*）或终点（*YZ*）为原点，以切线方向作为坐标纵轴 x，过原点的半径方向作为横轴 y，建立直角坐标系。利用点的坐标 x，y 值放样出曲线上的各点，实际施工测量中，一般采用整桩进行设桩，如图 9-12 所示。

L_i 为待测点至原点 *ZY* 的弧长，ϕ_i 为 L_i 所对的圆心角，R 为曲线半径，则 P_i 点的坐标为

$$X_i = R \cdot \sin\phi_i$$

$$Y_i = R\ (1-\cos\phi_i) \tag{9-7}$$

式中
$$\phi_i = \frac{l_i}{R} \times \frac{180}{\pi}\ (i=1,\ 2,\ 3\cdots\cdots) \tag{9-8}$$

实际施工测量过程中，为了避免支距过长，一般采用由 *ZY*、*YZ* 点向 *QZ* 点进行施测，具体施测步骤为：

（1）在 *ZY*（或 *YZ*）点安置经纬仪，瞄准切线（即 *JD*）方向，用钢尺量距 X_i，得垂足 N_i。

（2）在 N_i 点用方向架或经纬仪，后视 *ZY*（或 *YZ*）点，拨 90°，转向圆心方向，再用钢尺量距 y_i，即可定出曲线点 P_i。

（3）曲线上各点施测完成后，要量取曲线中点至最近的一个曲线桩点间的距离，比较桩号之差与实测距离，若二者之差在限差之内，则测设合格；否则，查明原因，予以纠正。

切线支距法适用于平坦开阔地区，有桩号误差不累积的优点。

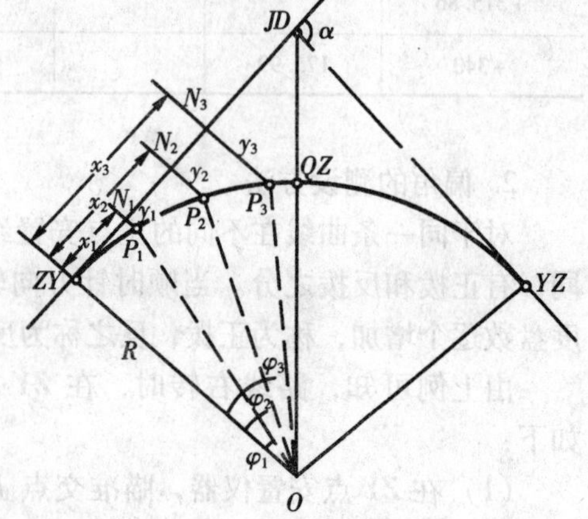

图 9-12 切线支距法测设圆曲线

（三）极坐标法

极坐标法是自测站点出发，后视另一已知点，拨出极角 θ_p，在此方向上量距 S_p，即可确定待定点 P 的位置。其极坐标（θ_p、S_p）可根据测站点和待定点坐标经坐标反算而得，由于电磁波全站仪在市政工程中广泛地使用，极坐标法测设曲线非常简便、迅速和精确。

用极坐标法测设圆曲线细部点时，要先计算各细部点在测量平面直角坐标系中的坐标值，测设时，全站仪安置在平面控制点或已知坐标的线路交点上，输入测站坐标和后视点坐标（或后视方位角），再输入要测设的细部点坐标，仪器即自动计算出测设角度和距离，据此进行细部点现场定位。下面介绍细部点坐标的计算方法。

1. 计算主点坐标

如图 9-13 所示，根据 JD_1 和 JD_2 的坐标（x_1，y_1）、（x_2，y_2），用坐标反算公式计算第一条切线的方位角 α_{2-1}，

$$\alpha_{2-1} = \arctan \frac{y_1 - y_2}{x_1 - x_2} \tag{9-9}$$

第二条切线的方位角 α_{2-3} 可由 JD_2、JD_3 的坐标反算得到，也可由第一条切线的方位角和线路转角推算得到，在本例中有

$$\alpha_{2-3} = \alpha_{2-1} - (180 - \alpha_{右}) \tag{9-10}$$

根据方位角 α_{2-1}、α_{2-1} 和切线长度 T，用坐标正算公式计算曲线起点坐标（x_{ZY}，y_{ZY}）和终点坐标（x_{YZ}，y_{YZ}），例如起点坐标为：

$$\begin{aligned} x_{ZY} &= x_2 + T\cos\alpha_{2-1} \\ y_{ZY} &= y_2 + T\sin\alpha_{2-1} \end{aligned} \tag{9-11}$$

曲线中点坐标（x_{QZ}，y_{QZ}）则由分角线方位角 α_{2-QZ} 和矢径 E 计算得到，其中分角线方位角 α_{2-QZ} 也可由第一条切线的方位角和线路转角推算得到，在本例中有

$$\alpha_{2-QZ} = \alpha_{21} - \frac{180 - \alpha_{右}}{2} \tag{9-12}$$

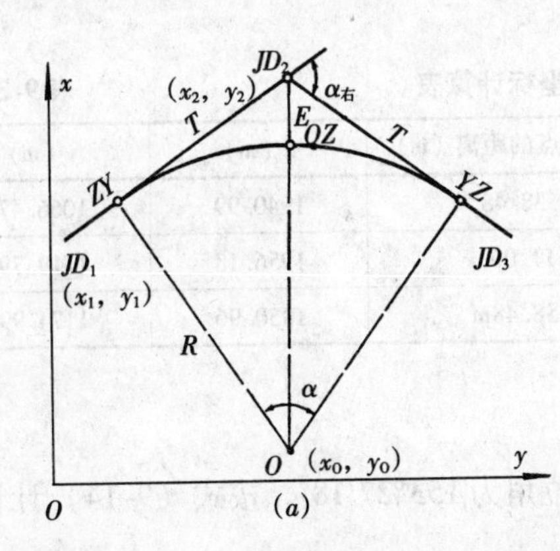

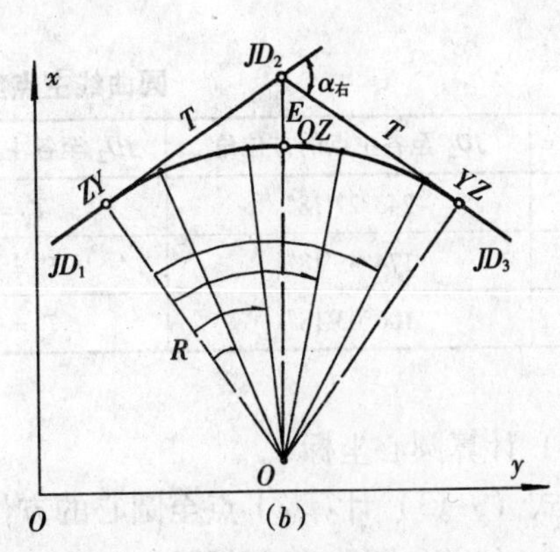

图 9-13
（a）圆曲线主点坐标计算；（b）圆曲线细部点坐标计算

2. 计算圆心坐标

如图9-13（a）所示，因 ZY 点至圆心方向与切线方向垂直，其方位角为

$$\alpha_{ZY-O}=\alpha_{2-1}-90° \tag{9-13}$$

（若为左偏角，则方位角为 $\alpha_{ZY-O}=\alpha_{2-1}+90°$），圆心坐标（$x_o$，$y_o$）为

$$\begin{aligned}x_o&=x_{ZY}+R\cos\alpha_{zy-o}\\y_o&=y_{ZY}+R\sin\alpha_{zy-o}\end{aligned} \tag{9-14}$$

3. 计算圆心至各细部点的方位角

如图9-13（b）所示，设 ZY 点至曲线上某细部里程桩点的弧长为 l_i（l_i = 细部点桩号里程 − ZY 点里程），其所对应的圆心角为

$$\varphi_i=\frac{l_i}{R}\cdot\frac{180}{\pi} \tag{9-15}$$

则圆心至各细部点的方位角 α_i 为

$$\alpha_i=(\alpha_{ZY-O}+180°)+\varphi_i \tag{9-16}$$

（若为左偏角，则方位角为 $\alpha_i=(\alpha_{ZY-O}+180°)-\varphi_i$）

4. 计算各细部点的坐标

根据圆心至细部点的方位角和半径，可计算细部点坐标

$$\begin{aligned}x_i&=x_o+R\cos\alpha_i\\y_i&=y_o+R\sin\alpha_i\end{aligned} \tag{9-17}$$

【例9-4】某圆曲线的转角 $\alpha_{右}=42°36'$，半径 $R=150$m，交点（JD_2）的桩号为K6+183.56，上一个交点 JD_1 和本圆交点 JD_2 的坐标分别为（1922.821，1030.091）和（1967.128，1118.784），试计算各主点坐标和各里程桩点的坐标。

【解】（1）计算主点坐标

先计算 JD_2 至各主点（ZY、QZ、YZ）的坐标方位角，再根据坐标方位角和算出的测设元素切线长度 T、外矢径 E，用坐标正算公式计算主点坐标，计算结果见表9-3。

圆曲线主点坐标计算表 **表9-3**

主点	JD_2 至各主点的方位角	JD_2 至各主点的距离（m）	x（m）	y（m）
ZY	243°27′18″	T = 58.48	1940.99	1066.47
QZ	174°45′18″	E = 11.00m	1956.18	1119.79
YZ	106°03′18″	T = 58.48m	1950.96	1174.99

（2）计算圆心坐标

按式（9-13）计算 ZY 点至圆心的方位角为153°27′18″，按式（9-14）计算圆心坐标为（1806.805，1133.502）。

（3）计算各细部点坐标

先算得 ZY 桩号 = K6+183.56−58.48 = K6+125.08，再计算各细部点至 ZY

点的弧长，然后按式（9-15）、（9-16）和（9-17）计算圆心至各细部点的方位角 α_i，以及计算各点坐标，结果见表9-4。

圆曲线细部桩点坐标表　　表9-4

细部桩号	α	x	y
K6+140	339°9′14″	1946.986	1080.123
K6+160	346°47′36″	1952.838	1099.232
K6+180	354°25′58″	1956.177	1119.789
K6+200	2°04′20″	1956.707	1138.926
K6+220	9°42′42″	1954.655	1158.805

用可编程计算器或掌上电脑可方便地完成上述计算。在实际线路测量中，利用这些计算工具，可在野外快速计算出直线或曲线上包括主点在内的任意桩号的中线坐标，配合全站仪按极坐标法施测，大大提高了工作效率。

第四节　缓和曲线的测设

为了行车安全、舒适以及减少离心力的影响，在直线段与圆曲线之间插入一段半径由无穷大逐渐减小至圆曲线半径 R 的曲线称缓和曲线。带有缓和曲线的平曲线如图9-14所示，主点有直缓点（ZH）、缓圆点（HY）、曲中点（QZ）、圆缓点（YH）和缓直点（HZ）。

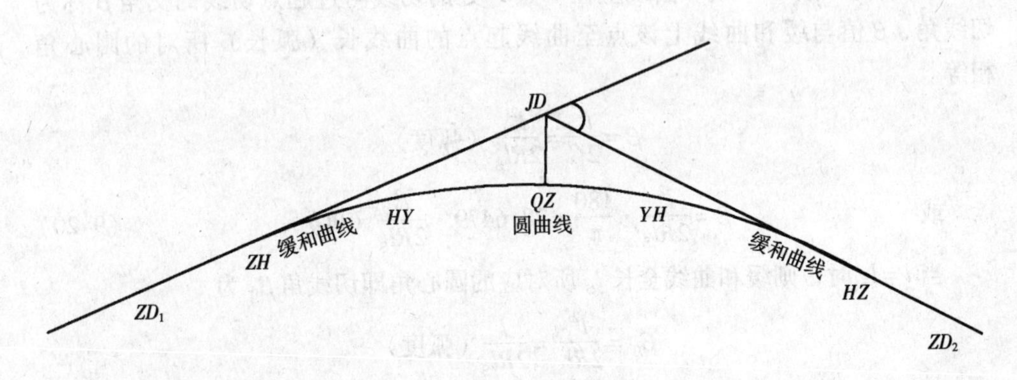

图9-14　带有缓和曲线的平曲线

我国交通部颁发的《公路工程技术标准》（JTT 001—9）中规定：缓和曲线采用回旋曲线，亦称辐射螺旋线。

一、缓和曲线基本公式

1. 基本公式

对于缓和曲线，是曲线半径 ρ 随曲线长度 l 的增大而成反比均匀减小的曲线，即对于缓和曲线上任一点的曲率半径ρ有：

$$\rho=\frac{C}{l}\quad 或\quad \rho\cdot l=C \tag{9-18}$$

式中C是缓和曲线参数，为一常数，表示缓和曲线半径ρ的变化率，与车速有关。我国公路目前采用：$C=0.035V^3$

式中　V—计算行车速度，以km/h为单位。

在缓和曲线和圆曲线连接处，即ZY点处，缓和曲线与圆曲线半径相等，即$\rho=R$。缓和曲线的终点（HY）至起点（ZH）的曲线长为缓和曲线全长，按式9-18得

$$C=l\cdot\rho=R\cdot ls \tag{9-19}$$

而我国交通部颁布实施的《公路工程技术标准》（JTJ 001—97）中规定：当公路平曲线半径小于不设超高的最小半径时，应设缓和曲线，缓和曲线采用回旋曲线，缓和曲线的长度应根据其计算行车速度V求得，并尽量采用大于表9-5所列值。

各级公路缓和曲线最小长度　　表9-5

公路等级	高速公路				一		二		三		四	
计算行车速度（km/h）	120	100	80	60	100	60	80	40	60	30	40	20
缓和曲线最小长度（m）	100	85	70	50	85	50	70	35	50	25	35	20

2. 切线角公式

如图9-15所示，缓和曲线上任一点P处的切线与过起点切线的交角β称为切线角，β值与缓和曲线上该点至曲线起点的曲线长（弧长）所对的圆心角相等。

$$\beta=\frac{l^2}{2C}=\frac{l^2}{2Rl_S}\ （弧度）$$

或
$$\beta=\frac{l^2}{2Rl_S}\cdot\frac{180}{\pi}=28.6479\cdot\frac{l^2}{2Rl_S}\ （度） \tag{9-20}$$

当$l=l_S$时，则缓和曲线全长l_S所对应的圆心角即切线角β_0为

$$\beta_0=\frac{l^2}{2Rl_S}=\frac{l}{2Rl_S}\ （弧度）$$

或
$$\beta_0=\frac{l^2}{2Rl_S}\frac{180}{\pi}=28.6479\cdot\frac{l_S}{R}\ （度） \tag{9-21}$$

3. 参数方程

如图9-15，设ZH点为坐标原点，过ZH点的切线为X轴，半径为Y轴，缓和曲线上任一点P的坐标为（X，Y）为：

$$x=l-\frac{l^5}{40R^2l^2}$$

$$y = \frac{l^3}{6Rl_S} \qquad (9\text{-}22)$$

上式称做缓和曲线的参数方程。

当 $l = l_S$ 时，缓和曲线终点 HY 的直角坐标为：

$$x_0 = l_S - \frac{l_S^3}{40R^2}$$

$$y_0 = \frac{l_S^2}{6R} \qquad (9\text{-}23)$$

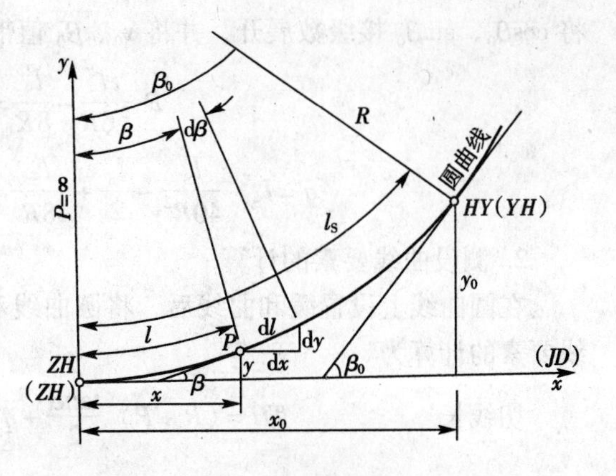

图 9-15 缓和曲线

二、带有缓和曲线的圆曲线要素计算及主点测设

1. 内移值 P、切线增长值 q 的计算

如图 9-16 所示，当圆曲线加设缓和曲线后，为使缓和曲线起点位于直线方向上，必须将圆曲线向内移动一段距离 P（称为内移值），这时曲线发生变化，使切线增长距离 q（称为切线增长值）公路上一般采用圆心不动半径相应减小的平行移动方法，即未设缓和曲线时的圆曲线为 FG，其半径为（$R+P$），插入两段缓和曲线 AC 和 DB 后，圆曲线向内移，其保留部分为 CMD，半径为 R，所对的圆心角为（$\alpha-2\beta_0$）。测设时必须满足的条件为：$2\beta_0 \leqslant \alpha$；否则，应缩短缓和曲线长度或加大圆曲线半径 R。由图 9-16 可知：

$$P + R = y_0 + R\cos\beta_0$$

$$q = AF = BG = x_0 - \sin\beta_0$$

即

$$P = y_0 - R\ (1 - \cos\beta_0)$$

$$q = x_0 - \sin\beta_0 \qquad (9\text{-}24)$$

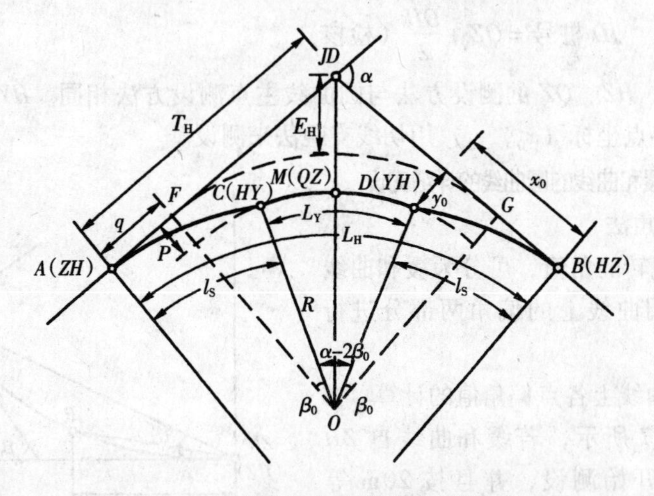

图 9-16 带有缓和曲线的圆曲线主点

将 $\cos\beta_0$、$\sin\beta_0$ 接级数展开，并将 x_0、β_0 值带入，则得

$$P=\frac{l_S^2}{6R}-\frac{l_S^2}{8R}=\frac{l_S^2}{24R}$$

$$q=l_S-\frac{l_S^3}{40R^2}-\frac{l_S}{2}+\frac{l_S^2}{48R^2}=\frac{l_S}{2}-\frac{l_S^2}{240R^2}\approx\frac{l_S}{2} \tag{9-25}$$

2. 测设曲线要素的计算

在圆曲线上设置缓和曲线后，将圆曲线和缓和曲线作为一个整体来考虑。曲线要素的计算为

切线长 $TH=(R+P)\ \frac{\tan\alpha}{2}+q$

曲线长 $LH=R\ (\alpha-2\beta_0)\ \frac{\pi}{180}+2l_S$

其中圆曲线长 $LY=R\ (\alpha-2\beta_0)\ \frac{\pi}{180}$

外矢矩 $EH=(R+P)\ \sec\frac{\alpha}{2}-R$

切曲差 $DH=2TH-LH$ (9-26)

3. 主点里程的计算和测设

根据交点的已知里程桩号和曲线的要素值，即可按下列算式计算各主点里程桩号。

直缓点 ZH 桩号 $=JD$ 桩号 $-TH$

缓圆点 HY 桩号 $=ZH$ 桩号 $+l_S$

圆缓点 YH 桩号 $=HY$ 桩号 $+LY$

缓直点 HZ 桩号 $=YH$ 桩号 $+l_S$

曲中点 QZ 桩号 $=HZ$ 桩号 $-\frac{LH}{2}$

交点 JD 桩号 $=QZ+\frac{DH}{2}$（检核）

主点 ZH、HZ、QZ 的测设方法与圆曲线主点测设方法相同。HY、YH 点是根据缓和曲线终点坐标（x_0，y_0）用切线支距法来测设。

三、带有缓和曲线的圆曲线的详细测设

（一）偏角法

曲线上偏转的角值，可分为缓和曲线上的偏角和圆曲线上的偏角两部分进行计算。

1. 缓和曲线上各点偏角值的计算

如图 9-17 所示，若缓和曲线自 ZH（或 HZ）点开始测设，并且按 20m 等分缓和曲线，则曲线上任一分点 P 与 ZH 的连线相对于切线的偏角为 δ，δ 计

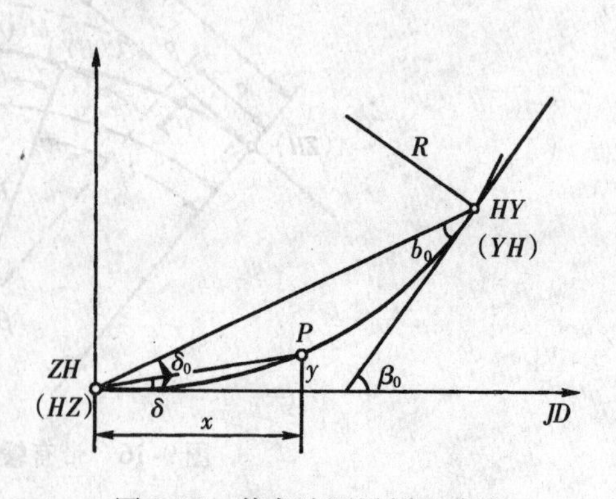

图 9-17 偏角法测设缓和曲线

算方法为

$$\tan\delta = \frac{Y_p}{X_p}，因为\ \delta\ 很小，\delta = \tan\delta = \frac{Y_p}{X_p}$$

将曲线参数方程（9-22）中 x、y 代入上式得（只取第一项）

$$\delta = l^2/6Rl_S \tag{9-27}$$

当 $l = l_S$ 时，缓和曲线的总偏角为

$$\delta_0 = \frac{l_S^2}{6R} \tag{9-28}$$

由于 $\beta = \frac{l^2}{2Rl_S}$，$\beta_0 = \frac{l_S}{2R}$，上式可写成

$$\delta_0 = \frac{1}{3} \cdot \beta_0 \tag{9-29}$$

式（9-27）除以式（9-29）得

$$\delta = \frac{l^2}{l_S^2} \cdot \delta_0 = \frac{1}{3}\left(\frac{l^2}{l_S}\right)^2 \cdot \beta_0 \tag{9-30}$$

若采用整桩距进行测设，即 $l_2 = 2l_1$，$l_3 = 3l_1$……

由（9-30）得各点相应角值为

$$\delta_1 = \left(\frac{l_1}{l_S}\right)^2 \cdot \delta_0$$

$$\delta_2 = \left(\frac{2l_1}{l_S}\right)^2 \cdot \delta_0 = 2^2 \cdot \delta_1$$

$$\delta_3 = \left(\frac{3l_1}{l_S}\right)^2 \cdot \delta_0 = 3^2 \cdot \delta_1$$

$$\cdots$$

$$\delta_n = n^2 \cdot \delta_1 \tag{9-31}$$

实际测设中，按上述方法计算偏角值。

2. 圆曲线上各点偏角的计算

圆曲线上各点的测设，应将仪器安置于 HY 或 YH 点进行。这时只要定出 HY 或 YH 点的切线方向，就可以按独立圆曲线的偏角法进行测设，如图 9-17 所示，首先要计算角度 b_0，从图可知

$$b_0 = \beta_0 - \delta_0 = \beta_0 - \frac{\beta_0}{3} = \frac{2\beta_0}{3}$$

若仪器安置于 HY 点上，瞄准 ZH 点，将水平度盘读数配置为 b_0（当曲线右转时，配置在 $360° - b_0$），旋转照准部使水平度盘读数为 0°00′00″并倒镜，则该视线方向为 HY 的切线方向，然后按独立圆曲线偏角进行测设各点。

3. 偏角法测设带有缓和曲线的圆曲线细部实例

【例 9-5】 见表 9-6，$R = 600$m，$L_0 = 110$m，$c = 20$m，具体图示见表 9-6。曲线计算资料见表 9-6，按上述方法计算出各点的偏角值列入表 9-6 中。

表 9-6

桩号	曲线点间距	曲线偏角		备注	曲线计算资料
		缓和曲线	圆曲线		
ZH K161 + 703.86				测站	$R=600\text{m}$
*JD*100	20	0°00′00″	后视点		$\alpha_{右}=48°23'$
1 + 723.86	20	0 03 28			$T=324.91\text{m}$
2 + 743.86	20	0 13 53			$L=616.67\text{m}$
3 + 763.86	20	0 31 15			$L_0=110\text{m}$
4 + 783.86	16.14	0 55 34			$E=58.68\text{m}$
5 + 800.00	20	1 20 27	百米桩		$q=33.14\text{m}$
6 + 803.86	10	1 26 49			
HY K161 + 813.86		1 45 03	测站		
ZH	06.14	360° − (3°30′05″ + 0°17′35″) = 356°12′20″		后视点	*ZH*：K161 + 703.86
1 + 820.00	20		0°00′00″		*HY*：K161 + 813.81
2 + 840.00	20		0 57 18		*QZ*：K162 + 012.20
3 + 860.00	20		1 54 35		*YH*：K162 + 210.53
4 + 880.00	20		2 51 53		*HZ*：K162 + 320.53
5 + 900.00	20		3 49 11	百米桩	
6 + 920.00	20		4 46 29		
7 + 940.00	20		5 43 46		
8 + 960.00	20		6 41 04		
9 + 980.00	20		7 38 22		
K162 + 0.00	12.20		8 35 40		
QZ K162 + 012.20			9 10 37	百米桩	

HY 点切线方向，$b_0=\frac{2}{3}\beta_0=\frac{2}{3}\cdot(3\delta_0)=2\delta_0=2\times1°45'03''=3°30'05''$

具体测设步骤为

（1）在 *ZH* 点置镜，照准 *JD* 方向使水平度盘读数为零；

（2）拨偏角 $\delta_1=0°03'28''$，在切线方向自 *ZH* 起量取 20m 得缓和曲线第一点；

（3）拨偏角 $\delta_2=0°13'53''$，自第一点起以 20m 定出与视线方向相交，即得曲线第二点；

（4）继续拨角 δ_3，δ_4，同法可定出缓和曲线点 3、4，拨角 1°20′27″，自 4 点起以 16.14m 为定长与视线方向相交，得百米桩号（点号5）。同法定出点6，测设点6时，应自点4量距，检查6点对控制桩 *HY* 点的偏离值；

（5）仪器移至 *HY* 点，以 b_0 配置水平度盘，后视 *ZH*，再倒转望远镜。当度盘为 0°00′00″时，视线方向即为 *HY* 点的切线方向。在生产实践中，为了放样和计算方便，在后视 *ZH* 点时，水平度盘往往配置为（$b_0+\delta_1$），倒镜望远镜后 *HY* 点的切线方向读数为 δ_1。本例以 356°12′20″配置水平度盘后，后视 *ZH* 点，倒镜望远镜，当度盘读数为 0°时沿视线方向自 *HY* 点起量取 6.14m 得圆曲线上第一点；

（6）继续拨取偏角 $\delta_2=0°57'18''$，自圆曲线点 1 起，以 $c=20\text{m}$ 为定长与视线

相交得圆曲线上第二点；同法测设出圆曲线上其余各点，直至 QZ 点。

半条曲线测设完成后，仪器搬至 HZ 点，用上述方法测设曲线的另一半。但需注意，偏角的拨动方向与切线的测设方向与前半部分曲线相反。

同时，自 ZH（HZ）点测设曲线至 HY（YH）点及由 HY（YH）点测设到 QZ 点时，必须检查闭合差，若闭合差在允许范围内，按圆曲线测设方法进行分配。

（二）切线支距法

建立以 ZH（或 HZ）点为坐标原点，过 ZH 的切线及半径分别为 x 轴和 y 轴的坐标系统，利用缓和曲线段和圆曲线段上各点在坐标系统中的 x、y 来测设曲线，如图 9-18 所示。

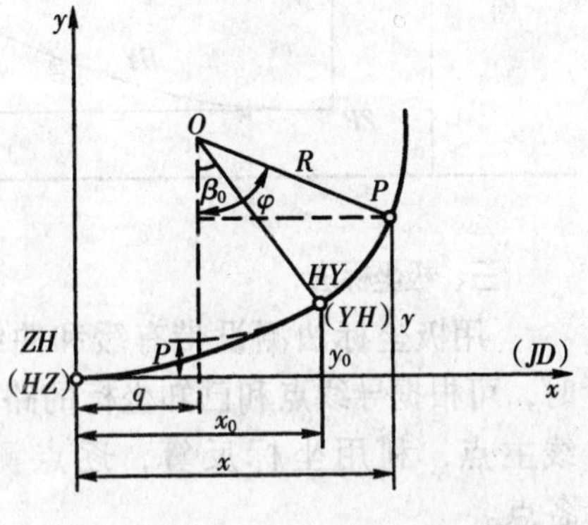

在缓和曲线段上各点坐标（x、y）可按缓和曲线的参数求得，即

$$X = l - \frac{l^5}{40R^2 l_S^2}$$

$$Y = \frac{l^3}{6Rl_S} \tag{9-32}$$

图 9-18　切线支距法测设缓和曲线

在圆曲线上各点坐标（X、Y）可按圆曲线参数方程和图 9-18 计算：

$$X = X' + q = R\sin\phi + q$$

$$Y = Y' + P = R\ (1 - \cos\phi) + P \tag{9-33}$$

计算出缓和曲线和圆曲线上各点坐标后，按圆曲线切线支距法的测设方法进行测设。

具体测设如下：

设圆曲线半径 $R = 600\text{m}$，偏角 $\alpha_{左} = 15°55'$，缓和曲线长度 $L_0 = 60\text{m}$，交点 JD_{75} 的里程为 K112 + 446.92，曲线点间隔 $C = 20\text{m}$，试以切线支距法放样曲线细部。

根据 R、l_0、α 及 JD_{75} 的里程，计算曲线元素及主要点里程，根据主要点里程及曲线点间隔 $C = 20\text{m}$，得放样数据（表 9-7）。

放样数据表　　表 9-7

点号	里程桩号	L_i	$L_i - X_i$	Y_i	曲线计算资料
ZH	K112 + 333.01	00	0.00	0.00	$R = 600\text{m}$
1	353.01	20	0.00	0.04	$\alpha_{左} = 15°55'$
2	373.01	40	0.00	0.30	$L_0 = 60\text{m}$
HY（3）	393.01	60	0.02	1.00	$T = 113.91\text{m}$
4	400.00	66.99	0.03	1.41	$L = 226.68\text{m}$
5	413.01	80	0.06	2.33	$E = 6.08\text{m}$
6	433.01	100	0.16	4.33	$q = 1.14\text{m}$
QZ	446.35	113.34	0.27	6.05	JD_{75}　K112 + 446.92

续表

点号	里程桩号	L_i	L_i-X_i	Y_i	曲线计算资料
附图	y QZ HY ZH x				ZH K112 +333.01 HY K112 +393.01 QZ K112 +446.35 YH K112 +499.69 HZ K112 +559.69

三、极坐标法

用极坐标法测设带有缓和曲线的圆曲线时，可根据导线点和已知坐标的路线交点、曲线主点，利用坐标反算，逐点测设曲线上各点。

如前所述，如图 9-19 所示，以 *ZH* 或 *HZ* 点为坐标原点，以其切线方向（即 *JD* 方向）为 *X* 轴，以通过原点的半径方向为 *Y* 轴，建立一个独立坐标系统，曲线上任一点 *P* 在该独立坐标系统的坐标（*X*，*Y*）可按缓和曲线参数方程可以求得，即

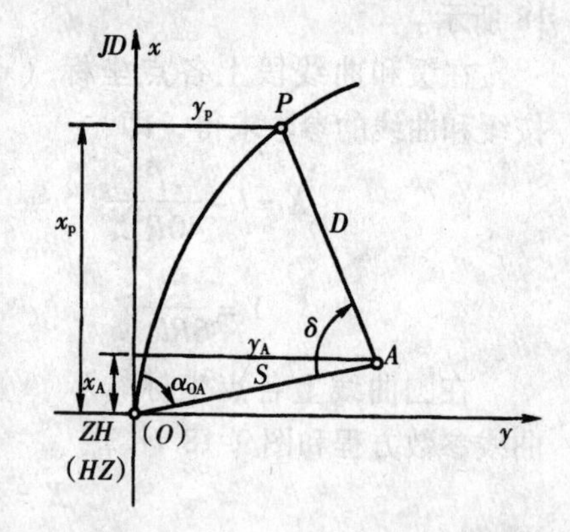

图 9-19　极坐标法测设缓和曲线

$$X = l - \frac{l^5}{40R^2 l_S^2}$$

$$Y = \frac{l^3}{6Rl_S} \tag{9-34}$$

其测量坐标（x，y）则可通过将坐标转换平移计算得到，其转换参数是独立坐标系统原点（*ZH* 或 *HZ*）在测量坐标系统中的坐标值（x_0，y_0），以及独立坐标系统的 *X* 轴在测量坐标系统中的方位角 α，转换公式为

$$x = x_0 + X\cos\alpha - Y\sin\alpha$$

$$y = y_0 + X\sin\alpha + Y\cos\alpha \tag{9-35}$$

1. 第一段缓和曲线的测量坐标计算

第一段缓和曲线指 *ZH* 点到 *HY* 点段曲线，其转换参数（x_0，y_0）为 *ZH* 点坐标（x_{ZH}，y_{ZH}），α 为 *ZH* 点到 *JD* 的方位角，可以根据上一个交点和本曲线交点的测量坐标计算，参见圆曲线坐标计算中的式（9-11）。确定换算参数后，即可按式（9-35）将由式（9-33）计算得到的独立坐标换算成测量坐标。

2. 圆曲线段测量坐标计算

圆曲线段指 *HY* 点到 *YH* 点段曲线，其转换参数（x_0，y_0）仍为 *ZH* 点坐标（x_{ZH}，y_{ZH}），α 仍为 *ZH* 点到 *JD* 的方位角，圆曲线上某点在独立坐标系中的坐标

(X, Y) 可按下式计算

$$\varphi = \beta_0 + 180\ (l - l_S)/(\pi R)$$
$$X = R\sin\varphi + q$$
$$Y = R\ (1 - \cos\varphi) + P \tag{9-36}$$

再代入式（9-27）计算得到测量坐标。

3. 第二缓和曲线的测量坐标计算

第二段缓和曲线指 YH 点到 HZ 点段曲线，其转换参数（x_0，y_0）为 HZ 点坐标（x_{HZ}，y_{HZ}），α 为 HZ 点到 JD 的方位角，可以根据上一个交点和本曲线交点的测量坐标计算（参见圆曲线坐标计算）。确定换算参数后，即可按式（9-27）将由式（9-25）计算得到的独立坐标换算成测量坐标，注意此时弧长 l 等于 HZ 点里程减去曲线点的里程。

四、困难地段的曲线测设

在曲线测设中，由于地形、地物的限制和影响，往往会遇到种种困难，如交点或主要点不能设站及曲线上不通视等，可以根据现场的实际情况，采用灵活多样的办法完成曲线的测设。

（一）交点上不能安置仪器

在部分困难地段，交点 JD 有时落在建筑物上、树木上、深沟里或河流中等无法安置仪器的地方，或者切线不通视的情况。这时可采用选定副交点的方法来解决，如图 9-20（a）所示，在切线上适当的位置选定两个副交点 A、B，测定其角度 α_1、α_2 及辅助线 AB 的距离 D_{AB}，则偏角 $\alpha = \alpha_1 + \alpha_2$。根据半径 R、偏角 α 及缓和曲线长度 L_0，即可求出曲线要素。

在△ABC 中：

$$\alpha = \alpha_1 + \alpha_2$$
$$AC = \frac{AB \cdot \sin\alpha_2}{\sin\ (180 - \alpha)} = \frac{AB \cdot \sin\alpha_2}{\sin\alpha}$$
$$BC\ \frac{AB\sin\alpha_1}{\sin\ (180 - \alpha)} = \frac{AB\sin\alpha_1}{\sin\alpha} \tag{9-37}$$

则自 A、B 向曲线起、终点方向分别量出（$T - AC$）及（$T - BC$），即得到曲线起点 ZH、终点 HZ 的位置。

曲线中点 QZ 测设时，可解△ABC，按余弦定理得

$$AD = \sqrt{AC^2 + CD^2 - 2AC \cdot CD\cos\theta} \tag{9-38}$$

按正弦定理得

$$\gamma = \arcsin\frac{CD}{AB\sin\theta} \tag{9-39}$$

式中　$CD = E$，$\theta = \dfrac{180 - \alpha}{2}$。

在 A 点安置经纬仪，后视 ZY 点，拨角 $180° - \gamma$，在该方向上量距 AD 测出 QZ 点。

图 9-20（b）是属于切线上不通视的情况。这时，可根据图示做辅助线及

副交点。

在$\triangle ABC$中，按正弦定理

$$AC = AB \cdot \frac{\sin\alpha_2}{\sin(\alpha_2 - \alpha_1)}$$

则自A及C向曲线的起、终点方向量出（$T-AC$）及T，得到曲线起点ZH及终点HZ的位置。曲线中点QZ可按上述方法测出。

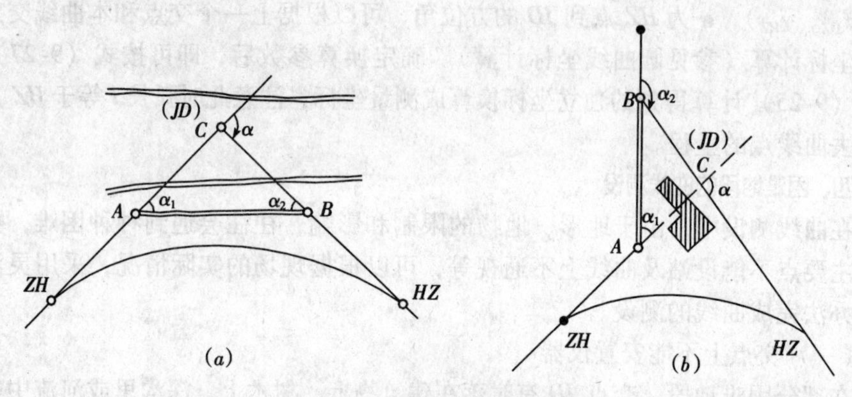

图9-20 交点不能安置仪器

如果直接丈量AB或测定α_1、α_2有困难，而只能观测α_1'、α_2'时，可用导线法确定A、B点的相应位置（图9-20）。建立以A点为坐标原点、导线的首边为x'轴的临时坐标系统，通过导线观测，计算各导线点在该系统中坐标x'、y'，从而求得α_1'、α_2'。这时

$$\begin{aligned}\alpha_1 &= \alpha_1^0 \pm \alpha_1 \\ \alpha_2 &= \alpha_2^0 \pm \alpha_2' \\ S_{AB} &= \sqrt{\Delta' X_{AB}{}^2 + \Delta' Y_{AB}{}^2}\end{aligned} \tag{9-40}$$

（二）用偏角法测设圆曲线视线受阻

用偏角法测设圆曲线遇到难以排除的障碍时，可迁移测站继续测设。如图9-21所示，在HY点测设圆曲线至P_3点时，视线被房屋阻挡，为了继续将圆曲线上其余各点测设出来，此时可把仪器搬至P_2点继续测设。设BF为P_2点的切线。从图中不难看出，如果经纬仪置在P_2点上，并将度盘配置为A点的切线偏角读数（此时为0°00′00″），后视A点。纵转望远镜，当度盘读数为δ_3时，即为P_3的测设方向。

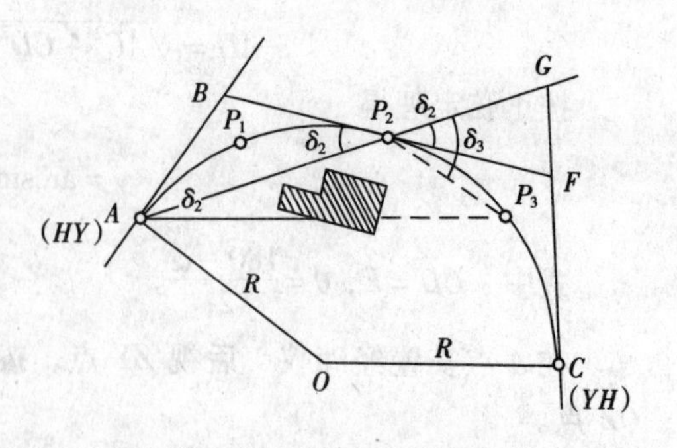

图9-21 偏角法视线受阻

同理，在圆曲线已测定的点（P_n）上置镜，以圆曲线上任一点已测设的点（P_8）的切线偏角配置度盘并后视P_i

点，纵转望远镜，只要拨角至欲测点 j 的偏角读数 δ_j，即得该点的视线方向。

（三）用偏角法测设缓和曲线越过障碍的方法

如图 9-22 所示，当自 *ZH* 点测设缓和曲线上各点时，若欲测点与 *ZH* 点不通视，可把仪器置于任一已测设点上（该点与欲测点彼此要通视）继续测设曲线。例如，*ZH* 点与点 3 不通视，则可把仪器搬至点 2 继续测设。点 2 的切线及前、后视偏角可以用缓和曲线的要素进行计算。

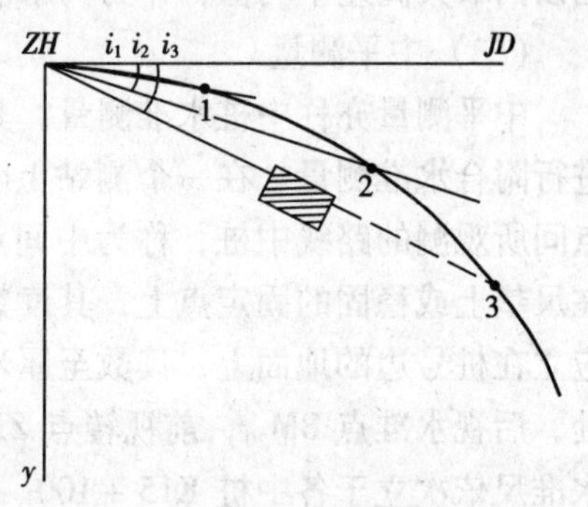

图 9-22　偏角法测设缓和曲线越过障碍

实际工作中，若在缓和曲线上某一已测设的点上置镜，欲后视的点的后视偏角及欲测设的点的前视偏角均可通过计算而得。按常规的曲线细部测设的作业方法，需要在主要点 *ZH*、*HZ*、*HY* 及 *YH* 设站，进行缓和曲线与圆曲线的测设。当这些点位于特殊地段上而不能置镜时，采用极坐标法越过障碍进行细部测设是十分快速有效的。

第五节　路线纵、横断面测量

一、路线纵断面测量

顺地面已标定中线进行的水准测量，称为线路水准测量。线路水准测量分两步进行：首先是顺路线方向每隔一定距离设置一水准点，称为基平测量；其次以各水准点为基础，分段进行中桩地面高程的水准测量，称为中平测量。

（一）基平测量

1. 水准点的设置

水准点的布置，应根据需要和用途，可设置永久性水准点和临时性水准点。路线起点、终点和需要长期观测的重点工程附近，宜设置永久性水准点。永久水准点需埋设标石，也可设置在永久性建筑物的基础上或用金属标志嵌在基岩上，水准点要统一编号，一般以“BM”表示，并绘点之记。水准点宜选在离中线不受施工干扰的地方，水准点的密度应根据地形和工程需要而定。在重丘和山区每隔 0.5 ~ 1km 设置一个，在平原和微丘区每隔 1 ~ 2km 设置一个，大桥及大型构造物附近应增设水准点。

2. 水准点的高程测量

水准点高程测量，应与国家或城市高级水准点联测，以获得绝对高程。一般采用往返观测或两个单程观测。

水准测量的精度要求，往返观测或两个单程观测的高差不符值，应满足

$$f_{h容} = \pm 30\sqrt{L}\text{mm}$$

或

$$f_{h容} = \pm 9\sqrt{N}\text{mm} \qquad (9\text{-}41)$$

式中，L 为单程水准路线长度，以 km 计；N 为测站数，高差不符值在限差范围以内取其高差平均值，作为两水准点间的高差，超限时应查明原因重测。

（二）中平测量

中平测量亦称中桩水准测量，其实质就是在基平测量中设置的相邻水准点间进行附合水准测量。在一个测站上除观测转点外，还要观测路线中桩。相邻两转点间所观测的路线中桩，称为中间点，由于转点起着传递高程的作用，转点应立在尺垫上或稳固的固定点上，其读数至毫米，视线长不应大于 150m。中间点尺子应立在桩号边的地面上，读数至厘米即可。如图 9-23 所示，水准仪安置在测站Ⅰ处，后视水准点 BM_{20}，前视转点 ZD_1，将读数记入表 9-8 中相应位置栏。然后将水准尺依次立于各中桩 K15 + 100、K15 + 120、K15 + 140、K15 + 160 等地面上并依次读数，将读数记入表 9-8 中，仪器搬到测站Ⅱ处，后视 ZD_1，前视 ZD_2，按上述方法，观测各中间点，逐站施测，一直测到 BM_{21} 为止。

中平测量记录表 **表 9-8**

天气：

地点： 年 月 日

测点	后视	仪器高	前视		设计高程（m）	地面高程（m）	填挖高（mm）	附注
			TP	中间点				
BM_{20}	1.852	104.208			102.356			
K15 + 100				1.45		102.76		
K15 + 120				1.50		102.71		
K15 + 140				1.49		102.72		
K15 + 160				1.65		102.56		
K15 + 180				1.74		102.47		
ZD_1	1.504	104.080	1.632			102.576		
K15 + 200				1.32		102.76		
K15 + 220				1.30		102.78		
K15 + 240				1.21		102.87		
K15 + 260				1.18		102.90		
K15 + 280				1.10		102.98		
ZD_2	1.955	104.414	1.621			102.459		
BM_{21}			2.475		101.952	101.939		
	5.311		5.728					
计算校核	Σ后视 $-$ Σ前视 $= -0.417$m $H_{BM_{21}} - H_{BM_{20}} = 101.952 - 102.356 = -0.404$m							
精度计算	$f_h = H_{BM_{21}测} - H_{BM_{21}} = 101.939 - 101.952 = -13$mm $f_{h容} = \pm 50\sqrt{L} = \pm 50\sqrt{1.05} = \pm 51$mm $\because \lvert f_h \rvert < \lvert f_{h容} \rvert$ ∴ 符合要求							

观测： 立尺： 记录： 计算： 复核：

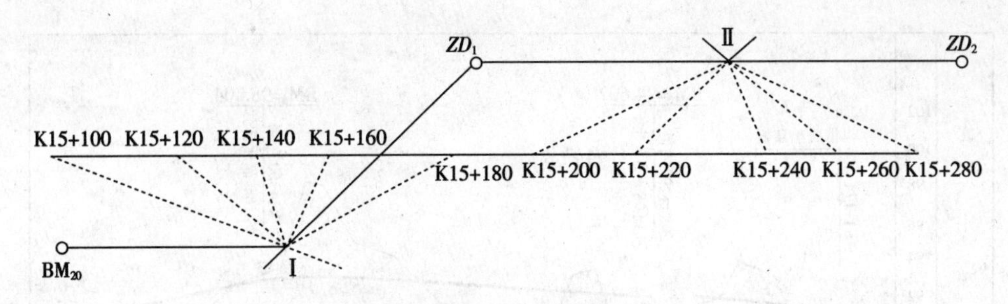

图 9-23　中平测量

中桩水准测量的精度要求为：$f_{h容}=\pm 50\sqrt{L}$mm（L 以 km 计）。一测段高差 h 与两端水准点高差之差 $f_h=h'_{测}-h_{理}\leq f_{h容}$。否则，应查明原因纠正或重测，中桩地面高程误差不得超过 ±10cm。

每一测站的各项高程按下列公式计算：

视线高程 = 后视点高程 + 后视读数

中桩高程 = 视线高程 − 中视读数

转点高程 = 视线高程 − 前视读数

（三）纵断面图的绘制

如图 9-24 所示，纵断面图是以中桩的里程为横坐标，以中桩的地面高程为纵坐标绘制的。为了突出地面坡度变化，高程比例尺比里程比例尺大十倍。如里程比例尺为 1∶1000，则高程比例尺为 1∶100。绘制步骤如下：

（1）打格制表和填表：按选定的里程比例尺和高程比例尺进行制表，并填写里程号、地面高程、直线和曲线等相关资料。

（2）绘地面线。首先在图上选定纵坐标的起始高程，使绘出的地面线位于图上的适当位置。为了便于阅图和绘图，一般将以 10m 整数倍的高程定在 5cm 方格的粗线上，然后根据中桩的里程和高程。在图上按纵横比例尺依次点出各中桩地面位置，再用直线将相邻点连接起来，就得到地面线的纵剖面形状。如果绘制高差变化较大的纵断面图时，如山区等，部分里程高程超出图幅，则可在适当里程变更图上的高程起算位置，这时，地面线的剖面将构成台阶形式。

（3）计算设计高程。根据设计纵坡 i 和相应的水平距离 D，按下式计算

$$H_B=H_A+iD_{AB}$$

式中，H_A 为一段坡度线的起点，H_B 为该段坡度线终点，升坡时 i 为正，降坡时 i 负。

（4）计算各桩的填挖尺寸。同一桩号的设计高程与地面高程之差即为该桩号的填土高（正号）或挖土深度（负号）在图上填土高度写在相应点设计坡度线 i 上，挖土深度则相反，也有在图中专列一栏注明填挖尺寸的。

（5）在图上注记有关资料。如水准点、断链、竖曲线等。

二、路线横断面测量

路线横断面测量就是测定路线各中桩处于垂直于中线方向上的地面变化起伏情况，之后绘制成横断面图，供路基、边坡、特殊构造物的设计、土石方计算和

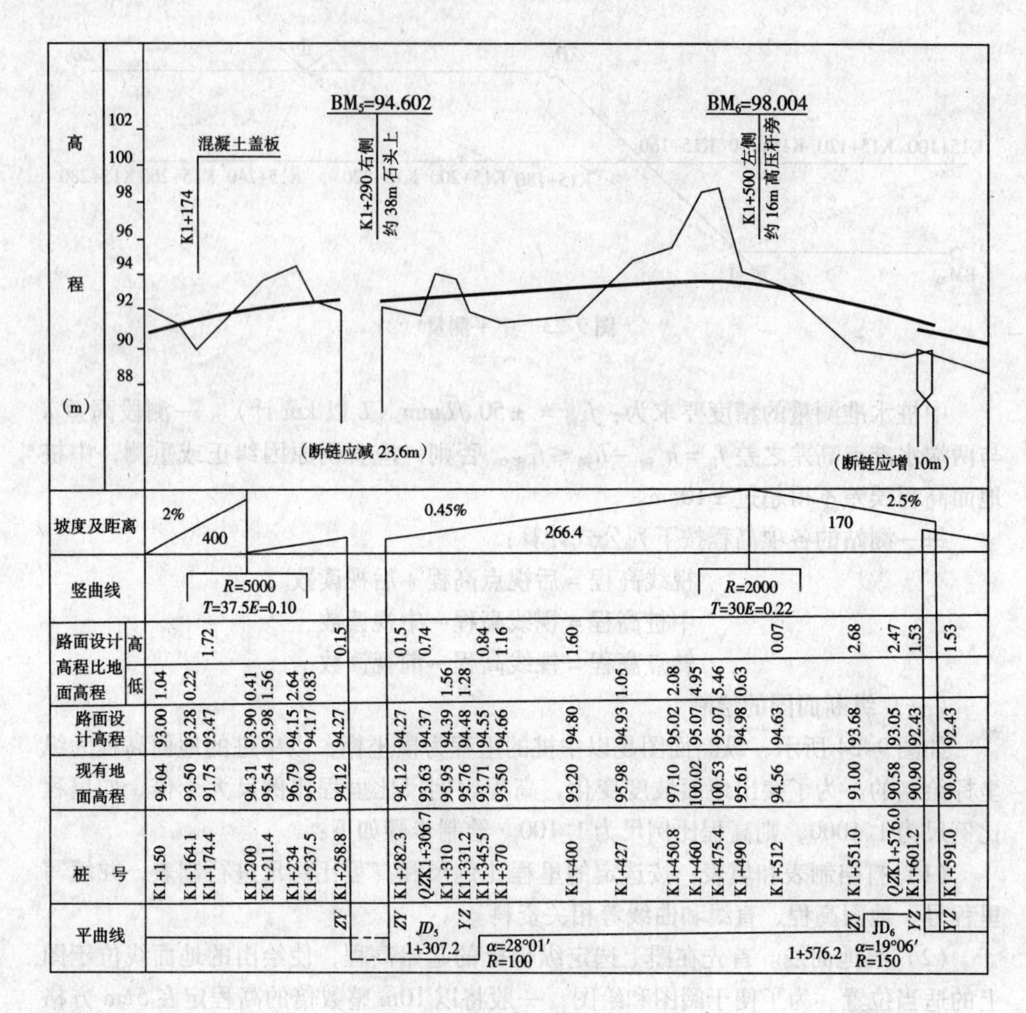

图 9-24　道路纵断面图

施工放样之用。横断面测量的宽度根据路基宽度，横断地形情况及边坡大小及特殊需求而定。横断面测量包括确定横断面的方向和在此方向上测定中线两侧地面坡度变化点的距离和高差。

（一）横断面方向的测定

1. 直线段横断面方向的测定

直线段横断面方向是与路线中线垂直，一般采用方向架测定横断面方向。如图 9-25 所示，将方向架置于中桩点号上，因方向架上两个固定片相互垂直，所以将其中一个固定片的瞄准直线段另一中桩，则另一个固定片所指即是横断面方向。在市政道路和高速公路路基施工过程中，也可以采取另一简捷方法，即根据路线各中桩目估测定与中桩垂直方向，该方法精度较使用方向架低，但适合于路基填筑过程中，减少野外工作量，若需准确测定横断面方向，可利用经纬仪进行。

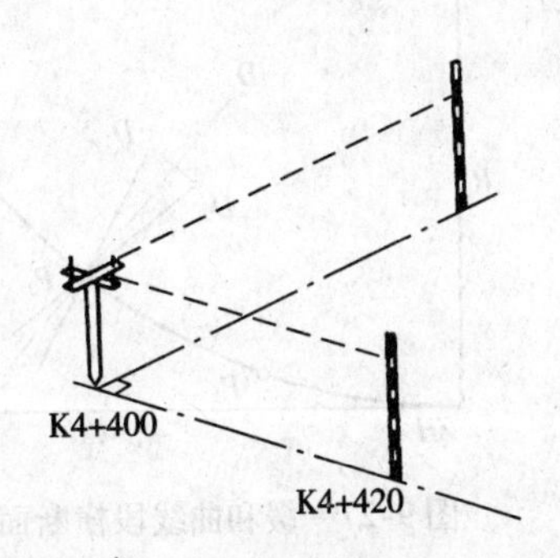

图 9-25 直线段横断面方向

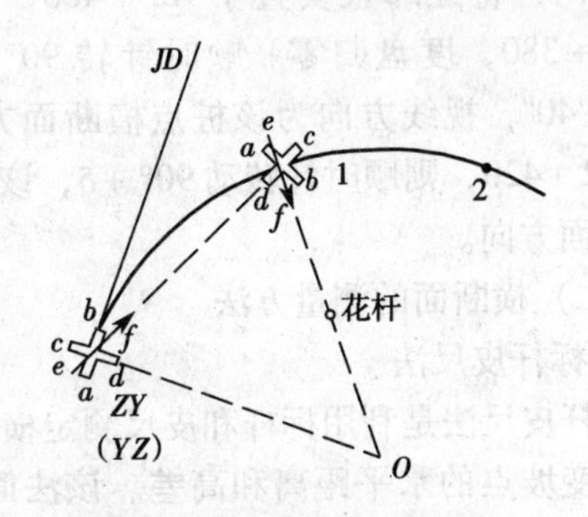

图 9-26 圆曲线段横断面方向

2. 圆曲线段横断面方向的测定

圆曲线段横断面方向为经过该桩点指向圆心的方向，一般采用安装一组活动片的方向架进行测定。如图 9-26 所示，欲测定圆曲线上桩点 1 的横断面方向。首先将方向架安置在 *ZY*（*YZ*）点上，用固定片 *AB* 瞄准交点 *JD* 或直线段某一桩点，*AB* 方向为该桩点切线方向，与 *AB* 垂直的固定片 *CD* 方向为 *ZY*（*YZ*）点的横断面方向，保持 *AB*、*CD* 方向不变，转动活动片 *EF*，使其瞄准 1 点，并将其固定。然后将方向架搬出 1 点。用固定片 *CD* 对准 *ZY*（*YZ*）点，则活动片 *EF* 所指方向为 1 点的横断面方向。如果 *ZY*（*YZ*）点到 1 点的弧长和$\widehat{12}$相同，则将方向架搬至 2 点，仍旧以固定片 *CD* 瞄准 1 点。活动片 *EF* 方向为 2 点的横断面方向，若各段弧长都相等，则按此法，可测定圆曲线上其余各点的横断面方向。

如果 *ZY*（*YZ*）点到 1 点弧长和$\widehat{12}$不相同，则在 1 点的横断面方向上立一标杆，用 *CD* 固定片瞄准，固定片 *AB* 方向为 1 点的切线方向，转动活动片 *EF* 对准 2 点后固定。然后将方向架搬至 2 点，用固定片 *CD* 对准 1 点，则活动片 *EF* 方向为 2 点的横断面方向。由此可知，只要各段弧长不变，活动片 *EF* 位置不变。否则应改变活动片 *EF* 位置，其他操作相同。

如果需要精确测定圆曲线各桩点的横断面方向，则可将经纬仪安置于各桩点上，后视 *ZY*（*YZ*）点后，根据各桩点到 *ZY*（*YZ*）点弧长计算弦切角，可拨至各桩点切线方向，再拨 90°转至各桩点横断面方向上。

3. 缓和曲线段横断面方向的测定

一般采用方向架法进行测定。如图 9-27 所示，假设各桩点间桩距相等，在 P_2 处安置方向架，用一个固定杆照准 P_1 处，则在另一个固定杆所指方向立标杆 D_1 定架中心距离为 l，然后，再以固定杆照准 P_3 处，在固定杆另一方向上立标杆 D_2，D_2 到固定架中心距离为 l，取 D_1D_2 的中点 D，则 P_2D 方向为该点的横断面方向。此法在不需要精确测定时可以采用，一般情况下满足施工要求。

如果需要准确测定横断面方向，可利用缓和曲线的偏角表或直接进行计算，在缓和曲线段任一桩点安置经纬仪，测设缓和曲线的偏角，再转至该桩点的法线方向，即横断面方向。例如某缓和曲线 $R=500\text{m}$，$L_s=130\text{m}$，欲测定 K2 + 400 横断面方向，将经纬仪安置于 K2 + 400，后视 *ZH* K2 + 380，度盘归零。顺时针转 $90° - \delta$，$\delta = 0°0'40''$，视线方向为该桩点横断面方向。瞄准 K2 + 420，则顺时针转动 $90° + \delta$，该方向为横断面方向。

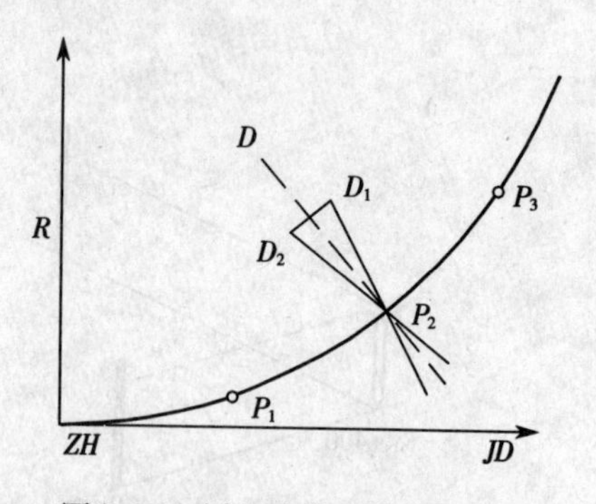

图 9-27 缓和曲线段横断面方向

（二）横断面的测量方法

1. 标杆皮尺法

标杆皮尺法是利用标杆和皮尺测定横断面方向上变坡点的水平距离和高差。该法简便，精度低，适合于较平坦地区或路基填筑过程中。具体操作如图 9-28 所示，1、2 和 3 为一横断面上选定的变坡点，将标杆立于 1 点上，皮尺一端紧靠中桩地面拉成水平，量出中桩至 1 点的水平距离，另一端皮尺截于标杆处的高度即为两点间高差，同法可测出 1 至 2，2 至 3 点间水平距离和高差，直至需要宽度为止。

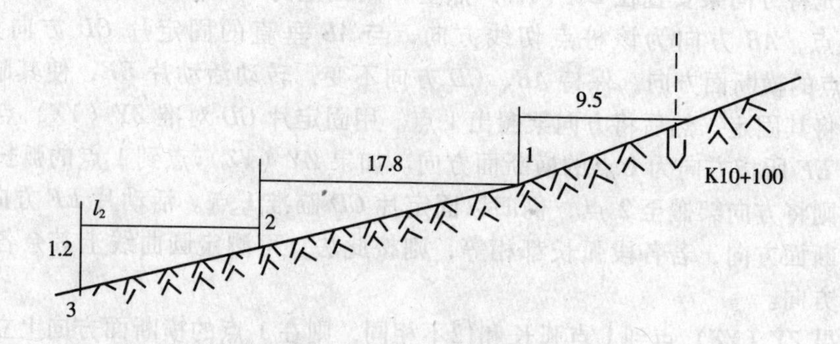

图 9-28 标杆皮尺法

施测时，边测边绘，并将量测距离和高差填入表 9-9 中，表中分子表示高差。

横断面测量（标杆皮尺法）表格 表 9-9

左侧			里程桩号	右侧		
$-\frac{1.2}{12}$	$-\frac{0.8}{17.8}$	$-\frac{1.0}{9.5}$	K10 + 100	$\frac{0.7}{8.0}$	$\frac{0.8}{14}$	$\frac{0.3}{6.5}$

正号为升高，负号为降低，分子表示高差，分母表示距离。自中桩由近及远测量与记录。

2. 水准仪法

水准仪法就是利用水准仪测量各变坡点和中桩点间的高差和皮尺量距进行测量。该法精度较高，适合于地面平坦地区。如图 9-29 所示，选择一适当位置安置水准仪，以中桩点立尺为后视读数，在横断面上坡度变化点上立尺作为前视中间点读数，可测出中桩点与各变坡点的高差。再用皮尺量出各变坡点至中桩的水平距离。将观测数据和量测距离填入表格 9-10 中，施测中，水准尺读数至 cm，水平距离量至 dm。

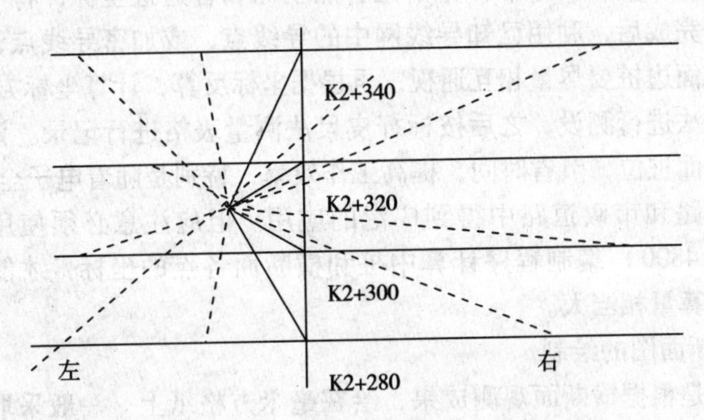

图 9-29 水准仪法

横断面（水准仪法）测量记录表 表 9-10

桩号	各变坡点至中桩点水平距离（m）		后视读数	前视读数（中间点）	高差（m）	备注
K2＋300	左侧	0.0		1.65		
		6.3			0.63	
		9.7			1.32	
		11.5			1.02	
	右侧	12.5			1.32	
		11.9			0.56	

3. 经纬仪法

在地形复杂、横坡大的地段均采用此法。测量时，将经纬仪安置于中桩处，利用视距法测量横断面至各变坡点至中桩的水平距离和高差，记录格式见表 9-11。

横断面（经纬仪法）测量记录表 表 9-11

测站	仪高	目标	中丝	上丝 下丝	尺间隔 L	竖盘读数	竖直角 α	平距（m）	高差（m）	备注
I	1.45	1	1.870	1.962 1.783	0.179	87°20′15″	2°39′45″	17.86	0.41	
		2	1.664	1.703 1.634	0.069	88°30′12″	1°29′48″	6.89	−0.03	

4. 坐标法

在相对平坦地区和路基填筑（路基相对平整）过程中，可以采用坐标法进行测设横断面边桩位置。

首先根据路线中桩的已知数据计算整桩的中心桩点坐标和边桩坐标。可以采用编程计算器自行编制程序，计算中桩各点坐标和各边桩坐标，将中桩和横断面边桩坐标计算完成后，利用已知导线网中的导线点，或加密导线点，导线点和测设中桩和横断面边桩要尽量相互通视，再根据坐标反算，计算坐标方位角和距离，然后按极坐标法进行测设，之后按标杆皮尺法测量表格进行记录。该法可同时测设中桩和横断面桩位，节省时间，提高工作效率，特别是随着电子全站仪的普及，该法在高速公路和市政道路中得到广泛的应用。但应注意必须使用编程计算器（如 CASIOfx－4800）编制程序计算中桩和横断面各点的坐标，才能提高工作效率，否则，计算量相当大。

（三）横断面图的绘制

横断面图是根据横断面观测成果，绘在毫米方格纸上。一般采取在现场边测边绘，这样可以减少外业工作量，便于核对以及减少差错。如施工现场绘图有困难时，做好野外记录工作，带回室内绘图，再到现场核对。

横断面图的比例尺一般采用1:100或1:200。绘图时，用毫米方格纸，首先以一条纵向粗线为中线，一纵线、横线相交点为中桩位置，向左右两侧绘制，先标注中桩的桩号，再用铅笔根据水平距离和高差，按比例尺将各变坡点点在图纸上，然后用格尺将这些点连接起来，即得到横断面的地面线。在一副图上可绘制多个断面图，各断面图在图中的位置。一般要求；绘图顺序是从图纸左下方起自下而上，由左向右，依次按桩号绘制。

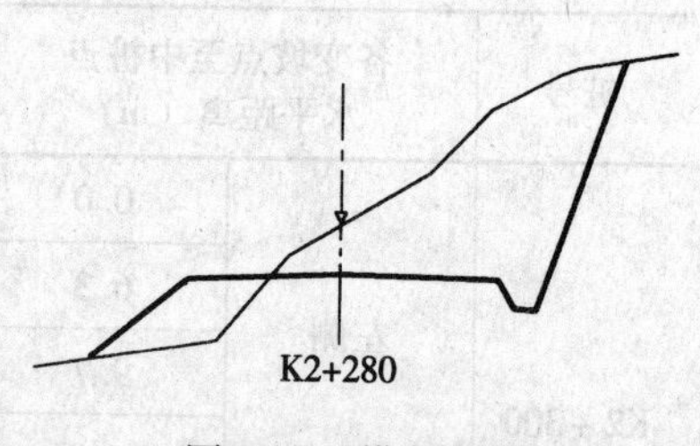

图 9-30　横断面图

第六节　道路施工测量

道路施工测量就是利用测量仪器，根据设计图纸，测设道路中线、边桩、高程、宽度等项工作。将道路测设于实地，指导施工作业，完成设计意图。主要工作包括：施工前测量工作和施工过程中测量工作。

一、施工前的测量工作

1. 施工测量前的准备工作

在恢复道路路线前，测量人员需要熟悉设计图纸，了解设计意图，了解设计图纸招标文件及施工规范对施工测量精度的要求。并同原勘测人员一起到实地交桩，找出各导线点桩或各交点桩（转点桩）及主要的里程桩及水准点位，了解移动、丢失、破坏情况，商量解决办法。

2. 导线点、水准点的复测、恢复和加密

路线经过勘测设计后，往往要经过一段时间才施工，部分导线点或水准点可能造成移动或丢失。所以，施工前必须对导线点、水准点进行复测。对于检查中发生丢失和复测中发现移动的导线点和水准点，根据施工要求可以补测恢复或进行加密，满足施工测量需要。加密选点时，可根据地形及施工要求确定，精度根据《公路勘测规范》要求进行。

3. 恢复路线中桩的测量

施工现场实地察看后，根据设计图纸及已知导线点或交点资料，需要对路线中线进行测设，并与勘测阶段的中线进行比较和复核。发现相差较大时，及时上报建设单位并协商解决方法。同时将桥梁、涵洞等主要构筑物的位置在实地标定出来，对比设计图纸和设计意图，以免出现差错。

4. 原地面纵、横断面的测量

施工前，必须测设原地面路线的纵、横断面以便计算路基土石方，并与设计图纸资料相比较，发现差错较大及时上报建设单位。

二、施工过程中的测量工作

（一）路基放线

路基放线主要包括路基中线放线和纵横断面高程测设。路基中线放线与中线测量相同。一般情况下，在路基填筑过程中，可每填筑 3 层测设一次路基中线。如有特殊要求，则每填筑一层，测放一次路基中线。路基横断面高程测量则是每填筑一层测量一次。

（二）路基边桩的测设

路基边桩的测设就是在地面上将每一个横断面的路基两侧的边坡线与地面的交点，用木桩测定在实地上，作为路基施工的依据。常用的方法有以下几种。

1. 图解法

直接在路基设计的横断面图上，根据比例尺量出中桩至边桩的距离。然后在施工现场直接测量距离，此法常用在填挖不大的地区。

2. 解析法

它是根据路基设计的填挖高（深）度、路基宽度、边坡率和横断面地形情况，计算路基中桩至边桩的距离，然后在施工现场沿横断面方向量距，测出边桩的位置。分平坦地区和倾斜地面两种。

（1）平坦地面的边桩测设

填方路基称为路堤，如图 9-31（*a*）所示；挖方路基称为路堑，如图 9-31（*b*）所示，则

$$\text{路堤：} D=\frac{B}{2}+mh$$

$$\text{路堑：} D=\frac{B}{2}+S+mh \qquad (9\text{-}42)$$

式中 D 为路基中桩至边桩的距离，B 为路基设计宽度，$1:m$ 为路基边坡设计坡度（m 为边坡率），H 为填土高度或挖土深度，S 为路堑边沟顶宽。

（2）倾斜地面的边桩测设

如图 9-32 所示。

$$\text{路堤断面：} D_{上}=\frac{B}{2}+m\cdot(H-h_{上})$$

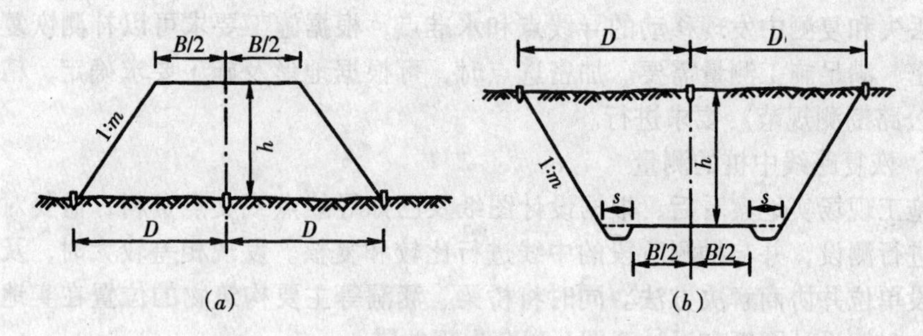

图 9-31　平坦地面路基边桩测设

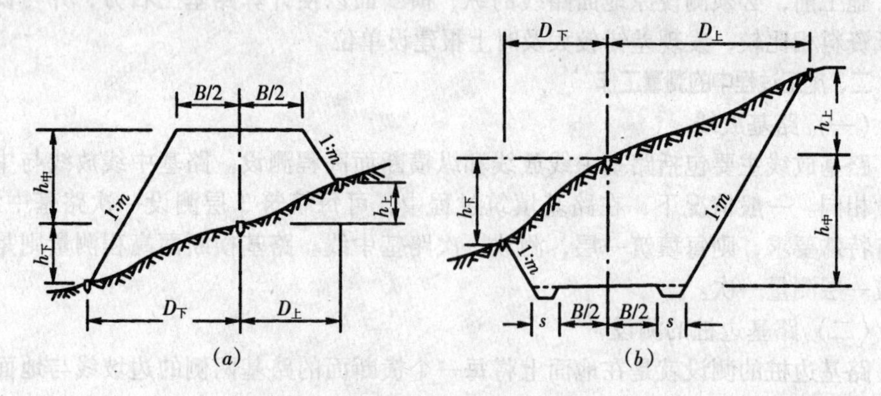

图 9-32　倾斜地面的边桩测设

$$D_{下}=\frac{B}{2}+m\ (H+h_{下})\qquad(9\text{-}43)$$

路堑断面：

$$D_{上}=\frac{B}{2}+S+m\ (H+h_{上})$$

$$D_{下}=\frac{B}{2}+S+m\ (H-h_{下})\qquad(9\text{-}44)$$

上式中 B、H、m 和 S 均为设计已知数据，故 $D_{上}$、$D_{下}$ 随 $h_{上}$、$h_{下}$ 而变化，$h_{上}$、$h_{下}$ 为斜坡上、下侧边桩与中桩的高差，在边桩未定出之前为未知数。在实际工作中，根据横断面图和地面实际情况，估计两侧边桩位置，实地测量中桩与估计边桩的高差，检核 $h_{上}$、$h_{下}$。当与估计相等，则估计边桩为实际边桩位置；若不相等，则根据实测资料重新估计边桩位置，重复上述工作，直至相符为止，该种方法称为逐渐趋近法测设边桩。

（三）竖曲线的测设

在路线纵断面上两条不同坡度线相交的交点为边坡点。考虑行车的视距要求和行车的平稳，在变坡处一般采用圆曲线或二次抛物线连接，这种连接相邻坡度的曲线称为竖曲线。如图 9-33 所示，在纵坡 i_1 和 i_2 之间为凸形竖曲线，在纵坡 i_2 和 i_3 之间为凹形竖曲线。

竖曲线基本上都是圆曲线，根据竖曲线设计时提供的曲线半径 R 和相邻坡度

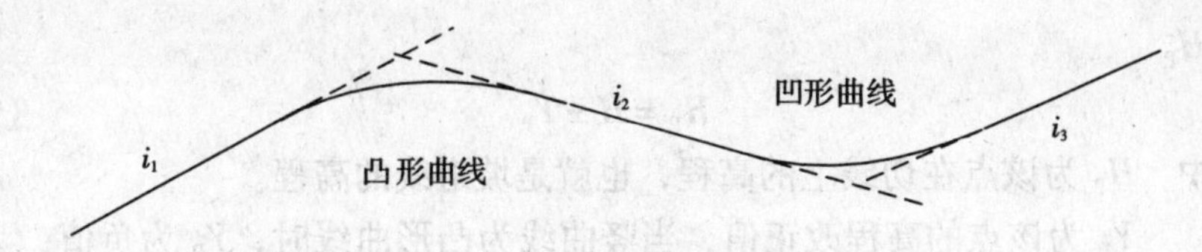

图 9-33 竖曲线

i_1、i_2，可以计算坡度转角及竖曲线要素如图 9-34 所示。

1. 坡度转角的计算

$$\alpha = \alpha_1 - \alpha_2$$

由于 α_1 和 α_2 很小，所以

$$\alpha_1 \approx \tan\alpha_1 = i_1$$

$$\alpha_2 \approx \tan\alpha_2 = i_2$$

得

$$\alpha = i_1 - i_2 \tag{9-45}$$

其中 i 在上坡时取正，下坡时取负；α 为正时为凸曲线，α 为负时为凹曲线。

2. 竖曲线要素的计算

$$\text{切线长 } T = R \cdot \tan\frac{\alpha}{2}$$

图 9-34 竖曲线要素的计算

当 α 很小时，$\tan\frac{\alpha}{2} \approx \frac{\alpha}{2} = \frac{i_1 - i_2}{2}$ 得

$$T = \frac{1}{2}R \cdot i_1 - i_2$$

曲线长 $$L \approx ZT = Ri_1 - i_2$$

外矢矩 $$E = \frac{T^2}{2R} \tag{9-46}$$

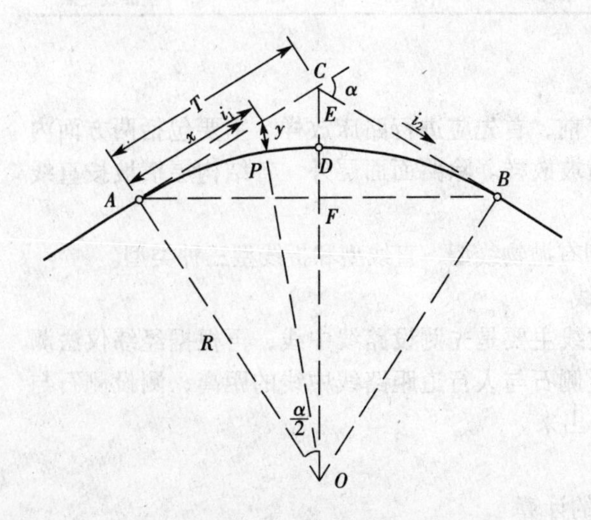

图 9-34 竖曲线要素的计算

因 α 很小，故可以认为 y 坐标轴与半径方向一致，也认为它是曲线上点与切线上对应点的高程差，由上图得

$$(R + Y)^2 = R^2 + X^2$$

即 $$2RY = X^2 - Y^2$$

因 Y^2 与 X^2 相比，其值甚微，可略去不计，故有

$$2RY = X^2$$

即 $$Y = \frac{X^2}{2R} \tag{9-47}$$

经计算求得高程差 Y 后，即可按下式计算竖曲线上任一点 P

的高程 H_P

$$H_P = H \pm Y_P \tag{9-48}$$

式中 H_P 为该点在切线上的高程，也就是坡道线的高程。

Y_P 为该点的高程改正值，当竖曲线为凸形曲线时，Y_P 为负值；为凹形曲线时 Y_P 为正值。

【例 9-6】 设某竖曲线半径 $R=5000$m，相邻坡段的坡度 $i_1=-1.114\%$，$i_2=+0.154\%$，为凹形竖曲线，变坡点的桩号为 K1+670，高程为 48.60m，如果曲线上每隔 10m 设置一桩，试计算竖曲线上各桩点的高程。

【解】 计算竖曲线元素，按以上公式求得：$L=63.4$m，$T=31.7$m，$E=0.10$m

起点桩号 = K1 + (670 − 31.7) = K1 + 638.30

终点桩号 = K1 + (638.3 + 63.4) = K1 + 701.70

起点高程 = 48.6 + 31.7 × 1.114% = 48.95m

终点高程 = 48.6 + 31.7 × 0.154% = 48.65m

按 $R=5000$m 和相应的桩距，即可求得竖曲线上各桩的高程改正数 y_i，计算结果见表 9-12。

竖曲线上桩点高程计算表 **表 9-12**

桩号	桩点至竖曲线起点或终点的平距 x（m）	高程改正值 y（m）	坡道高程 H'（m）	曲线高程 H（m）	备注
K1+638.30	0.0	0.0	48.95	48.95	竖曲线起点
K1+650	11.7	0.01	48.82	48.83	$i=-1.114\%$
K1+660	21.7	0.05	48.71	48.76	
K1+670	31.7	0.10	48.60	48.70	变坡点
K1+680	21.7	0.05	48.62	48.67	$i=+0.154\%$
K1+690	11.7	0.01	48.63	48.64	
K1+701.7	0.0	0.0	48.65	48.65	竖曲线终点

（四）路面放线

在路面底基层（或垫层）施工前，首先应进行路床放样。主要包括两方面内容：中线放样及中平测量，路床横坡放样。除路面面层外，各结构层横坡按直线形式放样。

路拱（面层、顶面横坡）类型有抛物线型、直线型和折线型三种类型。

（五）侧石与人行道的测量放线

两侧路缘石与人行道的测量放线主要是先测设路线中线，再根据经纬仪法测量路基横断面，然后依据设计图上侧石与人行道距路线中线的距离，测设侧石与人行道的实际位置，并在实地标定出来。

三、道路立交匝道的测设

（一）匝道的组成和匝道坐标的计算

一条路线是由直线段、圆曲线段及缓和曲线段组合而成的，每个路段称为曲线元。匝道是由直线元、圆曲线元和缓和曲线元组合而成的。曲线元与曲线元的连接点为曲线元的端点，如果一个曲线元的长度及两端点的曲率半径已经确定，则这个曲线元的形状和尺寸就可以确定。同时只要给出了匝道起点的直角坐标 X_0、Y_0 和起点切线与 X 轴的夹角 τ_0，以及各曲线元的分界点距路线起点的里程 S_i 和分界点的曲率半径 P_i，就可以计算出匝道上各点的坐标。计算步骤如下：

（1）根据曲线元两端点的曲率半径判别曲线元的性质，当曲线元两端点的曲率半径为无穷大时为直线元，相等时为圆曲线元；不等时为缓和曲线元。

（2）从匝道起点开始，按照曲线元的性质，运用相应的曲线参数方程，计算匝道各桩点的直角坐标。

（二）匝道的测设

立交匝道的测设和点的平面位置测设相同，在计算出各条匝道各里程桩点的坐标后，利用电子全站仪采用极坐标法测设各条匝道上各里程桩点。

（三）测设实例

【例 9-7】上海市一高速立交共有 8 条匝道，其中一条匝道为 WS，已知该匝道由直线、回旋线1、圆曲线、回旋线 2、回旋线 3、四种线型组成，其中直线起点桩号为 K0+000，坐标为（-55106.891，-18270.183），直线终点即回旋线 1 起点，坐标为（-55029.625，-18224.031）。回旋线 1 终点即圆曲线起点，坐标为（-54899.440，-18131.216）。圆曲线终点回旋线 2 起点坐标为（-54872.198，-17693.233），回旋线 2 终点回旋线 3 起点坐标为（-54909.194，-17651.205），该施工区有已知导线点 D_1、D_2、D_5；其中 D_1 和 D_2 通视，D_2 和 D_5 通视，D_1 坐标为（-54970.429，-18270.266），D_2 坐标为（-54854.336，-18116.179）、D_5 坐标为（-54744.27，-17799.132），试按极坐标法测设各线段的起点。

【解】将全站仪架设在 D_2 点上，后视 D_1 点，输入后视坐标方位角 $\alpha_{D_2D_1}$ = 233°00′17″，该方位角可通过坐标反算计算，也可将 D_2 坐标、D_1 坐标分别输入测站和后视点位置，利用仪器内置程序自动计算后视坐标方位角。之后前视各点，可以通过坐标反算计算各点到 D_2 点的坐标方位角和距离，或者将各点坐标输入仪器，利用仪器自动计算。

坐标反算数据表　　表 9-13

坐标反算数据	直线起点	回旋线 1 起点	圆曲线起点	回旋线 2 起点	回旋线 3 起点
坐标方位角 α	211°22′27″	211°36′12″	198°26′15″	179°33′41″	96°43′43″
距离（m）	295.806	205.811	47.545	423.323	468.199

思考题与习题

1. 道路中线测量的主要内容和任务是什么？
2. 简答道路中线的交点和转点。

3. 简述路线右角与转角的关系。

4. 何谓圆曲线的主点测设？主点桩号是如何计算的？其详细测设方法有哪几种？比较其优缺点。

5. 何谓里程桩？如何设置？

6. 缓和曲线的基本公式是什么？其主点是如何测设的？其详细测设的方法有哪几种？各是如何测设的？

7. 路线纵断面测量的任务是什么？是如何施测的？

8. 路线横断面测量的任务是什么？是如何施测的？

9. 施工过程中的测量工作主要有哪些工作？

10. 立交匝道的形式有哪几种？高速公路和城市立交匝道主要采用何种测设方法？

11. 在道路中线测量中，已知交点的里程桩号为 K3 + 318.46，测得转角 $\alpha_{左} = 15°28'$，圆曲线半径 $R = 500$m，若采用偏角法，按整桩号设桩，试计算各桩的偏角及弦长（要求前半曲线由曲线起点测设，后半曲线由曲线终点测设）。并说测设步骤。若采用切线支距法并按桩号设桩，试计算各桩坐标，并说明测设方法。

12. 已知 JD_3 的里程桩号为 K9 + 463.50，右转角 $\alpha = 80°$，$R = 1000$m，求圆曲线各主点里程桩号并进行核对。

13. 在某高速公路 A_1 标段，根据设计资料，知道交点 JD_{62} 的里程桩号为 K285 + 328.9，转角 $\alpha = 56°16'17''$，圆曲线半径 $R = 2800$m，缓和曲线长 L_s 为 600m，试计算该曲线的测设元素、主点里程，并说明主点的测设方法。

14. 一缓和曲线长 $L_s = 40$m，圆曲线半径 $R = 200$m，要求每 10m 测设一点，求缓和曲线上各点的偏角。

15. 已知线路交点的里程桩为 K4 + 342.18，转角 $\alpha_{左} = 25°38'$，圆曲线半径为 $R = 250$m，曲线整桩距为 20m，若交点的测量坐标为（2088.273，1535.011），交点至曲线起点（ZY）的坐标方位角为 243°27′18″，请计算曲线主点坐标和细部坐标。

第十章 管道工程测量

在城镇建设中要敷设给水、排水、煤气、电力、电信、热力、输油等各种管道，管道工程测量是为各种管道设计和施工服务的。它主要包括管道中线测设，管道纵、横断面测量，带状地形图测量，管道施工测量和管道竣工测量等。

管道工程测量多属地下构筑物，在较大的城镇街道及厂矿地区，管道互相上下穿插，纵横交错。在测量、设计或施工中如果出现差错，往往会造成很大损失，所以，测量工作必须采用城镇或厂矿的统一坐标和高程系统，按照“从整体到局部，先控制后碎部”的工作程序和步步有校核的工作方法进行，为设计和施工提供可靠的测量资料的标志。

管道工程测量与道路测量的方法有许多共同之处，有关内容可参考第九章。

第一节 管道中线测量

管道中线测量的任务是将设计的管道中线位置测设于实地并标记出来。其主要工作内容是测设管道的主点（起点、终点和转折点）、钉设里程桩和加桩等。

一、管线主点的测设

1. 根据控制点测设管线主点

当管道规划设计图上已给出管道起点、转折点和终点的设计坐标与附近控制的坐标时，可计算出测设数据，然后用极坐标法或交会法进行测设。

2. 根据地面上已有建筑物测设管线主点

在城镇中，管线一般与道路中心线或永久建筑物的轴线平行或垂直。主点测设数据可由设计时给定或根据给定坐标计算，然后用直角坐标法进行测设；当管道规划设计图的比例尺较大，管线是直接在大比例尺地形图上设计时，往往不给出坐标值，可根据与现场已有的地物（如道路、建筑物）之间的关系采用图解法来求得测设数据。如图 10-1 所示，AB 是原有管道，1、2 点是设计管道主点。欲在实地定出 1、2 等主点，可根据比例尺在图上量取长度 D、a、b，即得测设数据，然后用直角坐标法测设 2 点。

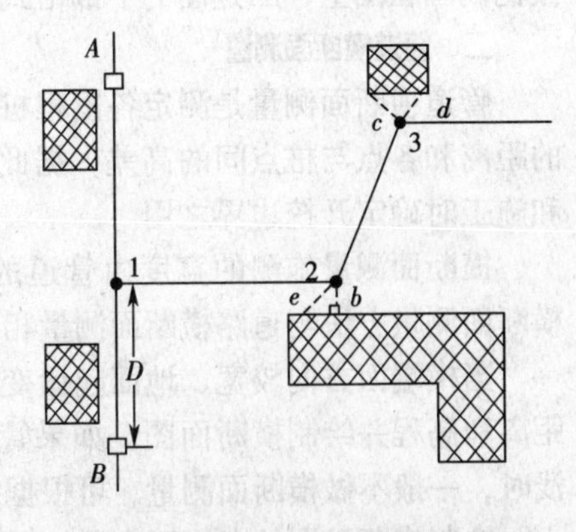

图 10-1 根据已有建筑物测设主点

主点测设好以后，应丈量主点间距离和测量管线的转折角，并与附近的测量控制点连测，以检查中线测量的成果。

为了便于施工时查找主点位置，一般还

要做好点的记号。

二、钉（设）里程桩和加桩

为了测定管线长度和测绘纵、横断面图，沿管道中心线自起点每50m钉一里程桩。在50m之间地势变化处要钉加桩，在新建管线与旧管线、道路、桥梁、房屋等交叉处也要钉加桩。

里程桩和加桩的里程桩号以该桩到管线起点的中线距离来确定。管线的起点，给水管道以水源作为起点；排水管道以下游出水口作为起点；煤气、热力管道以供气方向作为起点。

为了给设计和施工提供资料，中线定好后应将中线展绘到现状地形图上。图上应反映出点的位置和桩号，管线与主要地物、地下管线交叉的位置和桩号，各主点的坐标、转折角等。如果敷设管道的地区没有大比例尺地形图，或在沿线地形变化较大的情况下，还需测出管道两侧各20m的带状地形图；如通过建筑物密集地区，需测绘至两侧建筑物外，并用统一的图式表示。

第二节　管道纵、横断面测量

一、管道纵断面测量

管道纵断面测量是根据管线附近的水准点，用水准测量方法测出管道中线上各里程桩和加桩点的高程，绘制纵断面图，为设计管道埋深、坡度和计算土方量提供资料。

为了保证管道全线各桩点高程测量精度，应沿管道中线方向上每隔1～2km设一固定水准点，300m左右设置一临时水准点，作为纵断面水准测量分段闭合和施工引测高程的依据。

纵断面水准测量可从一个水准点出发，逐段施测中线上各里程桩和加桩的地面高程，然后附合到附近的水准点上，以便校核，允许高差闭合差为$\pm 12\sqrt{n}$mm。

绘制纵断面图的方法可参看第九章有关内容。如图10-2所示，其不同点为：一是管道纵断面图上部，要把本管线和旧管线相连接处以及交叉处的高程和管径按比例画在图上；二是图的下部格式没有中线栏，但有说明栏。

二、管道横断面测量

管道横断面测量是测定各里程桩和加桩处垂直于中线两侧地面特征点到中线的距离和各点与桩点间的高差，据此绘制横断面图，供管线设计时计算土石方量和施工时确定开挖边界之用。

横断面测量施测的宽度由管道的直径和埋深来确定，一般每侧为10～20m；横断面测量方法与道路横断面测量相同。

当横端面方向较宽、地面起伏变化较大时，可用经纬仪视距测量的方法测得距离和高程并绘制横断面图。如果管道两侧平坦、工程面窄、管径较小、埋深较浅时，一般不做横断面测量，可根据纵断面图和开槽的宽度来估算土（石）方量。

绘制横断面图的方法可参看第九章有关内容。

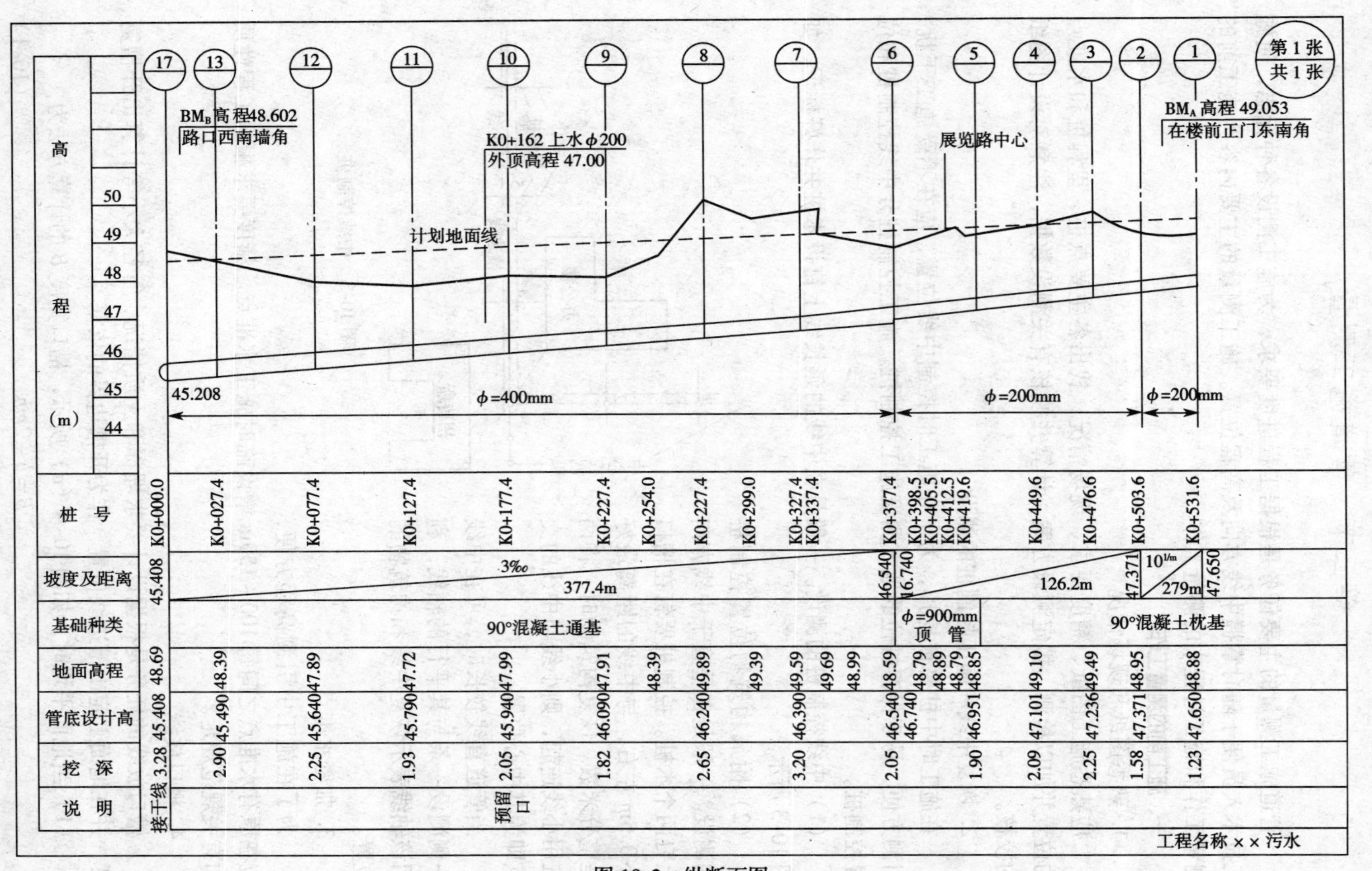
第1张
共1张
BM_B高程48.602
路口西南墙角
K0+162 上水ϕ200
外顶高程 47.00
展览路中心
BM_A高程 49.053
在楼前正门东南角
计划地面线
45.208
ϕ=400mm
ϕ=200mm
ϕ=200mm
高程(m)
桩号
坡度及距离
基础种类
地面高程
管底设计高
挖深
说明
3‰
377.4m
126.2m
279m
90°混凝土通基
ϕ=900mm
顶管
90°混凝土枕基
接干线
预留口
工程名称××污水

图 10-2 纵断面图

第三节 管道施工测量

管道施工测量的主要任务是根据工程进度要求，为施工测设各种标志，使施工技术人员便于随时掌握中线方向及高程位置。施工测量的主要内容为施工前的测量工作和施工过程中的测量工作。

一、施工前的测量工作

1. 熟悉图纸和现场情况

应熟悉施工图纸、精度要求、现场情况，找出各主要点桩、里程桩和水准点的位置并加以检测。拟定测设方案，计算并校核有关测设数据，注意对设计图纸的校核。

2. 恢复中线和施工控制桩的测设

在施工时中桩要被挖掉，为了在施工时控制中线位置，应在不受施工干扰、引测方便、易于保存桩位的地方测设施工控制桩。施工控制桩分中线控制桩和位置控制桩。

（1）中线控制桩的测设。一般是在中线的延长线上钉设木桩并作好标记，如图10-3所示。

（2）附属构筑物位置控制桩的测设。一般是在垂直于中线方向上钉两个木桩。控制桩要钉在槽口外0.5m左右，与中线的距离最好是整分米数。恢复构筑物时，将两桩用小线连起，则小线与中线的交点即为其中心位置。

当管道直线较长时，可在中线一侧测设一条与其平行的轴线，利用该轴线表示恢复中线和构筑物的位置。

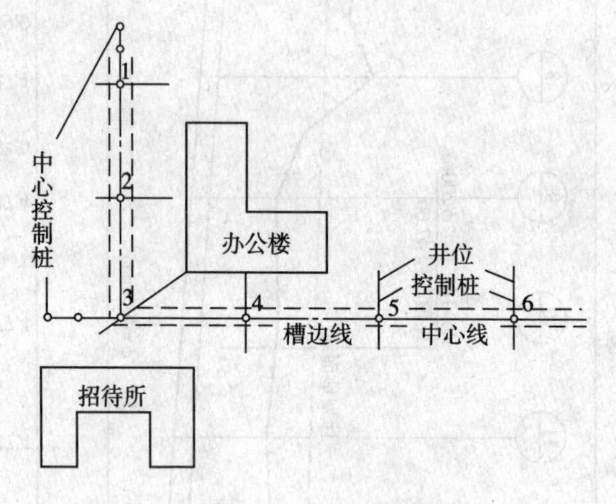

图10-3 中线控制桩

3. 加密水准点

为了在施工中引测高程方便，应在原有水准点之间每100~150m增设临时施工水准点。精度要求根据工程性质和有关规范规定。

4. 槽口放线

槽口放线的任务是根据设计要求埋深和土质情况、管径大小等计算出开槽宽度，并在地面上定出槽边线位置，作为开槽边界的依据。

（1）当地面平坦时，如图10-4（a）所示，槽口宽度B的计算方法为

$$B = b + 2mh \tag{10-1}$$

（2）当地面坡度较大，管槽深在2.5m以内时中线两侧槽口宽度不相等，如图10-4（b）所示。

$$B_1 = b/2 + m \cdot h_1 \quad (10\text{-}2)$$
$$B_2 = b/2 + m \cdot h_2$$

（3）当槽深在 2.5m 以上时，如图 10-4（c）所示。

$$B_1 = b/2 + m_1 h_1 + m_3 h_3 + C \quad (10\text{-}3)$$
$$B_2 = b/2 + m_2 h_2 + m_3 h_3 + C$$

以上三式中 b——管槽开挖宽度；

m_1——槽壁坡度系数（由设计或规范给定）；

h_1——管槽左或右侧开挖深度；

B_1——中线左或右侧槽开挖宽度；

C——槽肩宽度。

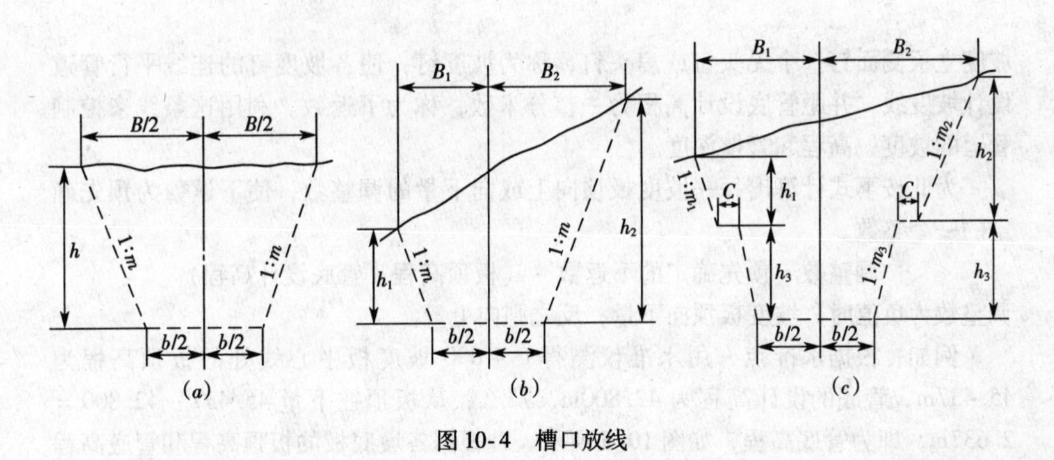

图 10-4 槽口放线

二、施工过程中的测量工作

管道施工过程中的测量工作，主要是控制管道中线和高程。一般采用坡度板法和平行轴腰桩法。

（一）坡度板法

1. 埋设坡度板

坡度板应根据工程进度要求及时埋设，其间距一般为 10 ~ 15m，如遇检查井、支线等构筑物时应增设坡度板。当槽深在 2.5m 以上时，应待挖至距槽底 2.0m 左右时，再在槽内埋设坡度板。坡度板要埋设牢固，不得露出地面，应使其顶面近于水平。用机械开挖时，坡度板应在机械挖完土方后及时埋设，如图 10-5 所示。

2. 埋设中线钉

坡度板埋好后，将经纬仪安置在中线控制桩上将管道中心线投测在坡度板上并钉中线钉，中线钉的连线即为管道中线，挂垂线可将中线投测到槽底定出管道平面的位置。

3. 测设坡度钉

为了控制管道符合设计要求，在各坡度板上中线钉的一侧钉一坡度立板，在

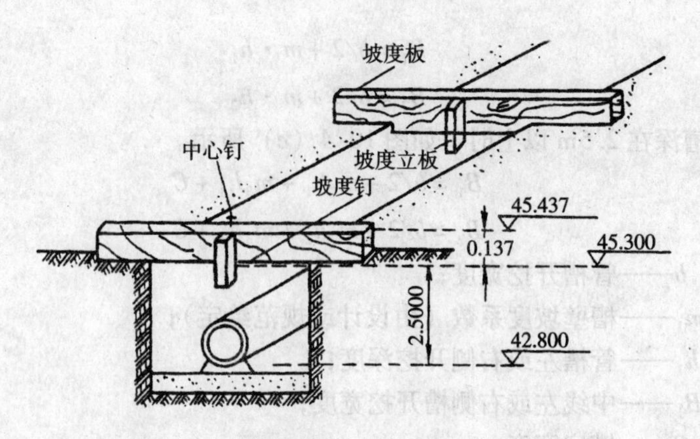

图 10-5　坡度板法

坡度立板侧面钉一个无头钉或扁头钉，称为坡度钉，使各坡度钉的连线平行管道设计坡度线，并距管底设计高程为一整分米数，称为下返数。利用这条线来控制管道的坡度、高程和管槽深度。

为此按下式计算出每一坡度板顶向上或向下量的调整数，使下返数为预先确定的一个整数。

调整数 = 预先确定的下返数 -（板顶高程 - 管底设计高程）

调整数为负值时，坡度板顶向下量；反之则向上量。

例如，根据水准点，用水准仪测得 0 + 000 坡度板中心线处的板顶高程为 45.437m，管底的设计高程为 42.800m，那么，从板顶往下量 45.437 - 42.800 = 2.637m，即为管底高程，如图 10-5 所示。现根据各坡底板的板顶高程和管底高程情况，选定一个统一的整分米数 2.5m 作为下返数，见表 10-1，只要从板顶向下量 0.137m，并用小钉在坡度立板上标明这一点的位置，则由这一点向下量 2.5m 即为管底高程。坡度钉钉好后，应该对坡度钉高程进行检测。

坡度钉测设手簿　　表 10-1

板号	距离	坡度	管底高程	板顶高程	板 - 管高差	下返数	调整数	坡度钉高程
1	2	3	4	5	6	7	8	9
K0 + 000			42.800	45.437	2.637		- 0.137	45.300
	10							
K0 + 010			42.770	45.383	2.613		- 0.113	45.270
	10							
K0 + 020		-3%	42.740	45.364	2.624	2.500	- 0.124	45.240
	10							
K0 + 030			42.710	45.315	2.605		- 0.105	45.210
	10							
K0 + 040			42.680	45.310	2.630		- 0.130	45.180
	10							
K0 + 050			42.650	45.246	2.596		- 0.093	45.150

用同样方法在这一段管线的其他各坡度板上也定出下返数为2.5m的高程点，这些点的连线则与管底的坡度线平行。

(二) 平行轴腰桩法

对精度要求较低或现场不便采用坡度板法时可用平行轴腰桩法测设施工控制标志。

开工之前，在管道中线一侧或两侧设置一排或两排平行于管道中线的轴线桩，桩位应落在开挖槽边线以外，如图10-6所示。平行轴线离管道中心线为a，各桩间距以15~20m为宜，在检查井处的轴线桩应与井位相对应。

为了控制管底高程，在槽沟坡上（距槽底约1m左右），测设一排与平行轴线桩相对应的桩，这排桩称为腰桩（又称水平桩），作为挖槽深度，修平槽底和打基础垫层的依据，如图10-7所示。在腰桩上钉一小钉，使小钉的连线平行管道设计坡度线，并距管底设计高程为一整分米数，即为下返数。

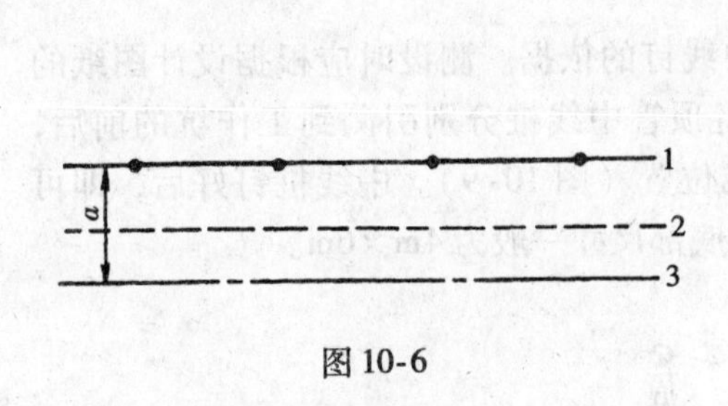

图10-6

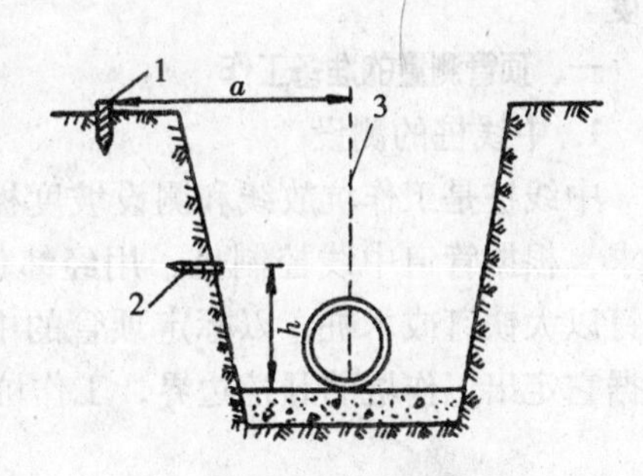

图10-7　平行轴腰桩法

1— 平行轴线桩；2—腰桩；3—管中线；

a—管中线到平行轴线桩距离；h—下返数

三、架空管道的施工测量

(一) 管架基础施工测量

架空管道基础各工序的施工测量方法与桥梁明挖基础相同，不同点主要是架空管道有支架（或立杆）及其相应基础的测量工作。管架基础控制桩应根据中心桩测定。

管线上每个支架的中心桩在开挖基础时将被挖掉，需将其位置引测到互相垂直的四个控制桩上，如图10-8所示。引测时，将经纬仪安置在主点上，在ⅠⅡ方向上钉出a、b两控制桩，然后将经纬仪安置在支架中心点1，在垂直与管线方向上标定c、d两控制桩。根据控制桩可恢复支架中心1的位置及确定开挖边线，进行基础施工。

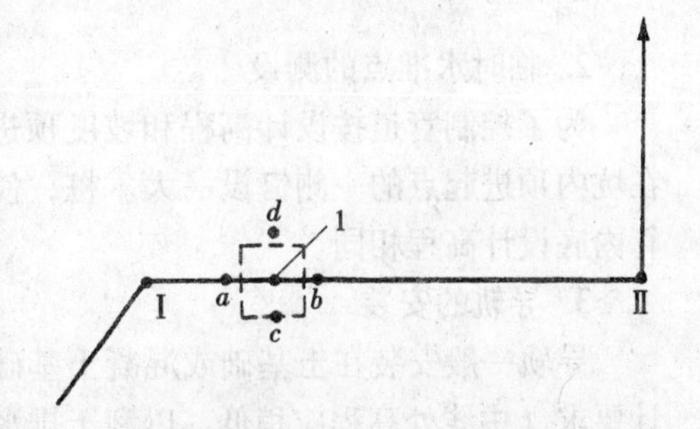

图10-8　管架基础测量

(二) 支架安装测量

架空管道系安装在钢筋混凝土支架或钢支架上。安装管道支架时，应配合施工进行柱子垂直校正等测量工作，其测量方法、精度要求均与厂房柱子安装测量相同。管道安装前，应在支架上测设中心线和标高。中心线投点和标高测量容许误差均不得超过 ±3mm。

第四节 顶管施工测量

在管道穿越铁路、公路、河流或建筑物时，由于不能或不允许开槽施工，常采用顶管施工方法。另外，为了克服雨季和严冬对施工的影响，减轻劳动强度和改善劳动条件等也常采用顶管方法施工。顶管施工技术随着机械化程度的提高而不断广泛采用，是管道施工中的一项新技术。

顶管施工时，应在放顶管的两端先挖好工作坑，在工作坑内安装导轨（铁轨或方木)，并将管材放置在导轨上，用顶镐将管材沿管线方向顶进土中，然后将管内土方挖出来。顶管施工测量的主要任务是掌握控制好顶管中线方向、高程和坡度。

一、顶管测量的准备工作

1. 中线桩的测设

中线桩是工作坑放线和测设坡度板中线钉的依据。测设时应根据设计图纸的要求，根据管道中线控制桩，用经纬仪将顶管中线桩分别引测到工作坑的前后，并钉以大铁钉或木桩，以标定顶管的中线位置（图 10-9)。中线桩钉好后，即可根据它定出工作坑的开挖边界，工作坑的底部尺寸一般为 4m ×6m。

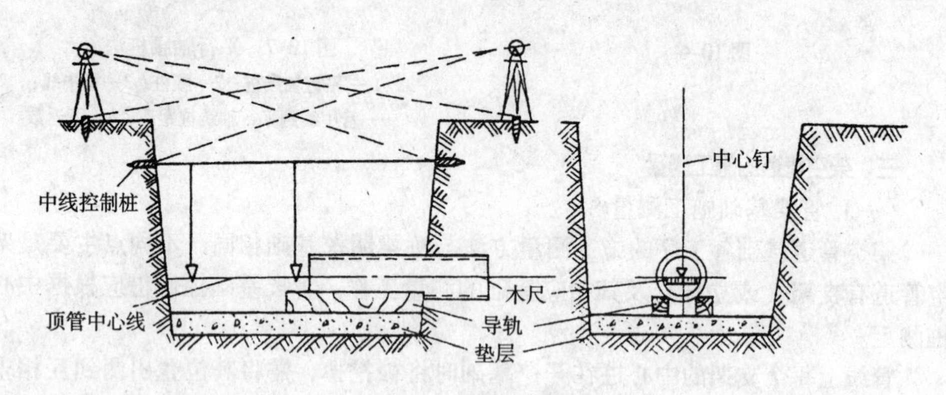

图 10-9 中线桩测设

2. 临时水准点的测设

为了控制管道按设计高程和坡度顶进，应在工作坑内设置临时水准点。一般在坑内顶进起点的一侧钉设一大木桩，使桩顶或桩一侧的小钉的高程与顶管起点管内底设计高程相同。

3. 导轨的安装

导轨一般安装在土基础或混凝土基础上。基础面的高程及纵坡都应当符合设计要求（中线处高程应稍低，以利于排水和防止摩擦管壁)。根据导轨宽度安装导轨，根据顶管中线桩及临时水准点检查中心线及高程，检查无误后，将导轨固定。

二、顶进过程中的测量工作

1. 中线测量

如图 10-10 所示，通过顶管的两个中线桩拉一条细线，并在细线上挂两个垂球，然后贴靠两垂球线再拉紧一水平细线，这根水平细线即标明了顶管的中线方向。为了保证中线测量的精度，两垂球间的距离尽可能远些。这时在管内前端放一水平尺，其上有刻划和中心钉，尺寸等于或略小于管径。顶管时用水准器将尺找平。通过拉入管内的小线与水平尺上的中心钉比较，可知管中心是否有偏差，尺上中心钉偏向哪一侧，就说明管道也偏向哪个方向。为了及时发现顶进时中线是否有偏差，中线测量以每顶进 0.5 ~ 1.0m 量一次为宜。其偏差值可直接在水平尺上读出，若左右偏差超过 1.5cm，则需要进行中线校正。

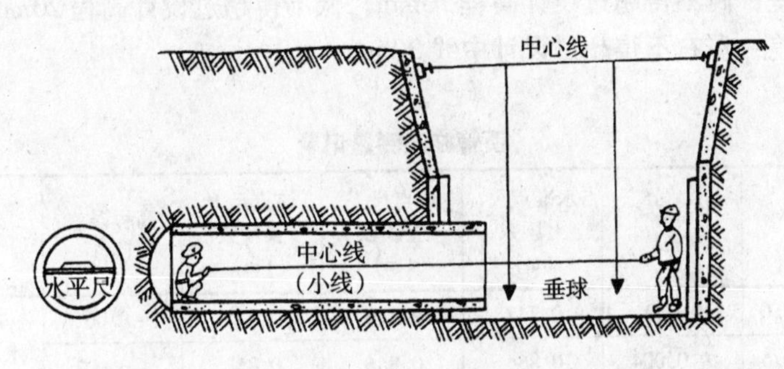

图 10-10　中线测量

这种方法在短距离顶管是可行的，当距离超过 50m 时，应分段施工，可在管线上每隔 100m 设一工作坑，采用对顶施工方法。在顶管施工过程中，可采用激光经纬仪和激光水准仪进行导向，从而可保证施工质量，加快施工进度，如图 10-11 所示。

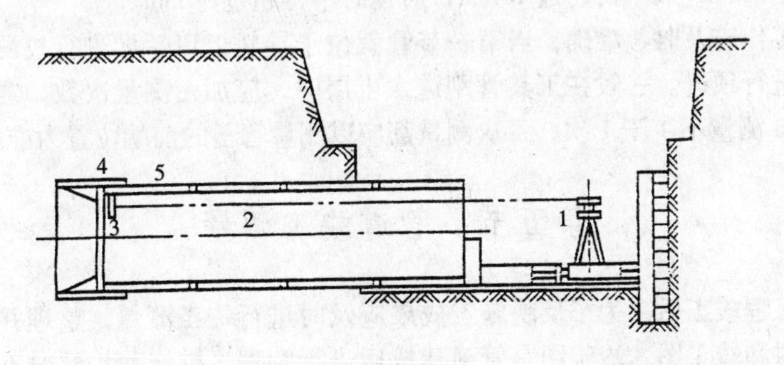

图 10-11　激光测量

1—激光经纬仪；2—激光束；3—激光接收靶；4—刃角；5—管节

2. 高程测量

如图 10-12 所示，将水准仪安置在工作坑内，后视临时水准点，前视顶管内待测点，在管内使用一根小于管径的标尺，即可测得待测点的高程。将测得的管底高程与管底设计高程进行比较，即可知道校正顶管坡度的数值了。但为了工作方便，一般以工作坑内水准点为依据，按设计纵坡用比高法检验。例如管道的设计坡度为5‰，每顶进1.0m，高程就应升高5mm，该点的水准尺上读数就应减小5mm。

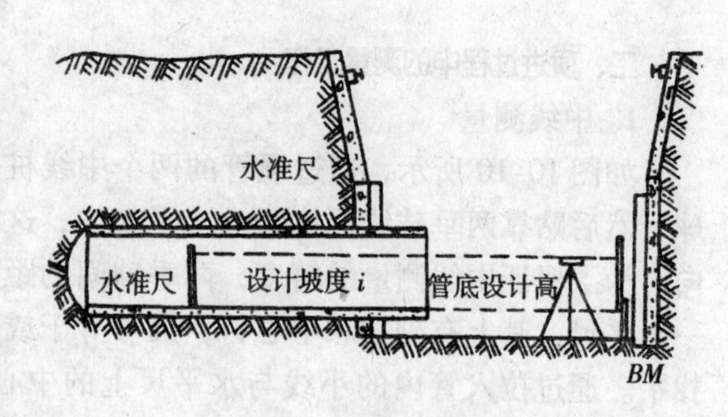

图10-12 高程测量

表10-2是顶管施工测量记录格式，反映了顶进过程中的中线与高程情况，是分析施工质量的重要依据。根据规范规定施工时应达到以下几点要求：

高程偏差：高不得超过设计高程10mm，低不得超过设计高程20mm。

中线偏差：左右不得超过设计中线30mm。

顶管施工测量记录　　　　表10-2

井号	里程	中心偏差（m）	水准点尺上读数（m）	该点尺上应读数（m）	该点尺上实读数（m）	高程误差（m）	备注
#8	K0+180.0	0.000	0.742	0.736	0.735	-0.001	水准点高程为：12.558m $i=+5‰$ K0+管底高程为：12.564m
	K0+180.5	左0.004	0.864	0.856	0.853	-0.003	
	K0+181.0	右0.005	0.796	0.758	0.760	+0.002	
	……	……	……	……	……	……	
	K0+200.0	右0.006	0.814	0.869	0.683	-0.006	

管子错口：一般不得超过10mm，对顶时不得超过30mm。

测量工作应及时、准确，当第一节管就位于导轨上以后即进行校测，符合要求后开始进行顶进。一般在工具管刚进入土层时，应加密测量次数。常规做法每顶进100cm测量不少于1次，每次测量都应以测量管子的前端位置为准。

第五节　管道竣工测量

管道工程竣工后，为了反映施工成果应及时进行竣工测量，整理并编绘全面的竣工资料和竣工图。竣工图是管道建成后进行管理、维修和扩建时不可缺少的依据。

管道竣工图有两个内容：一是管道竣工平面图；二是管道竣工断面图。

竣工平面图应能全面地反映管道及其附属构筑物的平面位置。测绘的主要内容有：管道的主点、检查井位置以及附属构筑物施工后的实际平面位置和高程。图上还应标有：检查井编号、井口顶高程和管底高程，以及井间的距离、管径等。对于给水管道中的闸门、消火栓、排气装置等，应用符号标明。如图10-13是管道竣工平面图示例。

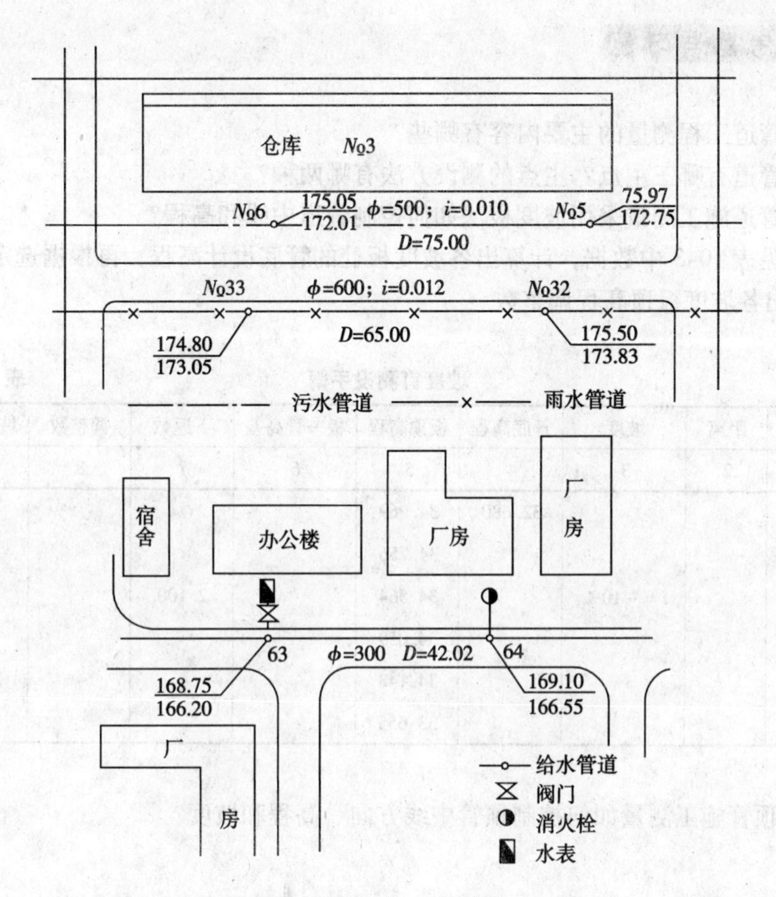

图 10-13　竣工平面图

管道竣工平面图的测绘，可利用施工控制网测绘竣工平面图。当已有实测详细的平面图时，可以利用已测定的永久性的建筑物来测绘管道及其构筑物的位置。

管道竣工纵断面应能全面地反映管道及其附属构筑物的高程。一定要在回填土以前测定检查井口和管顶的高程。管底高程由管顶高程和管径、管壁厚度计算求得，井间距离用钢尺丈量。如果管道互相穿越，在断面图上应表示出管道的相互位置，并注明尺寸。图 10-14 是管道竣工断面图示例。

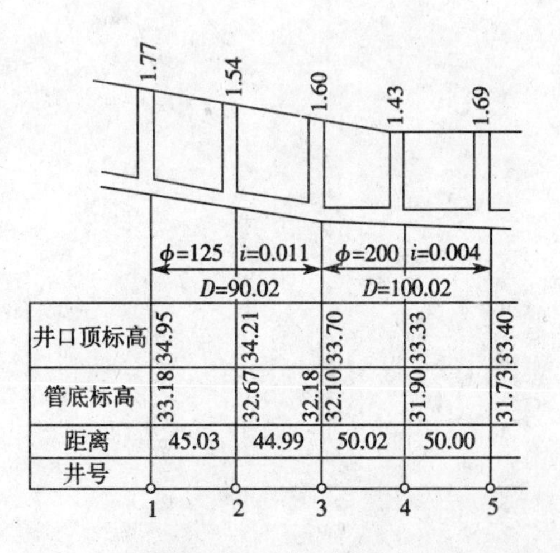

图 10-14　竣工断面图

思考题与习题

1. 管道工程测量的主要内容有哪些?

2. 管道有哪三主点?主点的测设方法有哪两种?

3. 管道施工测量采用坡度板法如何控制管道中线和高程?

4. 见表 10-3 中数据，计算出各坡度板处的管底设计高程，再根据选定的下返数计算出各坡度板顶高程调整数。

坡度钉测设手簿　　表 10-3

板号	距离	坡度	管底高程	板顶高程	板—管高差	下返数	调整数	坡度钉高程
1	2	3	4	5	6	7	8	9
K0 +000			32.680	34.969				
K0 +020				34.756				
K0 +040		$i=-10‰$		34.564		2.100		
K0 +060				34.059				
K0 +080				34.148				
K0 +100				33.655				

5. 顶管施工测量如何控制顶管中线方向、高程和坡度?

第十一章　桥梁工程测量

桥梁工程测量主要包括桥梁工程控制测量、桥梁墩台定位、墩台施工细部放样、梁的架设及竣工后变形观测等工作。

桥梁按其轴线长度一般分为特大桥（>500m）、大桥（100~500m）、中桥（30~100m）和小桥（<30m）四类。桥梁工程测量的方法及精度要求随桥梁轴线长度、桥梁结构而定。

第一节　桥梁工程控制测量

桥梁工程控制的主要任务是布设平面控制网、布设施工临时水准点网、控制桥轴线按照规定精度求出桥轴线的长度。根据桥梁的大小、桥址地形和河流水流情况，桥轴线桩的控制方法有直接丈量法和间接丈量法两种。

一、平面控制测量

（一）直接丈量法

当桥跨较小、河流浅水时，可采用直接丈量法测定桥梁轴线长度。如图 11-1 所示，A、B 为桥梁墩台的控制桩。直接丈量可用测距仪或经过检定的钢尺按精密量距法进行。首先，用经纬仪定线，把尺段点标定在地面上，设立点位桩并在点位桩的中心钉一小钉。丈量桥位间的距离时，需往返丈量两次以上，并对尺长、温度、倾斜和拉力进行计算。桥轴线丈量的精度要求应不低于表 11-1 的规定。

桥轴线丈量精度要求　　　　**表 11-1**

桥轴线长度（m）	<200	200~500	>500
精度不应低于	1/5000	1/10000	1/20000

上述丈量精度按下式计算

$$\left.\begin{aligned} E &= \frac{M}{D} \\ M &= \sqrt{\frac{\sum V^2}{n\ (n-1)}} \end{aligned}\right\} \qquad (11\text{-}1)$$

式中　D——丈量全长的算术平均值；

M——算术平均值中误差；

$\sum V^2$——各次丈量值与算术平均值差的平方和；

n——丈量次数。

【例 11-1】某桥桥位放样，采用直接丈量，丈量总长度时，第一次丈量 L_1 = 233.556m，第二次丈量 L_2 = 233.538m，问丈量是否满足精度要求？

【解】
$$D=\frac{233.556+233.538}{2}=233.547\text{m}$$

$$\sum V^2=(233.566-233.547)^2+(233.538-233.547)^2=0.000162$$

$$M=\sqrt{\frac{0.000162}{2\ (2-1)}}=0.0127$$

$$\text{精度 } E=\frac{M}{D}=\frac{0.0127}{233.547}=0.00005=\frac{1}{20000}<\frac{1}{10000}$$

满足精度要求。

（二）间接丈量法

当桥跨较大、水深流急而无法直接丈量时，可采用三角网法间接丈量桥轴线长。

1. 桥梁三角网布设要求

（1）各三角点应相互通视、不受施工干扰和易于永久保存处，如图 11-1 所示。

（2）基线不少于 2 条，基线一端应与桥轴线连接，并尽量近于垂直，其长度宜为桥轴线长度的 0.7 ~ 1.0 倍。

（3）三角网中所有角度应布设在 30° ~120°之间。

2. 桥梁三角网的测量方法

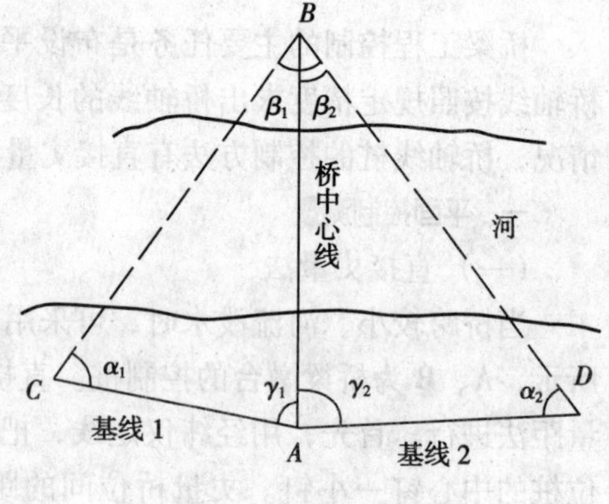

图 11-1 桥梁三角网

用检定过的钢尺按精密量距法丈量基线 AC 和 AD 长度，并使其满足丈量基线精度要求，用经纬仪精确测出两三角的内角 α_1、α_2、β_1、β_2、γ_1、γ_2，并调整闭合差，以调整后的角度与基线用正弦定理按下式算得 AB。

$$S_{1AB}=\frac{AC\cdot\sin\alpha_1}{\sin\beta_1}$$

$$S_{2AB}=\frac{AD\cdot\sin\alpha_2}{\sin\beta_2}$$

精度：
$$K=\frac{\Delta S}{S_{AB}}=\frac{S_{1AB}-S_{2AB}}{\frac{S_{1AB}+S_{2AB}}{2}} \tag{11-2}$$

平均值：
$$S_{AB}=\frac{S_{1AB}+S_{2AB}}{2} \tag{11-3}$$

【例 11-2】如图 11-1 所示之三角网，基线边长 AC = 143.217m，AD = 156.102m，观测角值列于表 11-2 中，试计算桥位控制桩 AB 之距离。

【解】（1）角度闭合差的计算与调整方法见表 11-2。

角度闭合差调度表　　表 11-2

三角内角	观测值	改正值	调整值	三角形内角	观测值	改正值	调整值
α_1	52°33′08″	+2″	52°33′10″	α_2	48°23′23″	−3″	48°23′20″
β_1	40°55′34″	+1″	40°55′35″	β_2	42°15′07″	−2″	42°15′05″
γ_1	86°31′12″	+3″	86°31′15″	γ_2	89°21′38″	−3″	89°21′35″
Σ	179°59′54″	+3″	180°00′00″	Σ	180°00′08″	−8″	180°00′00″

（2）计算 AB 距离，根据正弦定理可得

$$S_{1AB}=\frac{AC\cdot\sin\alpha_1}{\sin\beta_1}=\frac{143.217\times\sin52°33'10''}{\sin40°55'35''}=173.567\text{m}$$

$$S_{2AB}=\frac{AD\cdot\sin\alpha_2}{\sin\beta_2}=\frac{1156.102\times\sin48°23'20''}{\sin42°15'05''}=173.580\text{m}$$

$$\Delta S=|S_{1AB}-S_{2AB}|=0.013\text{m}$$

精度：$K=\dfrac{\Delta S}{S_{AB}}=\dfrac{\Delta S}{\dfrac{S_{1AB}+S_{2AB}}{2}}=\dfrac{0.013}{173.574}=\dfrac{1}{13300}<\dfrac{1}{10000}$（合格）

平均值：$S_{AB}=\dfrac{1}{2}(S_{1AB}+S_{2AB})=173.574\text{m}$

（3）桥梁三角网测量技术要求。

基线丈量精度、仪器型号、测回数和内角容许最大闭合差见表 11-3。

桥轴线丈量精度要求　　表 11-3

项次	桥梁长度（m）	测回数			基线丈量精度	容许最大闭合差
		DJ_6	DJ_2	DJ_1		
1	<200	3	1		1/10000	30″
2	200~500	6	2		1/25000	15″
3	>500		6	4	1/50000	9″

二、高程控制测量

桥梁施工需在两岸布设若干个水准点，桥长在 200m 以上时，每岸至少设两个；桥长在 200m 以下时每岸至少一个；小桥可只设一个。水准点应设在地基稳固、使用方便、不受水淹且不易破坏处，根据地形条件、使用期限和精度要求，可分别埋设混凝土标石、钢管标石、管柱标石或钻孔标石。并尽可能接近施工场地，以便只安置一次仪器就可将高程传递到所需要的部位上去。

布设水准点可由国家水准点引入，经复测后使用。其容许误差不得超过 $\pm20\sqrt{K}$（mm）；对跨径大于 40m 的 T 形刚构、连续梁和斜张桥等不得超过 $\pm10\sqrt{K}$（mm）。式中 K 为两水准点间距离，以 km 计。其施测精度一般采用四等水准测量精度。

第二节 桥梁墩台中心与纵、横轴线的测设

一、桥梁墩台中心测设

桥梁墩台中心测设是根据桥梁设计里程桩号以桥位控制桩为基准进行的。方法有直接丈量法、方向交会法和全站仪测设法。

（一）直接丈量法

当桥梁墩台位于无水河滩上，或水面较窄可用钢尺直接丈量。根据桥轴线控制桩及其与墩台之间的设计长度，用测距仪或经检定过的钢尺精密测设出各墩台的中心位置并桩钉出点位，在桩顶钉一小钉精确标志其点位。然后在墩台的中心位置安置经纬仪，以桥梁主轴线为基准放出墩台的纵、横轴线。并测设出桥台和桥墩控制桩位，每侧要有两个控制桩，以便在桥梁施工中恢复其墩台中心位置，如图11-2所示。为保证每一跨都满足精度要求，测设墩台顺序应从一端到另一端，并在终端与桥轴线的控制桩进行校核，也可以从中间向两端测设。

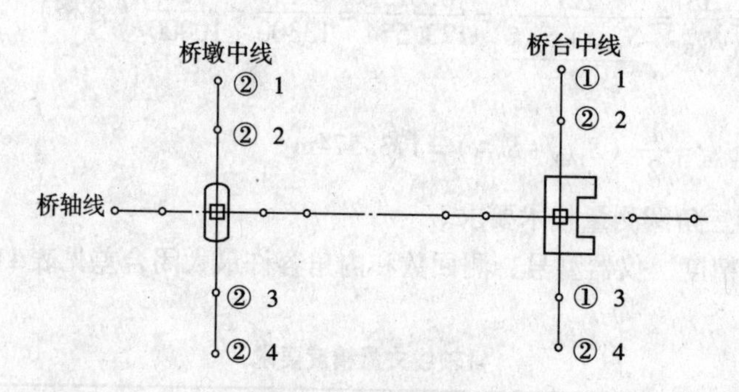

图11-2 直接丈量法

（二）方向交会法

对于大中型桥的水中桥墩及其基础的中心位置测设，采用方向交会法。这是由于水中桥墩基础一般采用浮运法施工，目标处于浮动中的不稳定状态，在其上无法使测量仪器稳定。可根据已建立的桥梁三角网，在三个三角点上（其中一个为桥轴线控制点）安置经纬仪，以三个方向交会定出，如图11-3（a）所示。

交会角 α_2 和 α_2' 的数值，可用三角公式计算。经2号墩中心 $2^{\#}$ 向基线 AC 作垂线 $2^{\#}n$，则

$$\alpha_2 = \arctan\left(\frac{d_2 \cdot \sin\gamma}{S - d_2 \cdot \cos\gamma}\right)$$

$$\alpha_2' = \arctan\left(\frac{d_2 \cdot \sin\gamma'}{S - d_2 \cdot \cos\gamma'}\right)$$

【例11-3】 如图11-3所示，若已知 $d_2 = 32.021\text{m}$，$\gamma = 87°31'08''$，$\gamma' = 89°41'34''$，$s = 48.683\text{m}$，$s' = 52.310\text{m}$，试计算交会角 α_2 和 α_2'。

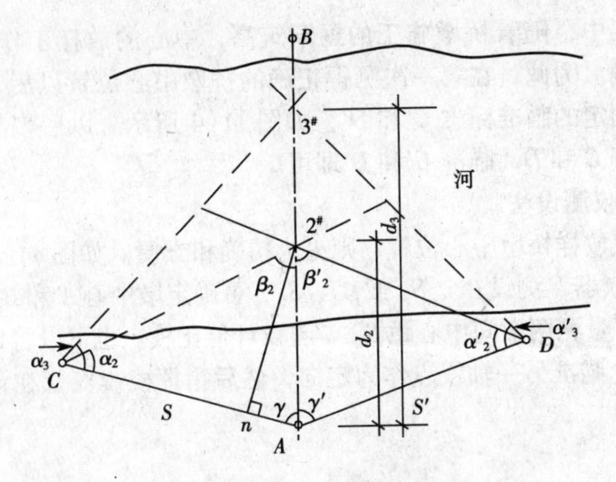

图 11-3（a） 方向交会法

【解】

$$\alpha_2 = \arctan\left(\frac{d_2 \cdot \sin\gamma}{S - d_2 \cdot \cos\gamma}\right)$$

$$= \arctan\frac{32.021 \times \sin 87°31'08''}{48.638 - 32.021 \times \cos 87°31'08''}$$

$$= \arctan\frac{31.991}{48.638 - 1.386} = 34°5'57''$$

$$\alpha_2' = \arctan\left(\frac{d_2 \cdot \sin\gamma'}{S - d_2 \cdot \cos\gamma'}\right)$$

$$= \arctan\frac{32.021 \times \sin 89°41'34''}{52.310 - 32.021 \times \cos 89°41'3''}$$

$$= \arctan\left(\frac{32.020}{52.310 - 0.172}\right) = 31°33'21''$$

为校核 α_2、α_2'、计算结果，同上法可计算出 β_2 和 β_2' 为

$$\beta_2 = \arctan\left(\frac{S_2 \cdot \sin\gamma'}{d_2 \cdot \cos\gamma}\right)$$

$$\beta_2' = \arctan\left(\frac{S_2 \cdot \sin\gamma'}{d_2 \cdot S'\cos\gamma}\right)$$

则检核式为

$$\alpha_2 + \beta_2 + \gamma = 180°$$

$$\alpha_2' + \beta_2' + \gamma' = 180°$$

测设时，将一台经纬仪安置在 A 点瞄准 B 点，另两台经纬仪分别安置在 C、D 点，分别拨 α、α_2' 角及标定桥轴线方向得三方向并交会成一误差三角形 $E_1E_2E_3$，其交会误差为 E_2E_3。放样时，墩底误差不超过 2.5cm；墩顶误差不超过 1.5cm，可由 E_1 点向桥轴线作垂线交于轴线上的 E 点，则 E 点即为桥墩的中心位置，如图 11-3（b）所示。

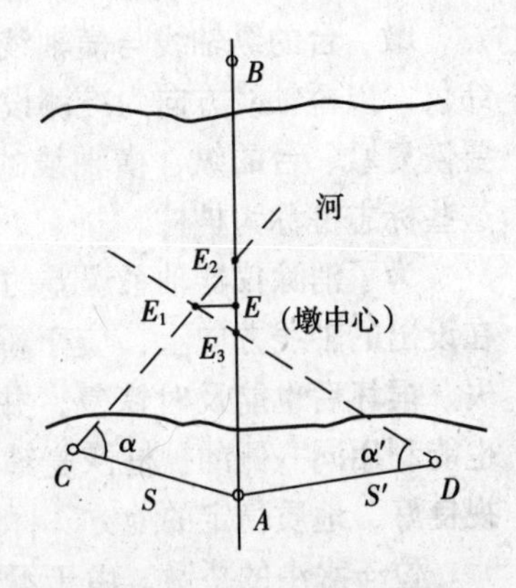

图 11-3（b） 误差三角形

在桥墩施工中，随着桥墩施工的逐渐筑高，中心的放样工作需要重复进行，且要求迅速准确。为此，在第一次测得正确的桥墩中心位置以后，将交会线延长到对岸，设立固定的瞄准标志 C' 和 D'，如图 11-4 所示。以后恢复中心位置只需将经纬仪安置于 C 和 D，瞄准 C' 和 D' 即可。

（三）全站仪测设法

若用全站仪放样桥墩中心位置，则更为精确和方便。如图 11-5 所示，在控制点 M 或 N 安置仪器，测设 β_A、S_A 或 β_B、S_B，可确定墩中心 A 和 B 的位置。A 和 B 位置确定后，可量测两墩间中心距 S_{AB}，与设计值比较。也可以将仪器安置于桥轴线点 A 或 B 上，瞄准另一轴线点作为定向，然后指挥棱镜安置在该方向上测设桥墩中心位置。

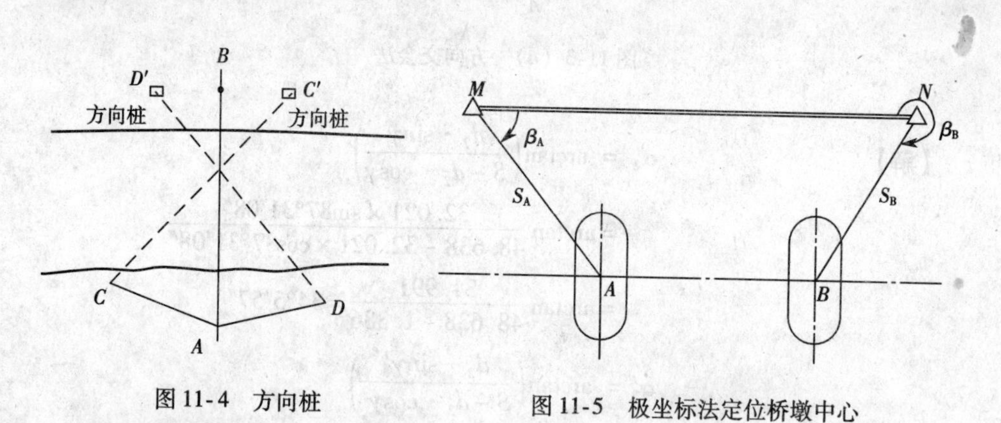

图 11-4　方向桩　　图 11-5　极坐标法定位桥墩中心

二、桥梁墩台纵、横轴线的测设

在设出墩、台中心位置后，尚需测设墩、台的纵横轴线，作为放样墩、台细部的依据。所谓墩、台的纵轴线，是指过墩、台中心，垂直于路线方向的轴线；墩台的横轴线，是指过墩、台中心与路线方向相一致的轴线。

1. 直线桥墩台纵、横轴线的测设

在直线桥上，墩、台的横轴线与桥轴线相重合，且各墩、台一致，因而就利用桥轴线两端的控制桩来标志横轴线的方向，一般不再另行测设。

墩、台的纵轴线与横轴线垂直，在测设纵轴线时，在墩、台中心点上安置经纬仪，以桥轴线方向为准测设 90°角，即为纵轴线方向。由于在施工过程中经常需要恢复墩、台的纵、横轴线的位置，因此需要用标志桩将其准确标定在地面上，这些标志桩称为护桩。

为了消除仪器轴系误差的影响，应该用盘左、盘右测设两次而取其平均位置。在设出的轴线方向上，应于桥轴线两侧各设置 2 ~ 3 个护桩。这样在个别护桩丢失、损坏后也能及时恢复，并在墩、台的施工到一定高度影响到两侧护桩通视，也能利用同一侧的护桩恢复轴线。护桩的位置应选在离开施工场地一定距离，通视良好，地质稳定的地方。标志桩视具体情况可采用木桩、混凝土桩。

位于水中的桥墩，由于不能安置仪器，也不能设护桩，可在初步定出的墩位处筑岛或建围堰，然后用交会或其他方法精确测设墩位并设置轴线。如果是在深水大河上修建桥墩，一般采用沉井、围囹管柱基础，采用前方交会或全站仪进行定位。

2. 曲线桥墩台纵、横轴线的测设

在曲线桥上，墩、台的纵轴线位于相邻墩、台工作线的分角线上，而横轴线与纵轴线垂直如图 11-6 所示。

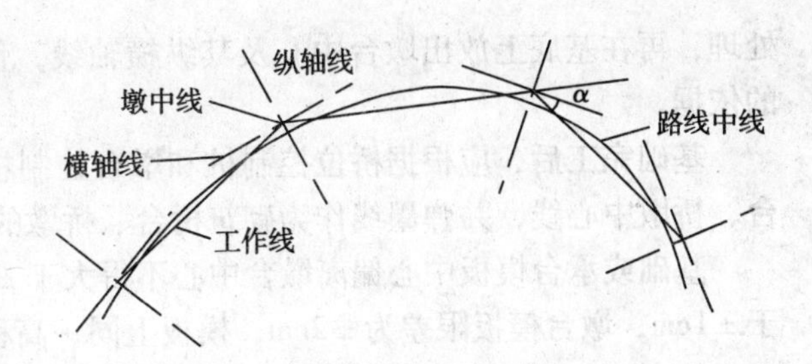

图 11-6　曲线桥墩、台的纵、横轴线

测设时，将仪器安置在墩、台的中心点上，自相邻的墩、台中心方向测设$\frac{1}{2}$(180° − α) 角（α 为该墩、台的工作线偏角），即得纵轴线方向。自纵轴线方向测设 90°角即得横轴线方向。在每一条轴线方向上，在墩、台两侧同样应各设 2 ~ 3 个护桩。由于曲线桥上各墩、台的轴线护桩容易发生混淆，应在护桩上标明墩、台的编号，以防施工时用错。如果墩、台的纵、横轴线有一条恰位于水中，无法设护桩，也可只设置一条。

第三节　桥梁施工测量

桥梁施工测量就是将图纸上的结构物尺寸和高测设到实地上。其内容包括基础施工测量，墩、台身施工测量，墩、台顶部施工测量和上部结构安装测量。现以中小型桥梁为例介绍如下。

一、基础施工测量

1. 明挖基础

根据桥台和桥墩的中心点及纵、横轴线按设计的平面形状设出基础轮廓线的控制点。如图 11- 7 所示，如果基础形状为方形或矩形，基础轮廓线的控制点则为四个角点及四条边与纵、横轴线的交点；如果是圆形基础，则为基础轮廓线与纵、横轴线的交点，必要时尚可加设轮廓线与纵、横轴线成 45°线的交点。控制点距墩中心或纵、横轴线的距离应略大于基础设计的底面尺寸，一般可大 0. 3 ~ 0. 5m，以保证正确安装基础模板为原则。基坑上口尺寸应根据挖深、坡度、土质情况及施工方法而定。

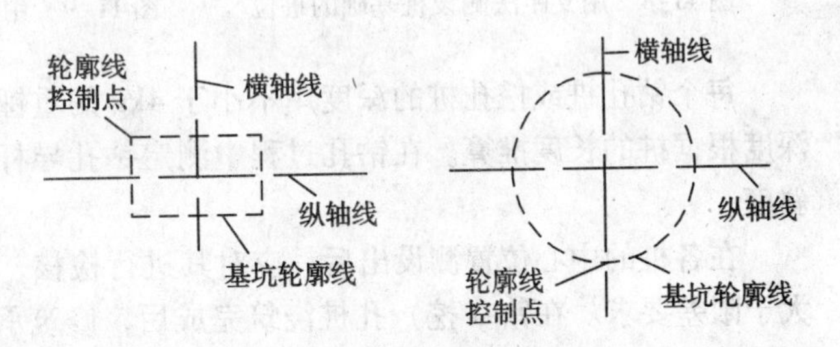

图 11-7　明挖基础轮廓线的测设

施测方法与路堑放线基本相同。当基坑开挖到一定深度后，应根据水准点高程在坑壁上测设距基底设计面为一定高差（如 1m）的水平桩，作为控制挖深及基础施工中掌握高程的依据。当基坑开挖到设计标高以后，应进行基底平整或基底处理，再在基底上放出墩台中心及其纵横轴线，作为安装模板、浇筑混凝土基础的依据。

基础完工后，应根据桥位控制桩和墩台控制桩用经纬仪在基础面上测设出桥台、桥墩中心线，并弹墨线作为砌筑桥台、桥墩的依据。

基础或承台模板中心偏离墩台中心不得大于±2cm，墩身模板中心偏离不得大于±1cm；墩台模板限差为±2cm，模板上同一高程的限差为±1cm。

2. 桩基础

桩基础测量工作有测设桩基础的纵横轴线，测设各桩的中心位置，测定桩的倾斜度和深度，以及承台模板的放样等。

桩基础纵横轴线可按前面所述的方法测设。各桩中心位置的放样是以基础的纵横轴线为坐标轴，用支距法或极坐标法测设，其限差为±2cm，如图11-8、11-9所示。如果全桥采用统一的大地坐标系计算出每个桩中心的大地坐标，在桥位控制桩上安置全站仪，按直角坐标法或极坐标法放样出每个桩的中心位置。放出的桩位经复核后方可进行基础施工。

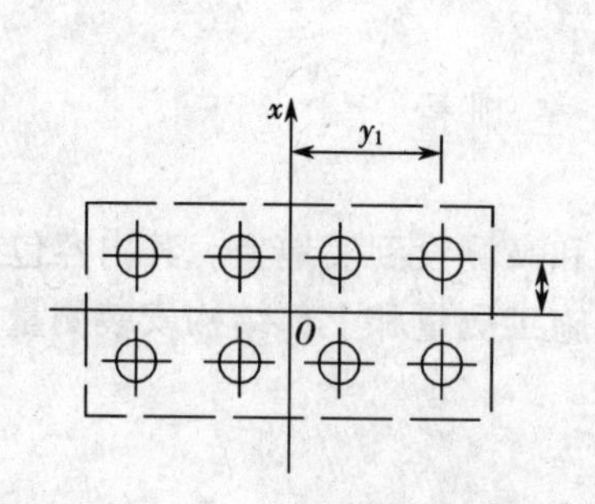

图11-8　用支距法测设桩基础的桩位

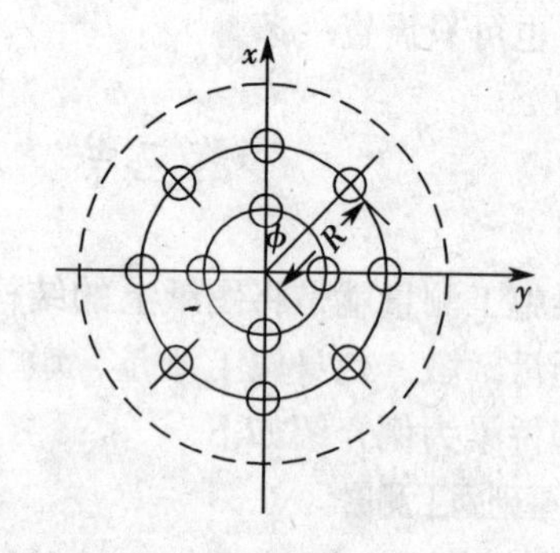

图11-9　用极坐标法测设桩基础的桩位

每个钻孔桩或挖孔桩的深度用不小于4kg的重锤及测绳测定，打入桩的打入深度根据桩的长度推算。在钻孔过程中测定钻孔导杆的倾斜度，用以测定孔的倾斜度。

在各桩的中心位置测设出后，应对其进行检核，与设计的中心位置偏差不能大于限差要求。在钻（挖）孔桩浇筑完成后，修筑承台以前，应对各桩的中心位置再进行一次测定，作为竣工资料使用。

桩顶上做承台按控制的标高进行，先在桩顶面上弹出轴线作为支承台模板的依据，安装模板时，使模板中心线与轴线重合。

二、墩、台身施工测量

（一）墩、台身轴线和外轮廓的放样

基础部分砌完后，墩中心点应再利用控制点交会设出，然后在墩中心点设置经纬仪放出纵横轴线，并将放出纵横轴线投影到固定的附属结构物上，以减少交会放样次数。同时根据岸上水准基点检查基础顶面的高程，其精度应符合四等水准要求。根据纵横轴线即可放样承台、墩身砌筑的外轮廓线。

圆头墩身平面位置的放样方法如图 11-10 所示，欲放样墩身某断面尺寸为长 12m、宽 3m，圆头半径为 1.5 m 的圆头桥墩时，在墩位上已设出桥墩中心 O 及其纵横轴线 XX'、YY'。则以 O 点为准，沿纵线 XX'方向用钢尺各放出 1.5m 得 I、K 两点。再以 O 点为准，沿横轴 YY'方向放出 4.5m，得圆心 J 点。然后再分别以 I、J 及 K、J 点用距离交会出 P、Q 点，并以 J 点为圆心，以 $JP = 1.5$m 为半径，作圆弧得弧上相应各点。用同样方法可放出桥墩另一端。

（二）柱式桥墩柱身施工支模垂直度校正与标高测量

1. 垂直度校正

为了保证墩、台身的垂直度以及轴线的正确传递，可利用基础面上的纵、横轴线用线锤法或经纬仪投测到墩、台身上。

（1）吊线法校正

施工制作模板时，在四面模板外侧的下端和上端都标出中线。安装过程是先将模板下端的四条中线分别与基础顶面的四条中心对齐。模板立稳后，一人在模板上端用重球线对齐中线坠向下端中线重合，表示模板在这个方向垂直，如图 11-11 所示，同法再校正另一个方向，当纵横两个方向同时垂直，柱截面为矩形（两对角线长度相同时，模板就校正好了）。当有风或砌筑高度较大时，使用吊锤线法满足不了投测精度要求，应用经纬仪投测。

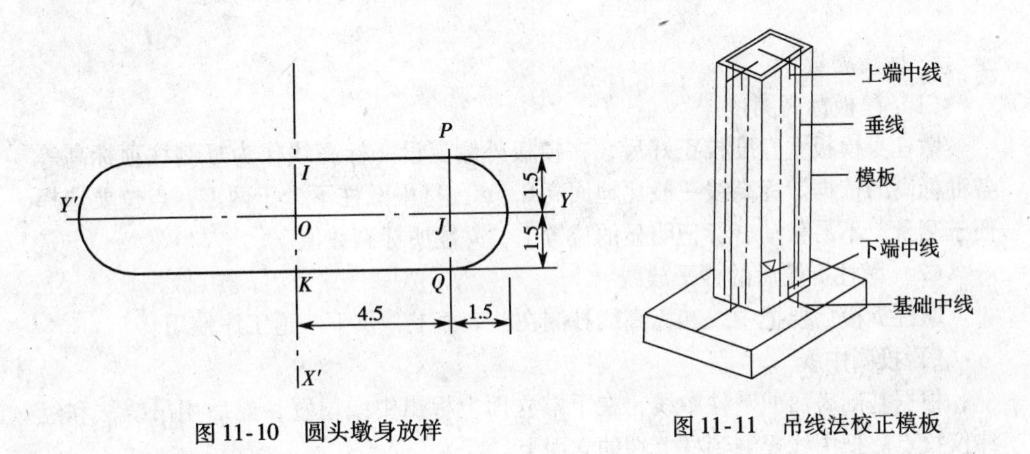

图 11-10　圆头墩身放样

图 11-11　吊线法校正模板

（2）经纬仪校正

1）投线法

如图 11-12 所示，仪器自墩柱的距离应大于投点高度。先用经纬仪照准模板下端中线，然后仰起望远镜，观测模板上端中线，如果中线偏离视线，要校正上端模板，使中线与视线重合。需注意的是在校正横轴方向时，要检查已校正好的纵轴方向是否又发生倾斜。用经纬仪投线要特别注意经纬仪本身的横轴和视准轴要严格垂直，为防止两轴不严格垂直而产生的投线误差，一般用正倒镜方法各投一次。

对于斜坡墩台可用规板控制其位置。

2）平行线法

如图 11-13 所示墩柱 3，先作墩柱中线的平行线，平行线自中线的距离，一般可取1m，作一木尺，在尺上用墨线标出1m标志，由一人在模板端持木尺，把尺的零端对齐中线，水平地伸向观测方向。仪器置于B点照准B'点。然后抬高望远镜看木尺，若视线正照准尺上1m标志，表示模板在这个方向垂直。如果尺上1m标志偏离视线，要校正上端模板，使尺上标志与视线重合。

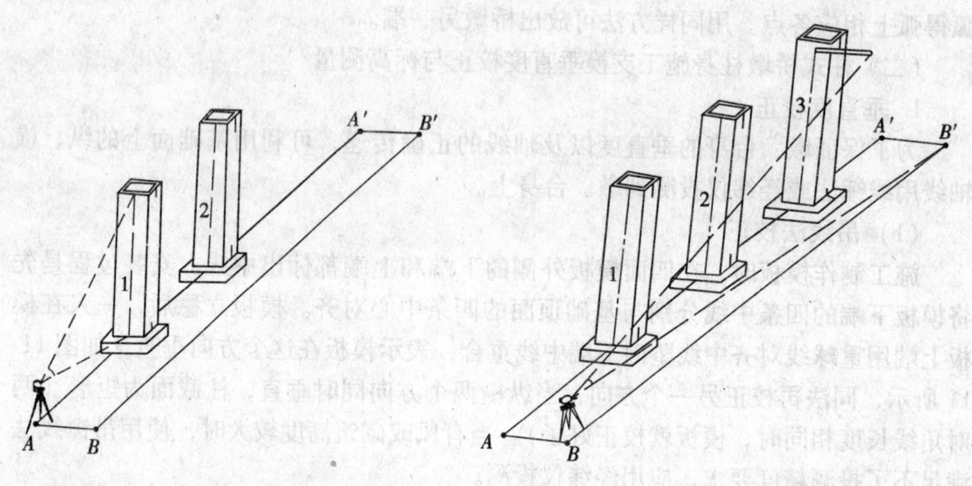

图11-12　经纬仪投线法校正模板　　图11-13　平行线法

2. 标高测量

（1）模板标高测量

墩柱身模板垂直度校正好后，在模板外侧测设一标高线作为量测柱顶标高等各种标高的依据。标高线一般比地面高0.5m，每根墩柱不少于两点，点位要选择便于测量、不易移动、标记明显的位置上，并注明标高数值。

（2）墩柱拆模后的抄平放线

墩柱拆模后要把中线和标高线抄测在柱表面上，供下一道工序使用。

1）投测中线

根据基础表面的墩柱中线，在下端立面上标出中线位置，然后用吊线法和经纬仪投点法把中线投测到柱上端的立面上。

2）高程传递

a. 利用钢尺直接丈量

在每个柱立面上，测设0.5m的标高线，利用钢尺沿0.5m标高处起向上直接丈量，将高程传递上去。

b. 悬吊钢尺法（水准仪高程传递法）

高墩墩顶的精度要求往往较高，特别是支座垫石标高要求更高，因此，要正确地将地面的水准高程引测到墩顶。

如图11-14所示，靠近墩边，用一个稳定支架，将钢尺垂挂至距地面约1m左右，在钢尺下端悬挂一个与鉴定钢尺时拉力相等的重锤，钢尺的零端读数放在下面，然后在地面上的P_1点和墩顶上的P_2点安置同精度的水准仪各一台，按水准测量的方法同时进行观测得 $a_{下}$、$b_{下}$ 和 $b_{上}$、$a_{上}$，则墩顶 c 点的高程 H_C 为

$$H_C = H_A + a_{下} - b_{下} + b_{上} - a_{上}$$

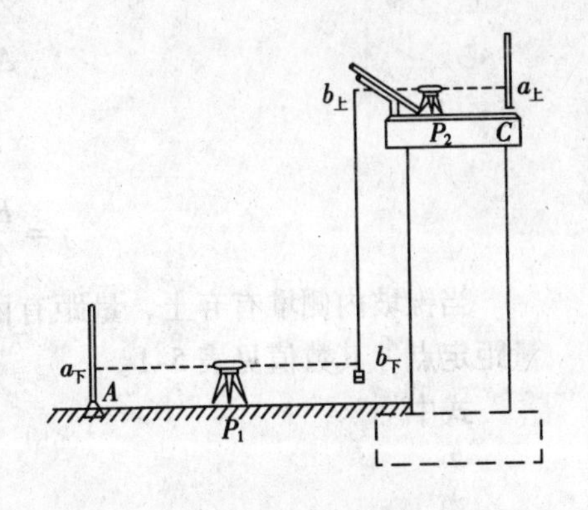

图 11-14　高墩高程传递

（三）墩帽的放样

桥墩台本身砌筑至离顶帽底约 30cm 时，再测出墩台中心及纵横轴线，据以竖立墩帽模板、安装锚栓孔，安扎钢筋等。在立好模板浇筑墩帽前，必须复核墩台的中线、高程。

（四）墩台锥坡放样

锥形护坡的放样与施工，都是桥台完工后进行。先将坡脚椭圆形曲线放出，然后在锥坡顶的交点处，用木桩钉上铁钉固定，系上一组麻线或 22 号钢丝，使其与椭圆形曲线上的各点相联系，并拉紧。浆砌或干砌锥坡石料时，沿拉紧的各斜线，自下向上，层层砌筑。

锥坡施工放样先根据锥体的高度 H，桥头道路边坡率 M 和桥台河坡边坡率 N，计算出锥坡底面椭圆的长轴 A 和短轴 B，以此作为锥坡底椭圆曲线的平面坐标轴。

1. 图解法（双圆垂直投影）

当桥头锥坡处无堆积物，可用图解法作出椭圆曲线。

A 和 B 作半径，画出同心四分之一圆，如图 11-15 所示，将圆周分成若干等分点（等分愈多，连成的曲线愈精确），由等分点 1、2、3、4……分别和圆心相连，得到若干条径向直线。从各条径向线与两个圆周的交点互作垂线交于Ⅰ、Ⅱ、Ⅲ……点，即为椭圆上的点，连接起来成椭圆曲线。

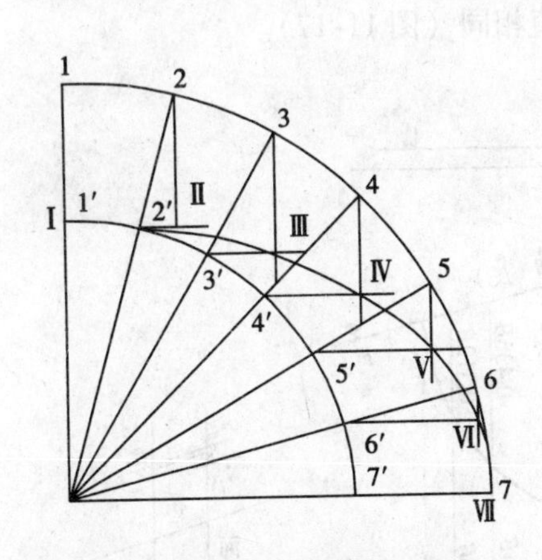

图 11-15　双圆垂直投影图解法

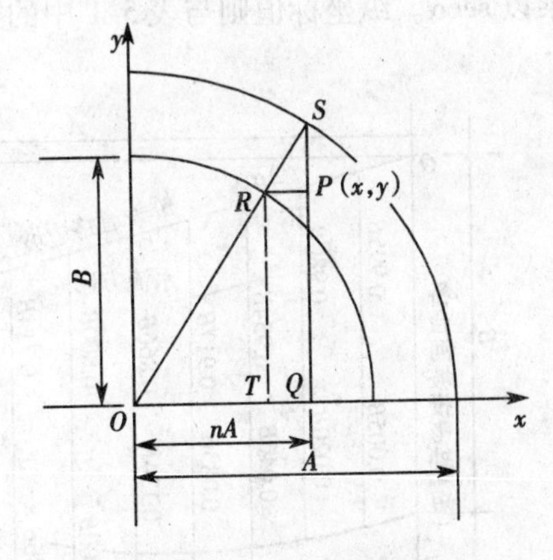

图 11-16　直角坐标法

2. 直角坐标法

设 P 点的坐标为 X、Y，长半轴为 A，短半轴为 B，根据图 11-16 的几何条件可得

$$SQ = \sqrt{OS^2 - OQ^2} = \sqrt{A^2 - (nA)^2} = A\sqrt{1 - n^2}$$

$$\Delta OSQ \backsim \Delta ORT$$

$$\frac{SQ}{A}=\frac{Y}{B}$$

$$y=\frac{B}{A}SQ=B\sqrt{1-n^2}$$

当锥坡内侧堆有弃土，量距有困难时，可在椭圆形曲线外侧，按直角坐标值量距定点，其数值见表5-1。

式中

$$n=\frac{x}{A}$$

令 $n=0.1, 0.2, \cdots, 0.9, 0.95, 1.0$，代入上式，即可得到纵坐标 y_1，y_2，……（表11-4）。

直角坐标系 表11-4

n	0.1	0.2	0.3	0.4	0.5	0.6	0.7	0.8	0.9	0.95	1.0
x	0.1A	0.2A	0.3A	0.4A	0.5A	0.6A	0.7A	0.8A	0.9A	0.95A	A
y	0.995B	0.980B	0.954B	0.917B	0.866B	0.800B	0.714B	0.600B	0.436B	0.312B	0
y'	0.005B	0.020B	0.046B	0.083B	0.134B	0.200B	0.286B	0.400B	0.564B	0.688B	B

3. 斜桥锥坡放样

斜桥锥坡放样仍可采用直角坐标法，但需将表5-1所列的横坐标值根据桥梁与河道的交角大小予以修正，修正后的长半轴长 $OF=A\sec\alpha$，所以横坐标值 x 也应乘以 $\sec\alpha$。纵坐标值则与表5-1中的数值相同（图11-17）。

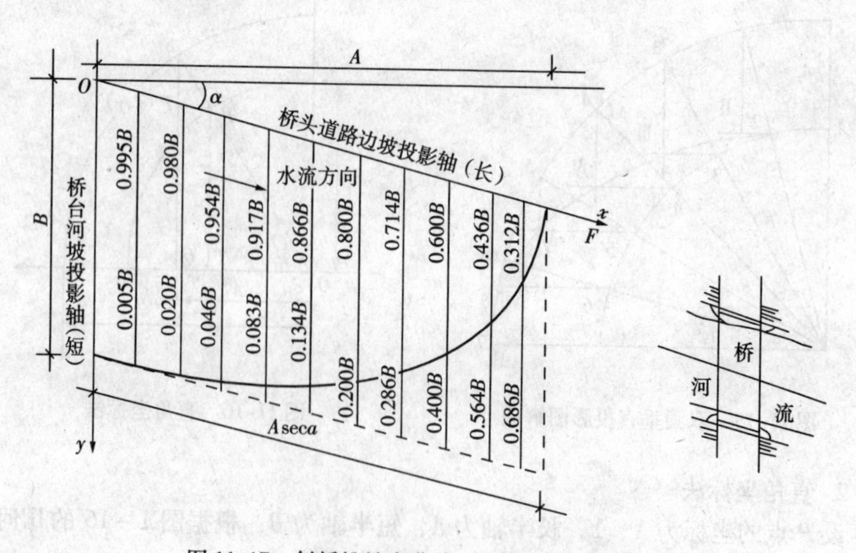

图11-17 斜桥锥坡底曲线（桥的右上角锥坡）

三、墩、台顶部的施工测量

桥墩、桥台砌筑至一定高度时，应根据水准点在墩、台身每侧测设一条距顶部为一定高差（1m）的水平线，以控制砌筑高度。墩帽、台帽施工时，应根据水准点用水准仪控制其高程（误差应在 -10mm 以内），再依中线桩用经纬仪控制两个方向的中线位置（偏差应在 ±10mm 以内），墩台间距要用钢尺检查，精度应高于 1/5000。

根据定出并校核后的墩、台中心线，在墩台上定出T形梁支座钢垫板的位置，如图11-18所示。测设时，先根据桥墩中心线②$_1$、②$_4$定出两排钢垫板中心线 $B'B''$、$C'C''$，再根据路中心线 F_2F_3 和 $B'B''$、$C'C''$，定出路中线上的两块钢垫板的中心位置 B_1 和 C_1。然后根据设计图纸上的相应尺寸用钢尺分别自 B_1 和 C_1 沿 $B'B''$ 和 $C'C''$ 方向量出T形梁间距，即可得到 B_2、B_3、B_4、B_5 和 C_2、C_3、C_4、C_5 等垫板中心位置，桥台的钢垫板位置可按同法定出，最后用钢尺校对钢垫板的间距，其偏差应在 ±2mm 以内。

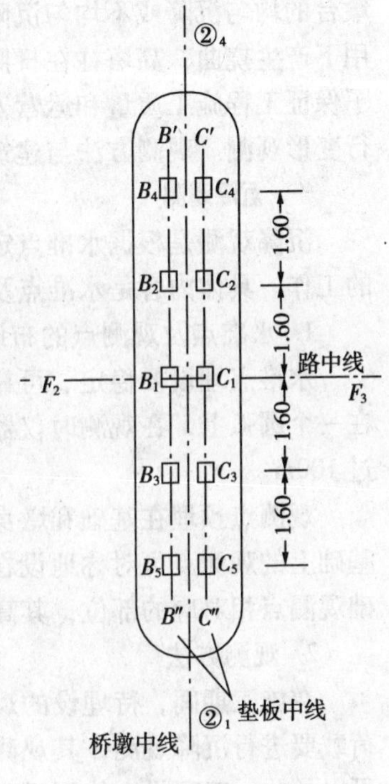

图 11-18 支座钢垫板

钢垫板的高程应用水准仪校测，其偏差应在 -5mm 以内（钢垫板略低于设计高程，安装T形梁时可加垫薄钢板找平）。上述工作校测完后，即可浇筑墩、台顶面的混凝土。

四、上部结构安装的测量

架梁是桥梁施工的最后一道工序。桥梁梁部结构较复杂，要求对墩台方向、距离和高程用较高的精度测定，作为加梁的依据。

墩台施工时是以各个墩台为单元进行的。架梁需要将相邻墩台联系起来，要求中心点间的方向距离和高差符合设计要求。因此在上部结构安装前应对墩、台上支座钢垫板的位置、对梁的全长和支座间距进行检测。

梁体就位时，其支座中心线应对准钢垫板中心线，初步就位后，用水准仪检查梁两端的高程，偏差应在 ±5mm 以内。

大跨度钢桁架或连续梁采用悬臂安装架设。拼装前应在横梁顶部和底部分中点作出标志，用以测量架梁时钢梁中心线与桥梁中心线的偏差值。如果梁的拼装自两端悬臂、跨中合拢，则应重点测量两端悬臂的相对关系，如中心线方向偏差、最近节点距离和高程差是否符合设计和施工要求。

对于预制安装的箱梁、板梁、T形梁等，测量的主要工作是控制平面位置；对于支架现浇的梁体结构，测量的主要工作是控制高程，测得弹性变形，消除塑性变形，同时根据设计保留一定的预拱度；对于悬臂挂篮施工的梁体结构，测量的主要工作是控制高程和预拱度。

梁体和护栏全部安装完成后，即可用水准仪在护栏上测设出桥面中心高程线，作为铺设桥面铺装层起拱的依据。

第四节 桥梁变形观测

桥梁工程在施工和使用过程中，由于各种内在因素和外界条件的影响，墩、台会产生一定的沉降、倾斜及位移。如桥梁的自重对基础产生压力，引起基础、墩台的均匀沉降或不均匀沉降，从而使墩柱倾斜或产生裂缝；梁体在动荷载的作用下产生挠曲；高塔柱在日照和温度的影响下会产生周期性的扭转或摆动等。为了保证工程施工质量和运营安全，验证工程设计的效果，需要对桥梁工程定期进行变形观测。观测方法与建筑物的变形观测相似。

一、沉降观测

沉降观测是根据水准点定期测定桥梁墩台上所设观测点的高程，计算沉降量的工作。具体内容是水准点及观测点的布设、观测方法和成果整理。

1. 水准点及观测点的布设

水准点埋设要稳定、可靠，必须埋设在基础上；最好每岸各埋设三个且布设在一个圆弧上，在观测时仪器安置在圆弧的圆心处。水准点离观测点距离不要超过100m。

观测点预埋在基础和墩身、台身上，埋设固定可靠，观测点其顶端做成球形。基础上的观测点可对称地设在襟边的四角，墩身、台身上的观测点设在两侧与基础观测点相对应的部位，其高度在普通低水位之上。

2. 观测方法

在施工期间，待埋设的观测点稳固后，即进行首次观测；以后每增加一次大荷载要进行沉降观测，其观测周期在施工初期应该短些，当变形逐渐稳定以后则可以长些。工程投入使用后还需要观测，观测时间的间隔可按沉降量大小及速度而定，直到沉降稳定为止。

为保证观测成果的精度，沉降观测应采用精密水准测量，所用的仪器为精密水准仪，所用的水准尺为因瓦水准尺。

沉降观测是一项较长期的系统观测工作，为了保证观测成果的正确性要做到五定：水准点固定、水准仪与水准尺固定、水准路线固定、观测人员固定和观测方法固定。

沉降观测应遵守的规定：

（1）观测应在成像清晰、稳定时进行；

（2）观测视线长度不要超过50m，前后视距离应尽量相等；

（3）前、后视观测最好用同一根水准尺；

（4）沉降观测点首次观测的高程值是以后各次观测用以进行比较的依据，必须提高初测精度，应在同期进行两次观测后决定；

（5）前视各点观测完毕以后，应回视后视点，要求两次后视读数之差不得超过1mm；

（6）每次观测结束后，应检查记录和计算是否正确，精度是否合格；

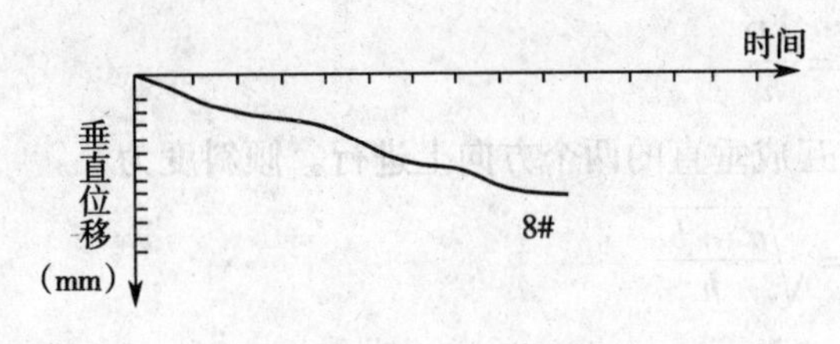

图 11-19 沉降位移曲线图

将每次观测求得的各观测点的高程与第一次观测的数值相比较，即得该次所求得的观测点的垂直位移量（沉降量）。

3. 成果整理

根据历次沉降观测各观测点的高程和观测日期填入沉降观测成果表。计算相邻两次观测之间的沉降量和累计沉降量，以便比较。为了直观地表示沉降与时间之间的关系，可绘制成沉降点的沉降量——时间关系曲线图，供分析用。绘制沉降量图时，以时间为横坐标，以沉降量为纵坐标，把观测数据展绘到图上，并将相邻点相连绘制成一条光滑的曲线，这条曲线称为沉降位移过程线，如图 11-19 所示。

如果沉降位移量小且趋势日渐稳定，则说明桥梁墩台是正常的；如果沉降位移量大且有日益增长趋势，则应及时采取工程补救措施。

如果每个桥墩的上下游观测点沉降量不同，则说明桥墩发生倾斜，此时必须采取相应措施加以解决。

二、水平位移观测

水平位移主要产生自水流方向，这是由于桥墩长期受水流尤其是洪水的冲击；其他原因如列车的运行，也会产生沿桥轴线方向位移，所以水平位移观测分为纵向（桥轴线方向）位移和横向（垂直于桥轴线方向）位移。

1. 纵向位移观测

对于小跨度的桥梁可用钢尺、因瓦线尺直接丈量各墩中心的距离，大跨度的桥梁应采用全站仪施测。每次观测所得观测点至测站点的距离与第一次观测距离之差，即为墩台沿桥轴线方向的位移值。

2. 横向位移观测

如图 11-20 所示，A、B 为视准线两端的测站点，C 为墩上的观测点。观测时在 A 点安置经纬仪，在 B、C 点安置棱镜，观测 $\angle BAC$ 的值后，按下式计算出观测点 C 偏离 AB 的距离 d。

$$d = \frac{l\Delta\alpha''}{\rho''}$$

每次观测所求得的 d 值与第一次 d 值之差即为该点的位移量。

三、倾斜观测

倾斜观测主要是对高桥墩和斜拉桥的塔柱进行铅垂线方向的倾斜观测，这些构筑物倾斜与基础的不均匀沉降有关。

在桥墩立面上设置上下两个观测标志，上下标志应位于同一垂直面内，它们的高差为 h。用经纬仪将上标志中心采用正倒镜法投影到下标志附近，量取它与下标志中心的水平距离 ΔD，则两标志的倾斜度为

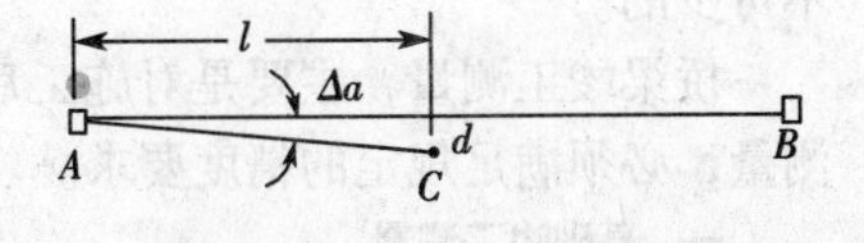

图 11-20 横向位移

$$i=\frac{\Delta D}{h}$$

高层工程的倾斜观测，必须分别在互成垂直的两个方向上进行。倾斜度为

$$i=\frac{m}{h}=\sqrt{\frac{a^2+b^2}{h}}$$

四、挠度观测

挠度观测是对梁在静荷载和动荷载的作用下产生挠曲和振动的观测。

如图 11-21 所示，在梁体两端及中间设置 A、B、C 三个沉降观测点，进行沉降观测，测得某时间段内这三点的沉降量分别为 h_a、h_b 和 h_c，则此构件的挠度为

$$f=\frac{h_a+h_c-2h_b}{2D_{AC}}$$

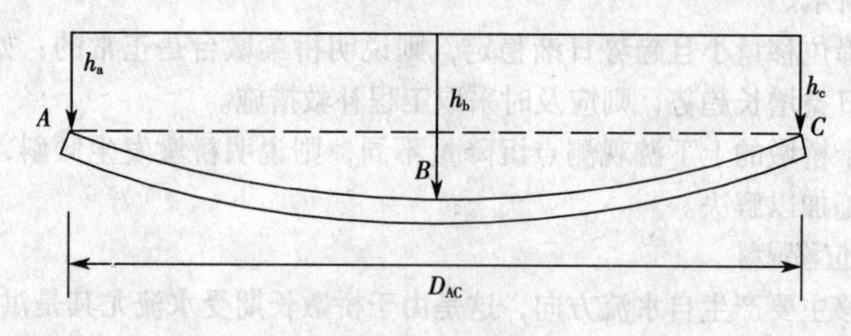

图 11-21　挠度曲线

利用多点观测值可以画出梁的挠度曲线。

五、裂缝观测

裂缝观测是对混凝土的桥台、桥墩和梁体上产生的裂缝的现状和发展过程的观测。

裂缝观测时在裂缝两侧设置观测标志（石膏板标志、白铁片标志、金属棒标志），用直尺、游标卡尺或其他量具定期测量两侧标志间的距离、裂缝长度，并记录测量的日期。

第五节　桥梁竣工测量

桥梁竣工后，需进行竣工测量。通过竣工测量，一方面可以检查施工是否满足设计要求，起到检查施工质量的作用；另一方面，在桥梁投入运营后，为保证桥梁的行车安全和使用寿命，需要定期地进行变形观测，由于变形观测的资料是通过与竣工资料的对比来分析变形的，因此，对变形观测而言，竣工资料也是必不可少的。

桥梁竣工测量，主要是对施工后的平面位置、高程和尺寸数据进行复核检查测量，必须满足规定的精度要求。

一、基础竣工测量

桥梁竣工测量的主要内容是检测基础中心的实际位置。检测时实测桩基的施

工坐标 x'_i、y'_i，与设计值 x_i、y_i 比较后算出其偏差值 $D=\sqrt{\Delta x^2+\Delta y^2}$。

基础竣工测量还应将基坑位置、坑底高程、土质情况等如实地反映并附绘基坑略图标注相应的检测数据等。

二、墩台竣工测量

1. 墩台中心间距测量

墩台中心间距可根据墩台中心点测定。如果间距较小，可用钢尺采用精密方法直接测量；当间距较大不便直接测量时，可用全站仪施测。墩台中心间距 D'，与设计墩台中心间距 D 比较，由差值 $\Delta=D'-D$，计算墩台中心间距的竣工中误差为

$$m=\pm\sqrt{\frac{[\Delta\Delta]}{n}}$$

式中 m 是衡量墩台施工质量的重要指标之一。

2. 墩台标高的检测

检测时布设成附合水准线路，即自桥梁一端的永久水准点开始，逐墩测量，最后符合至另一端的永久水准点上，其高差闭合差限差应为

$$f_{h限}\leqslant\pm4\sqrt{n}\text{mm}\ (n\ 为测站数)$$

在进行此项水准测量时，应联测各墩顶水准点和各垫板的标高以及墩顶其他各点的标高。

3. 墩顶细部的丈量

墩顶细部尺寸的丈量，应依据其纵横轴线进行，主要是测量各垫板的位置、尺寸和墩顶的长与宽，这些尺寸对于设计数据的偏差应小于2cm。

在以上各项目完成后，应根据所取得的资料，编绘墩台竣工图、墩台中心间距表和墩台水准点成果表，作为桥梁上部结构安装的依据。

三、跨越构件的测量

跨越构件其结构一般有钢筋混凝土预应力梁、刚结构的实腹梁、桁梁等几种形式。在现场吊装前、后应进行的竣工测量项目如下：

（1）构件的跨度。

（2）构件的直线度。一般要求直线度偏差不得超过跨度的$\frac{1}{5000}$。

（3）构件的预留拱度。预留拱度是指钢架铆接好后，钢梁及各弦杆呈一微上凸的平滑线，略显拱形，称为构件预留拱度曲线。其中部高出于两端的最大高差，称为预留拱度。设计预留拱度通常约为跨度的$\frac{1}{1000}$。

第六节 涵洞施工测量

涵洞施工测量的主要任务是控制涵洞的中心位置及涵底的高程与坡度。其测设内容有涵洞中心桩及中心线的测设、施工控制桩的测设和涵洞坡度钉的测设。

一、涵洞中心桩和中心线的测设

涵洞中心桩一般均根据设计给定的涵洞位置（桩号），以其邻近的里程桩为准测设。

在直线上设置涵洞，是用经纬仪标定路中线方向，根据涵洞与其邻近的里程桩的关系，用钢尺测设相应的距离，即可钉出涵洞中心桩。将经纬仪安置在涵洞中心桩上，以路中线为后视方向。测设90°角（斜涵应按设计角度测设），即得涵洞的中线方向。

在曲线上设置的涵洞，其中线应垂直于曲线（即通过圆心）。测设方法与曲线上定横断面相同，当精度要求较高时，应用经纬仪施测。

二、施工控制桩的测设

如图11-22（*a*）所示，涵洞中心桩 K1+507 和中线 C_1C_2 定出后，即可依涵洞长度（如18m）定涵洞两端点 C_1、C_2（墙外皮中心），为了在基础开挖后控制端墙位置，还应加钉施工控制桩①$_1$①$_2$ 和②$_1$②$_2$；①$_1$①$_2$、②$_1$②$_2$ 均垂直于 C_1C_2，其相距可为1整米数，以控制端墙施工；其他各翼墙控制桩则均照图钉出。

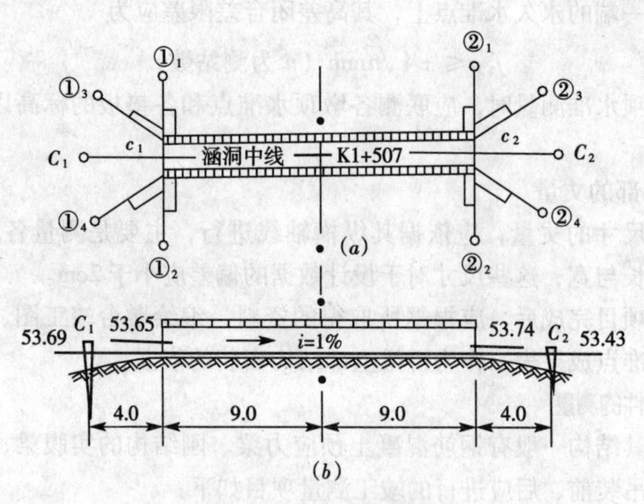

图11-22 施工控制桩

（*a*）中心桩；（*b*）坡度钉

三、涵洞坡度钉的测设

如图11-22（*b*）所示，基槽开挖后，为控制开挖深度、基础厚度及涵洞的高程与坡度，需要在涵洞中线桩 C_1 及 C_2 上测设涵洞坡度钉，使两钉的连线恰与涵洞流水面的设计位置一致。

测设方法一般是在钉中线桩 C_1、C_2 时，使 $C_1c_1 = C_2c_2$ = 整米数（如4m），在木桩侧面钉出坡度钉。坡度钉的高程根据涵洞两端设计高程与涵洞坡度推算得到。两坡度钉的连线即为涵洞流水面的设计坡度及高程。

为控制端墙基础高程及开挖深度，在①$_1$①$_2$ 和②$_1$②$_2$ 等端墙控制桩上，应测设端墙基础高程钉，即离开基础高程为一整分米数，以便于检查及控制挖土深度。

四、涵洞施工测量

涵洞基础及基坑的边线根据涵洞的轴线测设。由于在施工开挖基坑时轴线桩要被挖掉，所以在坑边 2 ~4 m 处测设轴线控制桩（又称引桩），也可在基坑开挖边界线以外 1.5 ~2m 处钉设龙门板，将基础轴线用经纬仪或用线绳、垂球引测到控制桩或龙门板上，并钉小钉作标志（称为中心钉），作为挖坑后各阶段施工恢复轴线的依据。

在基础砌筑完毕，安装管节或砌筑涵洞身及端墙时，各个细部的放样均以涵洞的轴线作为放样依据。

涵洞细部的高程放样可根据附近水准点用水准仪测设。

思考题与习题

1. 桥梁施工测量有哪些内容？
2. 桥梁施工控制测量有哪些？如何进行？
3. 桥梁墩台中心测设方法有几种？如何施测？
4. 桥梁变形观测有哪些内容？如何进行？
5. 墩台锥坡施工放样方法有几种？如何进行？
6. 桥梁墩台与桥梁架设竣工测量有哪些内容？
7. 涵洞施工测量的主要任务是什么？其测设内容有哪些？

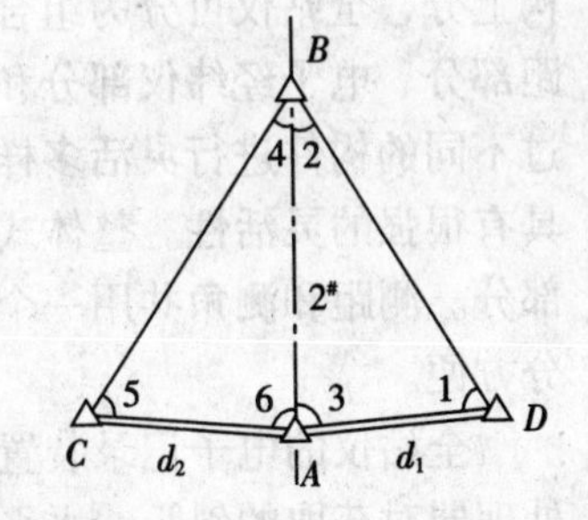

图 11-23　桥梁施工控制网

8. 图 11-23 所示为桥梁施工控制网，外业观测数据如下：

$d_1 = 222.605\text{m}$　　$d_2 = 224.571\text{m}$

$\angle 1 = 55°16'13''$　　$\angle 4 = 33°28'17''$

$\angle 2 = 35°18'23''$　　$\angle 5 = 51°01'45''$

$\angle 3 = 89°25'12''$　　$\angle 6 = 95°30'5''$

求：（1）桥轴线 AB 的长度。

（2）桥轴线端点 A 至 2 号桥墩距离为 105.87m，求测设 2 号桥墩所需的测设数据。

9. 已知临时水准线高程为 3.672m，后视水准尺读数为 1.864m，桥墩顶部钢垫板高程为 4.015m，求钢垫板前视水准尺上的读数。

第十二章　全站仪及其应用

第一节　概　述

全站仪又称全站型电子速测仪，是一种可以同时进行角度测量和距离测量，由机械、光学、电子元件组合而成的测量仪器。在测站上安置好仪器后，除照准需人工操作外，其余可以自动完成，而且几乎是在同一时间得到平距、高差和点的坐标。全站仪是由电子测距仪、电子经纬仪和电子记录装置三部分组成。从结构上分，全站仪可分为组合式和整体式两种。组合式全站仪是用一些连接器将测距部分、电子经纬仪部分和电子记录装置部分连接成一组合体。它的优点是能通过不同的构件进行灵活多样的组合，当个别构件损坏时，可以用其他的构件代替，具有很强的灵活性。整体式全站仪是在一个仪器内装配测距、测角和电子记录三部分。测距和测角共用一个光学望远镜，方向和距离测量只需一次照准，使用十分方便。

全站仪的电子记录装置是由存储器、微处理器、输入和输出部分组成。由微处理器对获取的斜距、水平角、竖直角、视准轴误差、指标差、棱镜常数、气温、气压等信息进行处理，可以获得各种改正后的数据。在只读存储器中固化了一些常用的测量程序，如坐标测量、导线测量、放样测量、后方交会等，只要进入相应的测量程序模式，输入已知数据，便可依据程序进行测量过程，获取观测数据，并解算出相应的测量结果。通过输入、输出设备，可以与计算机交互通讯，将测量数据直接传输给计算机，在软件的支持下，进行计算、编辑和绘图。测量作业所需要的已知数据也可以从计算机输入全站仪，可以实现整个测量作业的高度自动化。

全站仪的应用可归纳为四个方面：一是在地形测量中，可将控制测量和碎步测量同时进行；二是可用于施工放样测量，将设计好的道路、桥梁、管线、工程建设中的建筑物、构筑物等的位置按图纸设计数据测设到地面上；三是可用全站仪进行导线测量、前方交会、后方交会等，不但操作简便且速度快、精度高；四是通过数据输入/输出接口设备，将全站仪与计算机、绘图仪连接在一起，形成一套完整的测绘系统，从而大大提高测绘工作的质量和效率。

第二节　全站仪的基本构造及功能

全站仪的种类很多，各种型号仪器的基本结构大致相同。现以日本拓普康公司生产的 GTS－330 系列全站仪为例进行介绍。GTS－330 系列的外观与普通电子经纬仪相似，是由电子经纬仪和电子测距仪两部分组成。

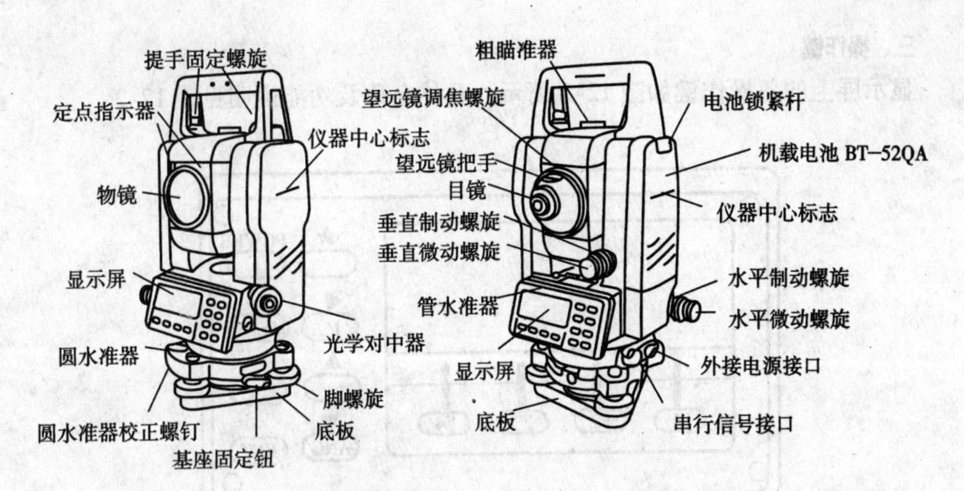

图 12-1 GTS－330（332、335）结构图

一、仪器部件的名称

图 12-1 标示出了仪器各个部件的名称。

二、显示

1. 显示屏

显示屏采用点阵式液晶显示（LCD），可显示 4 行，每行 20 个字符，通常前三行显示的是测量数据，最后一行显示的是随测量模式变化的按键功能。

2. 对比度与照明

显示窗的对比度与照明可以调节，具体可在菜单模式或者星键模式下依据其中文操作指示来调节。

3. 加热器（自动）

当气温低于0℃时，仪器的加热器就自动工作，以保持显示屏正常显示，加热器开/关的设置方法依据菜单模式下的操作方法进行。加热器工作时，电池的工作时间会变短一些。

4. 显示符号

在显示屏中显示的符号见表 12-1。

显示符号及其含义　　　　表 12-1

显　示	内　容	显　示	内　容
V%	垂直角（坡度显示）	*	EDM（电子测距）正在进行
HR	水平角（右角）	m	以 m 为单位
HL	水平角（左角）	f	以英尺（ft）/英尺与英寸（in）为单位
HD	水平距离		
VD	高差		
SD	倾斜		
N	北向坐标		
E	东向坐标		
Z	高程		

三、操作键

显示屏上的各操作键如图 12-2 所示，具体名称及功能说明见表 12-2。

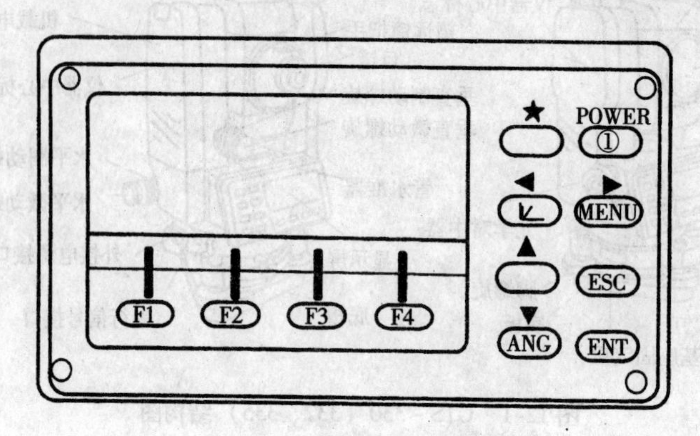

图 12-2　显示屏操作键示意图

操作键名称及功能说明　　表 12-2

键	名　称	功　能
★	星键	星键模式用于如下项目的设置或显示： （1）显示屏对比度；（2）十字丝照明；（3）背景光；（4）倾斜改正；（5）定线点提示器（仅适用于有定线点指示器类型）；（6）设置音响模式
	坐标测量键	坐标测量模式
	距离测量键	距离测量模式
ANG	角度测量键	角度测量模式
POWER	电源键	电源开关
MENU	菜单键	在菜单模式和正常测量模式之间切换，在菜单模式下可设置应用测量与照明调节、仪器系统误差改正
ESC	退出键	• 返回测量模式或上一层模式 • 从正常测量模式直接进入数据采集模式或放样模式 • 也可用做为正常测量模式下的记录键
ENT	确认输入键	在输入值末尾按此键
F1 ~ F4	软键（功能键）	对应于显示的软键功能信息

四、功能键（软键）

软键共有四个，即 F1、F2、F3、F4 键，每个软键的功能见相应测量模式的相应显示信息，在各种测量模式下分别有其不同的功能。

标准测量模式有三种，即角度测量模式、距离测量模式和坐标测量模式。各测量模式又有若干页，可以用 F4 键翻页。具体操作及模式说明见图 12-3 及表 12-3、表 12-4、表 12-5。

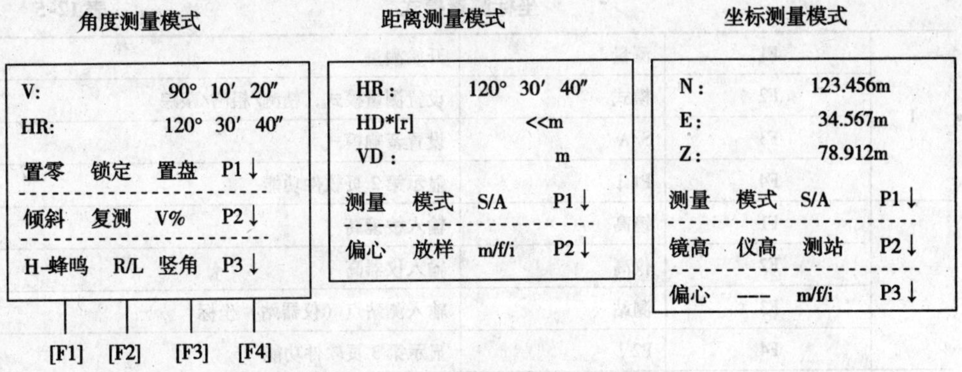

角度测量模式

V: 90° 10′ 20″
HR: 120° 30′ 40″
置零 锁定 置盘 P1↓
倾斜 复测 V% P2↓
H-蜂鸣 R/L 竖角 P3↓
[F1] [F2] [F3] [F4]

（*a*）

距离测量模式

HR: 120° 30′ 40″
HD*[r] <<m
VD: m
测量 模式 S/A P1↓
偏心 放样 m/f/i P2↓

（*b*）

坐标测量模式

N: 123.456m
E: 34.567m
Z: 78.912m
测量 模式 S/A P1↓
镜高 仪高 测站 P2↓
偏心 --- m/f/i P3↓

（*c*）

图 12-3 标准测量模式

角度测量模式 表 12-3

页数	软键	显示符号	功 能
1	F1	置零	水平角置为 0°00′00″
	F2	锁定	水平角读数锁定
	F3	置盘	通过键盘输入数字设置水平角
	F4	P1↓	显示第 2 页软键功能
2	F1	倾斜	设置倾斜改正开或关，若选择开，则显示倾斜改正值
	F2	复测	角度重复测量模式
	F3	V%	垂直角百分比坡度（%）显示
	F4	P2↓	显示第 3 页软键功能
3	F1	H－蜂鸣	仪器每转动水平角 90°是否要发出蜂鸣声的设置
	F2	R/L	水平角右/左计数方向的转换
	F3	竖盘	垂直角显示格式（高度角/天顶距）的切换
	F4	P3↓	显示下一页（第 1 页）软键功能

距离测量模式 表 12-4

1	F1	测量	启动测量
	F2	模式	设置测距模式精测/粗测/跟踪
	F3	S/A	设置音响模式
	F4	P1↓	显示第 2 页软键功能
2	F1	偏心	偏心测量模式
	F2	放样	放样测量模式
	F3	m/f/i	米、英尺或者英尺、英寸单位的变换
	F4	P2↓	显示第 1 页软键功能

坐标测量模式　　表 12-5

1	F1	测量	开始测量
	F2	模式	设置测量模式，精测/粗测/跟踪
	F3	S/A	设置音响模式
	F4	P1↓	显示第 2 页软件功能
2	F1	镜高	输入棱镜高
	F2	仪高	输入仪器高
	F3	测站	输入测站点（仪器站）坐标
	F4	P2↓	显示第 3 页软件功能
3	F1	偏心	偏心测量模式
	F3	m/f/i	米、英尺或者英尺、英寸单位的变换
	F4	P3	显示第 1 页软件功能

五、星键模式

如图 12-4 所示，按下（★）键即可看到下列仪器设置选项，具体说明见表 12-6。

（1）调节显示屏的黑白对比度（0~9 级）［按▲或▼键］。

（2）调节十字丝照明亮度（1~9 级）［按◀或▶键］。

（3）显示屏照明开/关［F1 键］。

（4）设置倾斜改正［F2 键］。

（5）定线点指示灯开/关［F3 键］（仅适用于有定线点指示器的仪器）。

（6）设置音响模式（S/A）［F4 键］。

注：当通过主程序运行与星键相同的功能时，则星键模式无效。

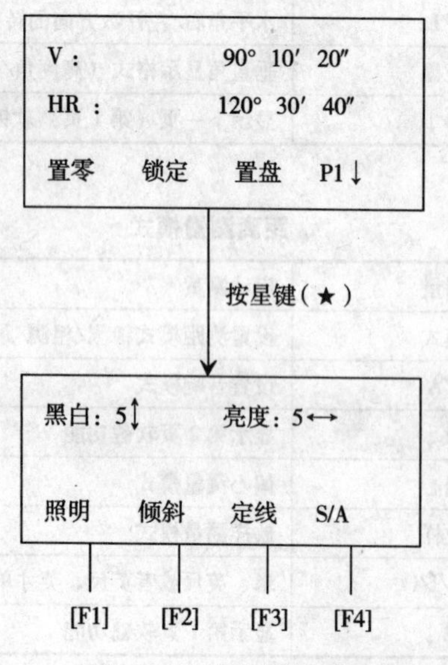

图 12-4　星键模式菜单

星键模式操作说明 表12-6

键	显示符号	功 能
F1	照明	显示屏背景光开关
F2	倾斜	设置倾斜改正，若设置为开，则显示倾斜改正值
F3	定线	定线点指示器开关（仅适用于有定线点指示器类型）
F4	S/A	显示 EDM 回光信号强度（信号）、大气改正值（PPM）和棱镜常数值（棱镜）
▲或▼	黑白	调节显示屏对比度（0~9 级）
◀或▶	亮度	调节十字丝照明亮度（1~9 级） 十字丝照明开关和显示屏背景光开关是联通的

六、RS-232C 串行信号接口

GTS-330 系列上的串行信号接口用来与计算机或者拓普康公司数据采集器进行连接，使得计算机或者采集器能够从仪器接收到数据或发送预置数据（如水平角等）到 GTS-330。

七、反射棱镜

可根据需要选用拓普康公司生产的各种棱镜框、棱镜、标杆连接器、三角基座连接器以及三角基座等系统组件，并可根据测量的需要进行组合，形成满足各种距离测量所需的棱镜组合。

不同的棱镜数量，测程不同，棱镜数越多，测程越大，但全站仪的测程是有限的。所以棱镜数应根据全站仪的测程和所测距离来选择。

单棱镜、三棱镜等在使用时一般安置在三角架上，用于控制测量。在放样测量和精度要求不高的测量中，采用测杆棱镜是十分便利的。

八、全站仪的有关设置

无论何种类型的全站仪，在开始测量前，都应进行一些必要的准备工作，如水平度盘及竖直度盘指标设置、仪器参数和使用单位的设置、棱镜常数改正值和气象改正值的设置等。准备工作完成后，方可开始进行测量。下面以 GTS-330 系列为例介绍其设置方法。

（一）单位设置

1. 温度和气压单位设置

其内容为选择大气改正用的温度单位和气压单位。温度单位有 *C*、*F* 两个选项；气压单位有 hPa、mmHg、inHg 三个选项。

2. 角度单位设置

选择测角单位，有 deg、gon、mil（度、哥恩、密位）三个选项。

3. 距离单位设置

选择测距单位，有 m、ft、ft. in（米、英尺、英尺、英寸）三个选项。

下面将以示例的形式叙述单位参数的设置方法。

【例 12-1】设置气压和温度单位为 hPa 和℉的设置方法。其操作步骤如图 12-5 所示（其他设置方法依照此例进行相应操作即可）。

操作过程	操作	显示
①按住［F2］键开机	［F2］+开机	参数组2 F1：单位设置 F2：模式设置 F3：其他设置
②按［F1］（单位设置）键	［F1］	单位设置 1/2 F1：温度和气压 F2：角度 F3：距离 P↓
③按［F1］（温度和气压）键	［F1］	温度和气压设置 温度： ℃ 气压： mmHg ℃ ℉ --- 回车
④按［F2］（℉）键，再按［F4］（回车）键	［F2］ ［F4］	温度和气压设置 温度： ℉ 气压： mmHg hPa mmHg inHg 回车
⑤按［F1］（hPa）键，再按［F4］（回车）键返回单位设置菜单	［F1］ ［F4］	单位设置 1/2 F1：温度和气压 F2：角度 F3：距离 P↓
⑥按［ESC］键返回参数设置（参数组2）菜单	［ESC］	参数组2 F1：单位设置 F2：模式设置 F3：其他设置

图 12-5

（二）模式设置

模式设置项目有开机模式、精测/粗测/跟踪、平距/斜距、竖角、ESC键模式及坐标检查等。具体设置方法依据模式设置菜单进行，可参照单位设置操作方法进行设置。

（三）其他设置

该项设置有许多项，一般选择仪器的默认值即可。

第三节 全站仪的操作

一、仪器的安置

将仪器安置在三脚架上，精确对中和整平。在操作时应使用中心连接螺旋直径为5/8英寸（1.5875cm）的拓普康宽框木制三脚架。其具体操作方法同光学经纬仪的安置相同。一般采用光学对中器完成对中；利用长管水准器精平仪器。

二、仪器的开机

首先确认仪器已经整平，然后打开电源开关（POWER 键），仪器开机后应确认棱镜常数（PSM）和大气改正值（PPM）并可调节显示屏。然后根据需要进行各项测量工作。

三、字母数字输入方法

在此介绍该仪器字母数字的输入方法，如仪器高、棱镜高、测站点和后视点的参数的输入。具体操作如图 12-6 所示。

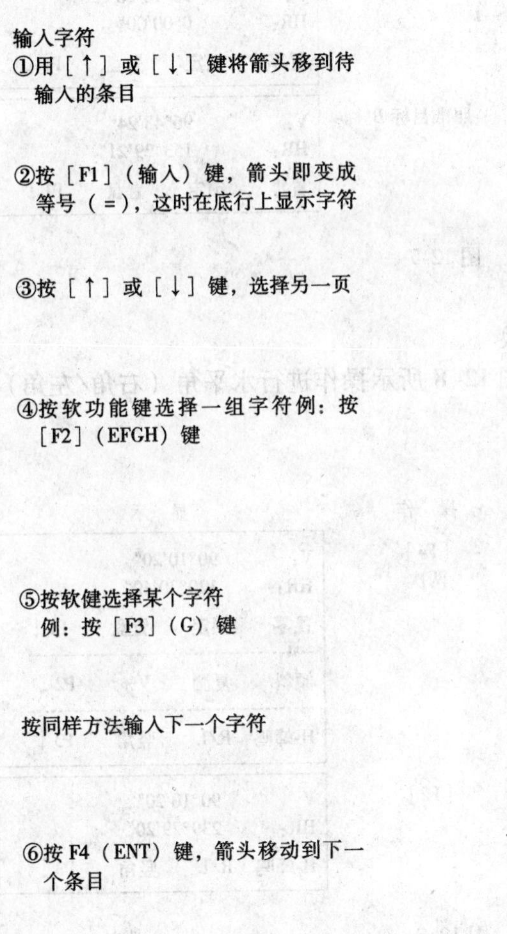

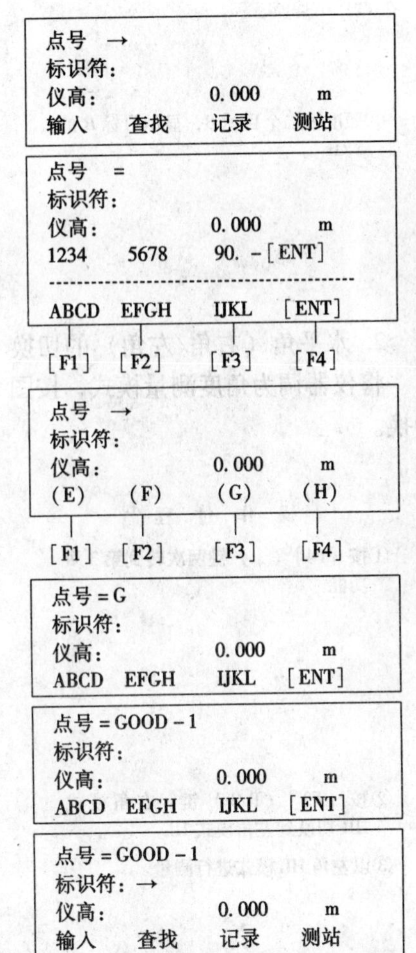

图 12-6

若要修改字符，可按［←］或［→］键将光标移到修改的字符上，并再次输入。

四、角度测量

1. 水平角（右角）和垂直角测量

将仪器调为角度测量模式，按图 12-7 所示操作进行。

操作过程	操作	显示
①照准第一个目标 A	照准 A	V： 90°10′20″ HR： 120°30′40″ 置零 锁定 置盘 P1↓
②设置目标 A 水平角为 0°00′00″ 按［F1］（置零）键和（是）键	［F1］	水平角置零 >OK? --- --- ［是］［否］
	［F3］	V： 90°10′20″ HR： 0°00′00″ 置零 锁定 置盘 P1↓
③照准第二个目标 B，显示目标 B 的 V/H	照准目标 B	V： 96°48′24″ HR： 153°29′21″ 置零 锁定 置盘 P1↓

图 12-7

2. 水平角（右角/左角）的切换

将仪器调为角度测量模式，按图 12-8 所示操作进行水平角（右角/左角）的切换。

操作过程	操作	显示
①按［F4］（↓）键两次转到第 3 页功能	［F4］ 两次	V： 90°10′20″ HR： 120°30′40″ 置零 锁定 置盘 P1↓ 倾斜 复测 V% P2↓ H-蜂鸣 R/L 竖角 P3↓
②按［F2］（R/L）键，右角模式 HR 切换到左角模式 HL ③以左角 HL 模式进行测量	［F2］	V： 90°10′20″ HR： 239°29′20″ H-蜂鸣 R/L 竖角 P3↓

图 12-8

3. 水平角的设置方法

（1）通过锁定角度值进行设置。将仪器调为角度测量模式，按图 12-9 所示操作进行锁定角度值。

（2）通过键盘输入进行设置。将仪器调为角度测量模式，按图 12-10 所示操作通过键盘输入锁定水平角度值。

4. 垂直角百分度（%）模式

将仪器调为角度测量模式，按以下操作进行。

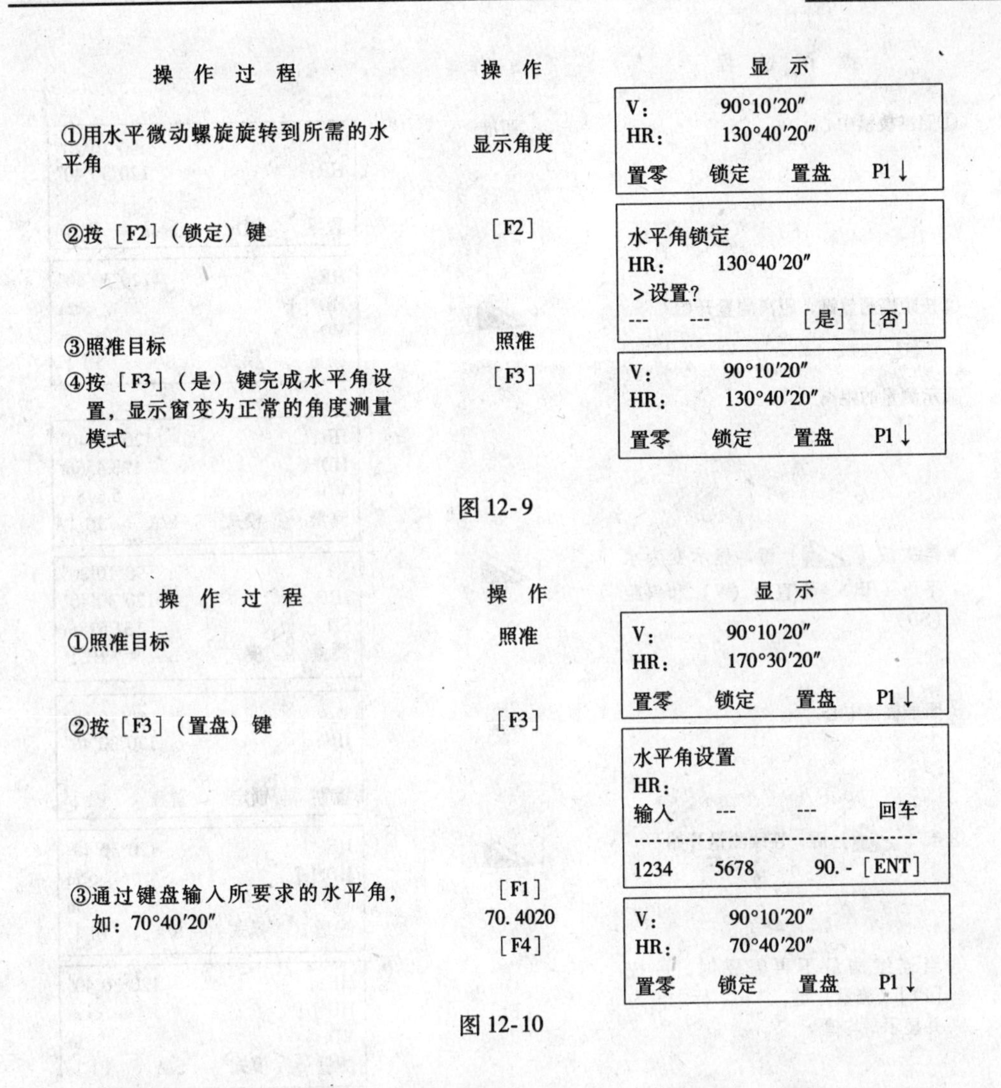

操作过程	操作	显示
①用水平微动螺旋旋转到所需的水平角	显示角度	V: 90°10′20″ HR: 130°40′20″ 置零 锁定 置盘 P1↓
②按［F2］（锁定）键	［F2］	水平角锁定 HR: 130°40′20″ >设置? --- --- ［是］［否］
③照准目标	照准	
④按［F3］（是）键完成水平角设置，显示窗变为正常的角度测量模式	［F3］	V: 90°10′20″ HR: 130°40′20″ 置零 锁定 置盘 P1↓

图 12-9

操作过程	操作	显示
①照准目标	照准	V: 90°10′20″ HR: 170°30′20″ 置零 锁定 置盘 P1↓
②按［F3］（置盘）键	［F3］	水平角设置 HR: 输入 --- --- 回车 1234 5678 90. -［ENT］
③通过键盘输入所要求的水平角，如：70°40′20″	［F1］ 70.4020 ［F4］	V: 90°10′20″ HR: 70°40′20″ 置零 锁定 置盘 P1↓

图 12-10

（1）按［F4］（↓）键转到显示屏第二页。

（2）按［F3］（V%）键，显示屏即显示 V%，进入垂直角百分度（%）模式。

五、距离测量

1. 棱镜常数的设置

拓普康的棱镜常数为 0，设置棱镜改正为 0。若使用其他厂家生产的棱镜，则在使用之前应先设置一个相应的常数，即使电源关闭，所设置的值也仍将被保存在仪器中。

2. 距离测量（连续测量）

将仪器调为角度测量模式，然后按 4 中所述步骤进行操作。

3. 距离测量（N 次测量/单次测量）

当输入测量次数后，GTS－330 系列就将按设置的次数进行测量，并显示出距离平均值。当输入测量次数为 1 时，因为是单次测量，仪器不显示距离平均值，该仪器出厂时已经被设置为单次测量。首先将仪器调为角度测量模式，然后按图 12-11 所示操作步骤进行。

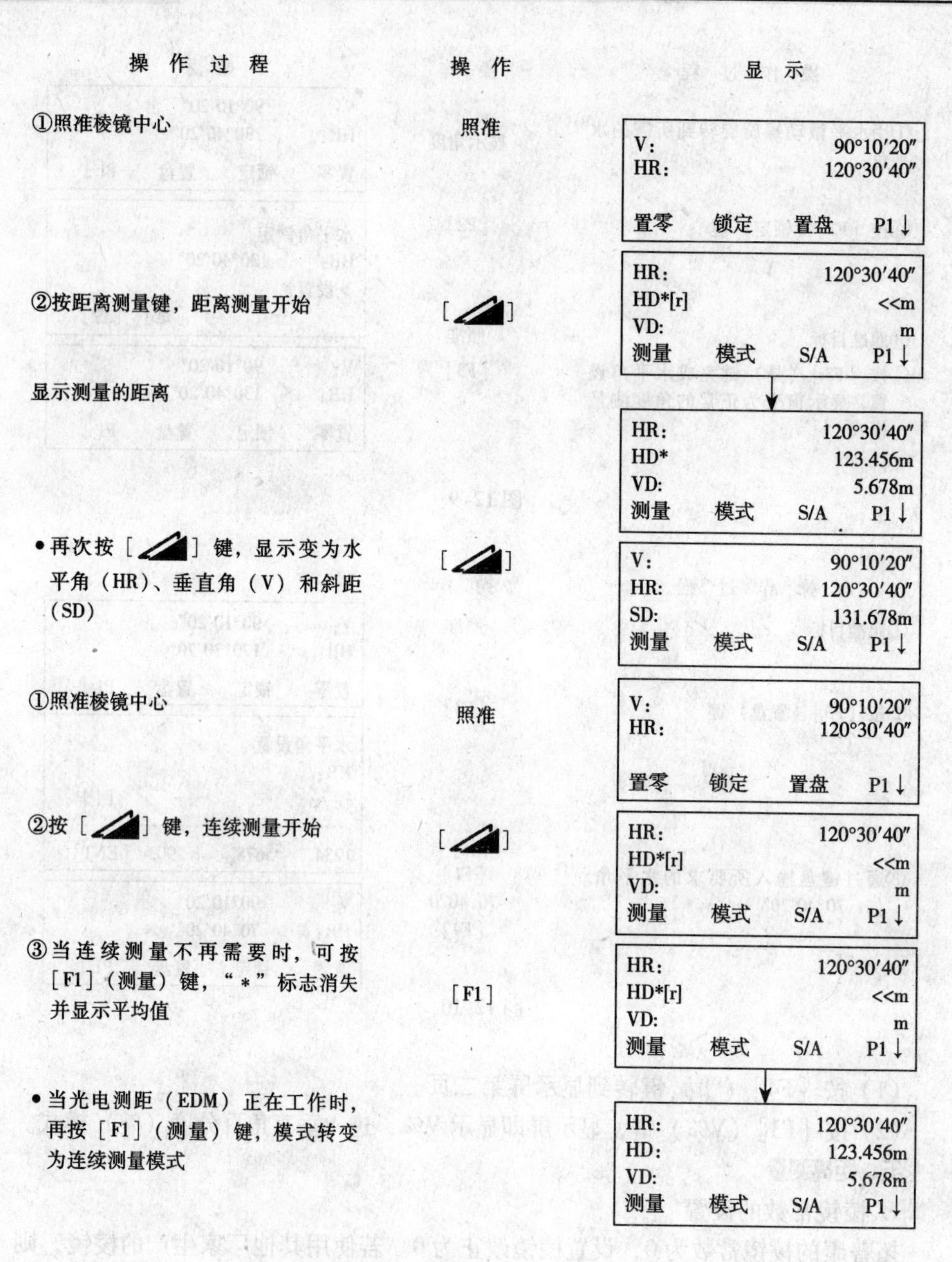

图 12-11

4. 精测模式/跟踪模式/粗测模式

精测模式：这是正常的测距模式，最小显示单位为 0.2mm 或 1mm，其测量时间为：0.2mm 模式下大约为 2.8s，1mm 模式大约为 1.2s。

跟踪模式：此模式观测时间要比精测模式短，最小显示单位为 10mm，测量时间约为 0.4s。

粗测模式：该模式观测时间比精测模式短，最小显示单位为 10mm 或 1mm，测量时间约为 0.7s。具体操作如图 12-12 所示。

操作过程	操作	显示
		HR: 120°30′40″ HD*: 123.456m VD: 5.678m 测量 模式 S/A P1↓
①在距离测量模式下按［F2］（模式）键，设置模式的首字符（F/T/C）将显示出来（F：精测 T：跟踪 C：粗测）	［F2］	HR: 120°30′40″ HD*: 123.456m VD: 5.678m 精测 跟踪 粗测 F
②按［F1］（粗测）键，［F2］（跟踪）键或［F3］（粗测）键	［F1］-［F3］	HR: 120°30′40″ HD*: 123.456m VD: 5.678m 测量 模式 S/A P1↓

图 12-12

六、放样测量

该功能可显示出测量的距离与输入的放样距离之差。测量距离 - 放样距离 = 显示值，其操作步骤如图 12-13 所示，操作时注意以下两点：

操作过程	操作	显示
①在距离测量模式下按［F4］（↓）键，进入第二页功能	［F4］	HR: 120°30′40″ HD*: 123.456m VD: 5.678m 测量 模式 S/A P1↓ ------------------------ 偏心 放样 m/f/iP2↓
②按［F2］（放样）键，显示出上次设置的数据	［F2］	放样 HD: 0.000m 平距 高差 斜距 -----
③通过按［F1］~［F3］键选择测量模式，例：水平距离	［F1］	放样 HD: 0.000m 输入 --- --- 回车 ------------------------ 1234 5678 90.-［ENT］
④输入放样距离	［F1］ 输入数据 ［F4］	放样 HD: 100.000m 输入 --- --- 回车
⑤照准目标（棱镜）测量开始。显示出测量距离与放样距离之差	照准 P	HR: 120°30′40″ dHD*［r］ << m VD: m 测量 模式 S/A P1
⑥移动目标棱镜，直至距离差等于 0m 为止		HR: 120°30′40″ dHD*［r］ 23.456m VD: 5.678m 测量 模式 S/A P1↓

图 12-13

(1) 放样时可选择平距（*HD*），高差（*VD*）和斜距（*SD*）中的任意一种放样模式。

(2) 若要返回到正常的距离测量模式，可设置放样距离为0m或关闭电源。

七、坐标测量

1. 测站点坐标的设置

设置仪器（测站点）相对于测量坐标原点的坐标，仪器可自动转换和显示未知点（棱镜点）在该坐标系中的坐标，如图12-14所示，其具体操作如图12-15所示。

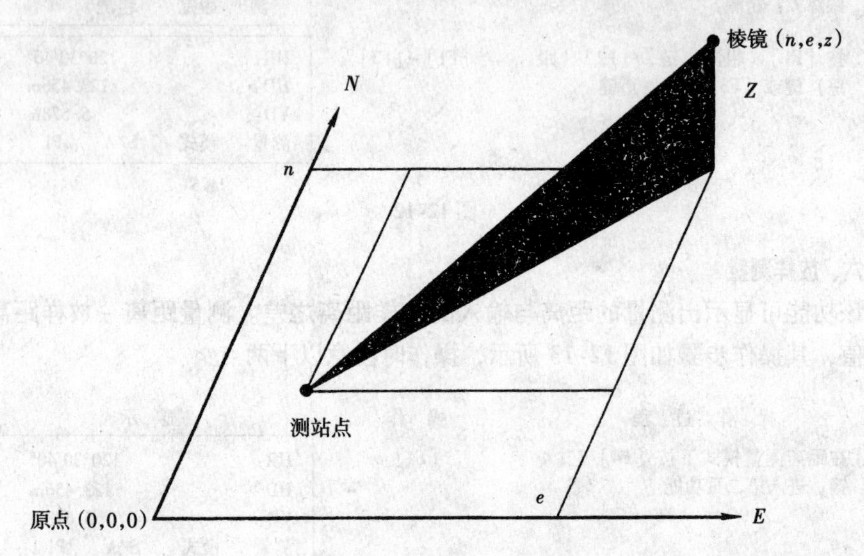

图12-14　测站点坐标设置

操作过程	操作	显示
①在坐标测量模式下，按［F4］（↓）键进入第2页功能	［F4］	N：　123.456m E：　34.567m Z：　78.912m 测量　模式　S/A　P1↓ ------------------------ 镜高　仪高　测站　P2↓
②按［F3］（测站）键	［F3］	N→　0.000m E：　0.000m Z：　0.000m 输入　---　---　回车 ------------------------ 1234　5678　90.-［ENT］
③输入*N*坐标	［F1］ 输入数据 ［F4］	N　51.456m E→　0.000m Z：　0.000m 输入　---　---　回车
④按同样方法输入*E*和*Z*坐标。输入数据后，显示屏返回坐标测量模式		N：　51.456m E：　34.567m Z：　78.912m 测量　模式　S/A　P1↓

图12-15

2. 仪器高的设置

电源关闭后，可保存仪器高，具体操作步骤如图 12-16 所示。

操作过程	操作	显示
①在坐标测量模式下，按［F4］（↓）键，进入第2页功能	［F4］	N: 123.456m E: 34.567m Z: 78.912m 测量 模式 S/A P1↓ ------------ 镜高 仪高 测站 P2↓
②按［F2］（仪高）键，显示当前值	［F2］	仪器高 输入 仪高: 0.000m 输入 --- --- 回车 ------------ 1234 5678 90. -［ENT］
③输入仪器高	［F1］ 输入仪器高 ［F4］	N: 123.456m E: 34.567m Z: 78.912m 测量 模式 S/A P1↓

图 12-16

3. 目标高（棱镜高）的设置

此项功能用于获取 Z 坐标值，电源关闭后，可保存目标高，具体操作步骤如图 12-17 所示。

操作过程	操作	显示
①在坐标测量模式下，按［F4］（↓）键，进入第2页功能	［F4］	N: 123.456m E: 34.567m Z: 78.912m 测量 模式 S/A P1↓ ------------ 镜高 仪高 测站 P2↓
②按［F2］（镜高）键，显示当前值	［F1］	镜高 输入 镜高: 0.000m 输入 --- --- 回车 ------------ 1234 5678 90. -［ENT］
③输入棱镜高	［F1］ 输入棱镜高 ［F4］	N: 123.456m E: 34.567m Z: 78.912m 测量 模式 S/A P1↓

图 12-17

4. 坐标测量的过程

通过输入仪器高和棱镜高后进行坐标测量时，可直接测定未知点的坐标。具体步骤如下：

（1）设置测站点的坐标值。

（2）设置仪器高和目标高。

（3）计算未知点的坐标并显示计算结果。测站点坐标为（N_0，E_0，Z_0），仪器高为 i，棱镜高为 v，高差为 z（VD），相对于仪器中心点的棱镜中心坐标为（n，e，z），如图 12-18 所示。

未知点坐标为（N_1，E_1，Z_1），其中 $N_1 = N_0 + n$，$E_1 = E_0 + e$，$Z_1 = Z_0 + i + z - v$。

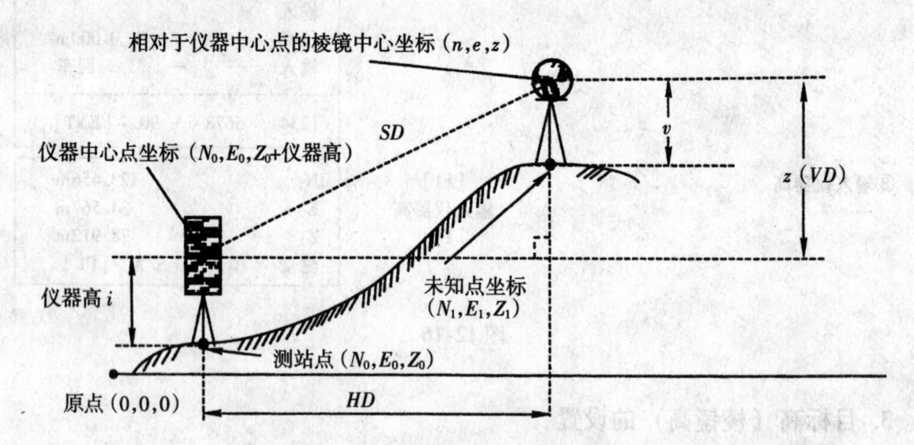

图 12-18　未知点坐标计算原理图

（4）在测站点的坐标未输入的情况下，缺省的测站点坐标为（0，0，0）。

（5）当仪器高未输入时，以 0 计算；当棱镜高未输入时，以 0 计算。

用全站仪测量时，具体操作步骤如图 12-19 所示。

操作过程	操作	显示
①设置已知点 *A* 的方向角	设置方向角	V：90°10′20″ HR：120°30′40″ 置零　锁定　置盘　P1↓
②照准目标 *B*	照准目标	
③按［⊿］键，开始测量	［⊿］	N*［r］　<<m E：　m Z：　m 测量　模式　S/A　P1↓
显示测量结果		N：123.456m E：34.567m Z：78.912m 测量　模式　S/A　P1↓

图 12-19

八、数据采集测量

GTS－330系列可将测量数据存储于仪器内存中，内存划分为测量数据文件和坐标文件，文件数最大可达30个。

被采集的数据（测量数据）存储在测量数据文件中。仪器测点数目（在未使用内存于放样模式的情况下）最多可达8000个点，由于内存供数据采集模式和放样模式使用，因此当放样模式在使用时，可存储测点的数目就会减少。

在关闭电源时，应确认仪器处于主菜单显示屏或角度测量模式，这样可以确保存储器输入、输出过程完成，避免存储数据时可能出现丢失现象。

具体的数据采集菜单操作为：

按下［MENU］键，仪器进入主菜单1/3模式；按下［F1］（数据采集）键，显示数据采集菜单1/2，具体操作步骤如图12-20所示。

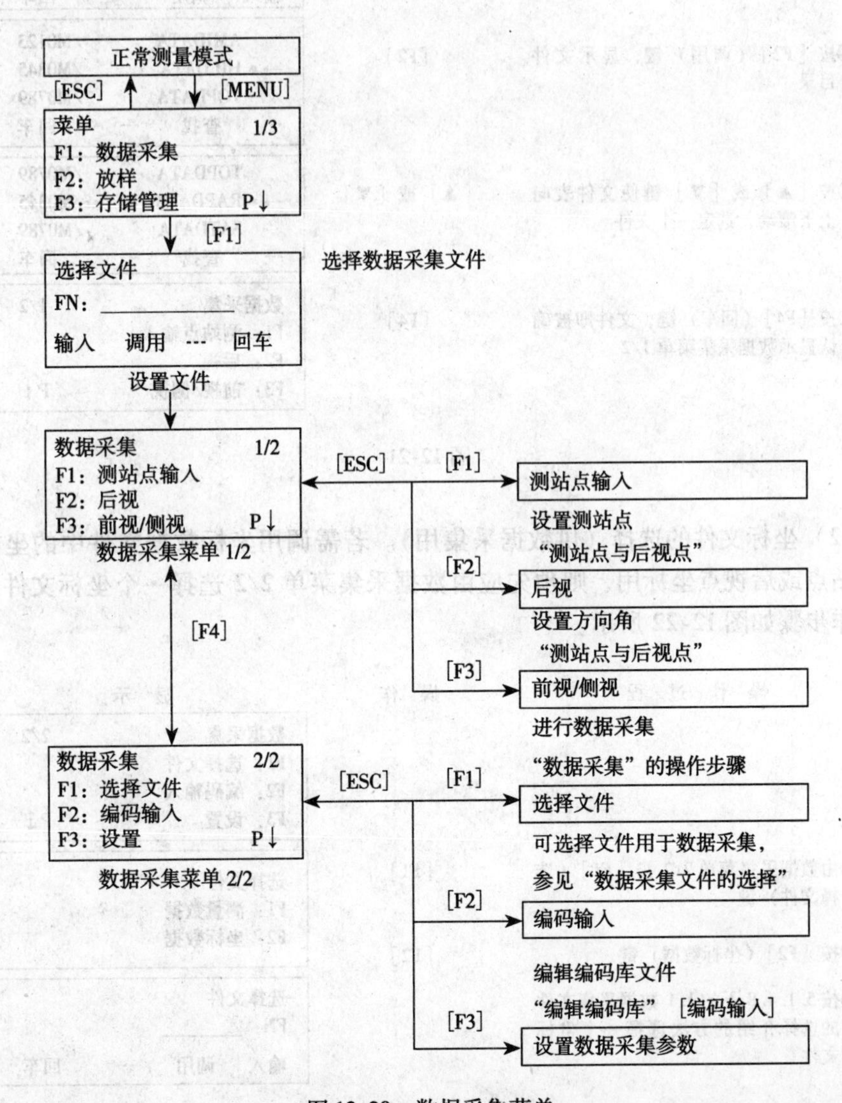

图12-20 数据采集菜单

1. 数据采集准备工作

（1）选定或建立一个数据采集文件。在启动数据采集模式之前，即会出现文件选择显示屏，由此可选定一个文件，文件选择也可在该模式下的数据采集菜单中进行，具体操作步骤如图 12-21 所示。

操作过程	操作	显示
		菜单　1/3 F1：数据采集 F2：放样 F3：存储管理　P↓
①由主菜单 1/3 按［F1］（数据采集）键	［F1］	选择文件 FN：______ 输入　调用　---　回车
②按［F2］（调用）键，显示文件目录	［F2］	AMIDATA　/M0123 →＊HILDATA　/M0345 TOPDATA　/M0789 ---　查找　---　回车
③按［▲］或［▼］键使文件表向上下滚动，选定一个文件	［▲］或［▼］	TOPDATA　/M0789 →＊RAPDATA　/M0345 SATDATA　/M0789 ---　查找　---　回车
④按［F4］（回车）键，文件即被确认显示数据采集菜单 1/2	［F4］	数据采集　1/2 F1：测站点输入 F2：后视 F3：前视/侧视　P↓

图 12-21

（2）坐标文件的选择（供数据采集用）。若需调用坐标数据文件中的坐标作为测站点或后视点坐标用，则预先应由数据采集菜单 2/2 选择一个坐标文件，具体操作步骤如图 12-22 所示。

操作过程	操作	显示
		数据采集　2/2 F1：选择文件 F2：编码输入 F3：设置　P↓
①由数据采集菜单 2/2 按［F1］（选择文件）键	［F1］	选择文件 F1：测量数据 F2：坐标数据
②按［F2］（坐标数据）键	［F2］	
③按 5.1.4.8 下的 1.1 数据采集文件的选择介绍的方法选择一个坐标文件		选择文件 FN：______ 输入　调用　---　回车

图 12-22

（3）测站点与后视点。测站点与定向角在数据采集模式和正常坐标测量模式是相互通用的，可以在数据采集模式下输入或改变测站点和定向角数值。

1）测站点坐标可调用内存中的坐标数据或直接由键盘输入数据两种方法设定。

2）后视点定向角可按如下三种方法设定：利用内存中的坐标数据设定；直接由键盘输入后视点坐标；直接由键盘输入设置的定向角，方向角设置的具体操作步骤介绍如图 12-23 所示。

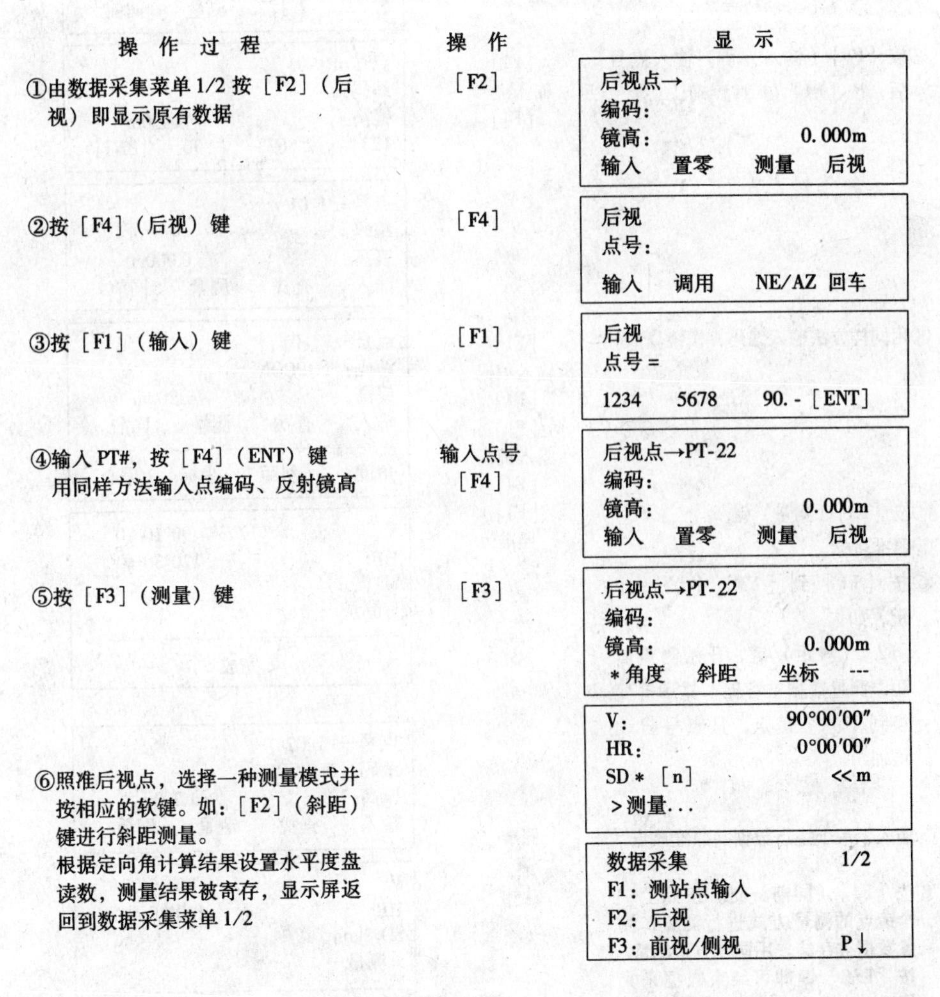

操作过程	操作	显示
①由数据采集菜单 1/2 按［F2］（后视）即显示原有数据	［F2］	后视点→ 编码： 镜高：　0.000m 输入　置零　测量　后视
②按［F4］（后视）键	［F4］	后视 点号： 输入　调用　NE/AZ 回车
③按［F1］（输入）键	［F1］	后视 点号 = 1234　5678　90. -［ENT］
④输入 PT#，按［F4］（ENT）键 用同样方法输入点编码、反射镜高	输入点号 ［F4］	后视点→PT-22 编码： 镜高：　0.000m 输入　置零　测量　后视
⑤按［F3］（测量）键	［F3］	后视点→PT-22 编码： 镜高：　0.000m *角度　斜距　坐标　---
⑥照准后视点，选择一种测量模式并按相应的软键。如：［F2］（斜距）键进行斜距测量。 根据定向角计算结果设置水平度盘读数，测量结果被寄存，显示屏返回到数据采集菜单 1/2		V：　90°00′00″ HR：　0°00′00″ SD*［n］　<<m >测量...
		数据采集　1/2 F1：测站点输入 F2：后视 F3：前视/侧视　P↓

图 12-23

2. 数据采集的操作步骤

数据采集的操作具体步骤如图 12-24 所示。其中，点编码可以通过输入编码库中的登记号来输入，为了显示编码库文件内容，可按［F2］查找键，其具体操作见仪器说明书相关内容。

操作过程	操作	显示
		数据采集 1/2 F1：测站点输入 F2：后视 F3：前视/后视 P↓
①由数据采集菜单 1/2 按［F3］（前视/后视）即显示原有数据	［F3］	点号→ 编码： 镜高： 0.000m 输入 查找 测量 同前
②按［F1］（输入）键，输入点号后，按［F4］（ENT）确认	［F1］ 输入点号 ［F4］	点号=PT-01 编码： 镜高： 0.000m 1234 5678 90. - [ENT]
		点号=PT-01 编码：→ 镜高： 0.000m 输入 查找 测量 同前
③用同样方法输入编码，棱镜高	［F1］ 输入编码 ［F4］ ［F1］ 输入镜高 ［F4］	点号→PT-01 编码：TOPCON 镜高： 1.200m 输入 查找 测量 同前 ------------------------------ 角度 *斜距 坐标 偏心
④按［F3］（测量）键 ⑤照准目标 ⑥按［F1］到［F3］中的一个键，如： ［F2］（斜距）键，开始测量斜距，测量数据被存储，显示屏变换到下一个镜点，且点号自动增加	［F3］ 照准 ［F2］	V: 90°10′20″ HR: 120°30′40″ SD *[n] < m > 测量… ------------------------------ < 完成 > ↓
		点号→PT-02 编码：TOPCON 镜高： 1.200m 输入 查找 测量 同前
⑦输入下一个镜点数据并照准该点	照准	
⑧按［F4］（同前）键，按照上一个镜点的测量方式进行测量，测量数据被存储。用同样方式测量。按［ESC］键即可结束数据采集模式	［F4］	V: 90°10′20″ HR: 120°30′40″ SD *[n] < m > 测量… ------------------------------ < 完成 >
		点号 →PT-03 编码：TOPCON 镜高： 1.200m 输入 查找 测量 同前

图 12-24

第四节　全站仪使用注意事项

全站仪是集电子经纬仪、电子测距仪和电子记录装置为一体的现代精密测量仪器，其结构复杂且价格昂贵，因此必须严格按操作规程进行操作，并注意维护。

一、一般操作注意事项

（1）使用前应结合仪器，仔细阅读使用说明书。熟悉仪器各功能和实际操作方法。

（2）在阳光下作业时，必须打伞，防止阳光直射仪器。望远镜的物镜不能直接对准太阳，以避免损坏测距部的发光二极管。仪器如不得已要迎着日光工作，应套上滤色镜。

（3）迁站时即使距离很近，也应取下仪器装箱后方可移动。

（4）仪器安装在三脚架上前，应旋紧三脚架的三个伸缩螺旋。仪器安置在三脚架上时，应旋紧中心连接螺旋。

（5）运输过程中必须注意防振。

（6）仪器和棱镜在温度的突变中会降低测程，影响测量精度。要使仪器和棱镜逐渐适应周围温度后方可使用。

（7）作业前检查电压是否满足工作要求。

（8）尽量避免用全站仪测高程。

二、仪器的维护保养

（1）每次作业后，应用毛刷扫去灰尘，然后用软布轻擦。镜头不能用手擦，可先用毛刷扫去浮尘，再用镜头纸擦净。

（2）无论仪器出现任何现象，切不可拆卸仪器，添加任何润滑剂，而应与厂家或维修部门联系。

（3）电池充电时间不能超过充电器规定的时间。仪器长时间不用，一个月之内应充电一次。电池存储于0～±20℃以内。

（4）应定期检校仪器。

仪器装箱前要先关闭电源并卸出电池。仪器应存放在清洁、干燥、通风、安全的房间内。仪器存放温度保持在－30℃～＋60℃以内，并由专人保管。

思考题与习题

1. 全站仪由哪几部分组成？
2. 试简述全站仪的基本功能。在用全站仪正式测量之前，应进行什么设置？
3. 试简述 GTS－330 系列仪器进行观测的工作步骤？
4. 试简述采用全站仪进行水平角（测回法）测量的工作步骤？
5. 试简述采用全站仪进行距离测量的工作步骤？
6. 全站仪使用应注意哪些事项？

参 考 文 献

[1] 吴来瑞等主编. 建筑施工测量测量手册. 北京：中国建筑工业出版社，1997.
[2] 许能生等主编. 工程测量. 北京：科学出版社，2004.
[3] 覃辉主编. 土木工程测量. 上海：同济大学出版社，2004.
[4] 李生平主编. 测量学. 武汉：武汉工业大学出版社，1997.
[5] 李仕东. 工程测量. 北京：交通出版社，2002.
[6] 钟孝顺等. 测量学. 北京：交通出版社，2004.
[7] 顾孝烈主编. 测量学（第二版）. 上海：同济大学出版社，1999.
[8] 王依主编. 现代普通测量学. 北京：清华大学出版社，2001.
[9] 合肥工业大学等四校合编. 测量学（第四版）. 北京：中国建筑工业出版社，1995.
[10] 吕云麟主编. 建筑工程测量. 北京：中国建筑工业出版社，1997.
[11] 卢正主编. 建筑工程测量. 北京：化学工业出版社，2003.
[12] 谭荣一主编. 测量学. 北京：人民交通出版社，1994.
[13] 邹永廉主编. 测量学. 北京：人民交通出版社，1986.
[14] 李青岳，陈永奇主编. 工程测量学. 北京：人民交通出版社，2000.
[15] 聂让编著. 全站仪与高等级公路测量. 北京：人民交通出版社，1999.
[16] 孔祥元，梅是义主编. 控制测量学. 武汉：武汉大学出版社，2002.